碳纳米材料制备及其应用研究

李银峰　王朝勇　著

中国原子能出版社

图书在版编目(CIP)数据

碳纳米材料制备及其应用研究 / 李银峰，王朝勇著.
-- 北京：中国原子能出版社，2018.6
ISBN 978-7-5022-9198-3

Ⅰ.①碳… Ⅱ.①李… ②王… Ⅲ.①碳一纳米材料一材料制备一研究 Ⅳ.①TB383

中国版本图书馆 CIP 数据核字(2018)第 147092 号

内容简介

纳米材料是处于纳米量级的新一代材料，在各研究领域均有广泛应用。本书对碳纳米材料制备及其应用进行了研究，主要内容包括：碳纳米材料的制备、碳纳米材料的表征、碳纳米材料的光电器件应用、碳纳米复合材料、富勒烯的传感应用、碳纳米管的传感应用、石墨烯的传感应用等。本书内容新颖、结构严谨、层次分明，是一本值得学习研究的著作。

碳纳米材料制备及其应用研究

出版发行 中国原子能出版社(北京市海淀区阜成路 43 号 100048)
责任编辑 张 琳
责任校对 冯莲凤
印　　刷 北京亚吉飞数码科技有限公司
经　　销 全国新华书店
开　　本 787mm×1092mm 1/16
印　　张 13.5
字　　数 242 千字
版　　次 2019 年 3 月第 1 版 2024 年 9 月第 2 次印刷
书　　号 ISBN 978-7-5022-9198-3 定 价 53.00 元

网址：http://www.aep.com.cn E-mail：atomep123@126.com
发行电话：010－68452845

前　言

随着纳米技术的飞速发展,纳米材料已成为一种新型材料。纳米材料具有独特的物理化学性质,如小尺寸效应、巨大比表面积、极高的反应活性、量子效应等,这些特性使纳米科学成为当今世界三大支柱科学之一。碳纳米材料是纳米材料领域重要的组成部分,碳基纳米材料是指分散相至少有一维小于 100 nm 的碳材料。分散相可以由碳原子组成,也可以由其他原子(非碳原子)组成。到目前为止,发现的碳基纳米材料有富勒烯、碳纳米管、石墨烯、荧光碳点及其复合材料。碳基纳米材料在硬度、耐热性、光学特性、耐辐射特性、电绝缘性、导电性、耐化学药品特性、表面与界面特性等方面都比其他材料优异,可以说碳基纳米材料几乎包括了地球上所有物质所具有的特性,如最硬—最软,全吸光—全透光,绝缘体—半导体—良导体,绝热—良导热等,因此具有广泛的用途。发展制备这些材料的新方法、新技术,研究这些材料不同的纳米结构对性质的影响,不仅有重要的理论价值,而且对能源和生命分析领域的快速发展也具有重要的实际意义。

碳纳米材料的性能主要取决于其本身的结构与形态,因而具有多样性特征,使得它们在储能、催化、传感器以及电子学、光学等领域展现出巨大的应用潜能。碳纳米材料由于高的比表面积和其较好的生物相容性,在生物电催化反应中起着重要作用,能够提高酶的直接电子传递速率,因而基于碳纳米材料构建的生物传感器灵敏度高、线性范围宽、重复性和稳定性能好。碳纳米材料是超级电容器研究最早和最成熟的一种,由其制备的超级电容器循环稳定性好,再通过和一些赝电容型电极材料复合,可使其比电容得到提高。另外,碳纳米材料作为燃料电池中的催化剂,能够提高燃料电池的能量密度、燃料利用率和抗中毒能力。

本书共 8 章,主要内容包括绪论、碳纳米材料的制备、碳纳米材料的表征、碳纳米材料的光电器件应用、富勒烯的应用研究、碳纳米管的应用研究、石墨烯的应用研究、碳纳米复合材料。

本书的出版得到了河南城建学院青年骨干教师项目(990/G2016006)、科研能力提升工程项目(990/2016QY015)、河南省教育厅高等学校重点科研项目（18A530001，990/Z2018008)、平顶山市科技局科技攻关项目(20170006.14，990/Z2018026)等基金的资助，在此表示感谢。

全书由李银峰、王朝勇撰写，由于时间仓促，作者水平有限，书中难免存在错误、疏漏之处，恳请广大读者批评指正，不吝赐教。

作　者

2018 年 3 月

目 录

第1章 绪论

碳元素广泛存在于茫茫苍穹的宇宙间和浩瀚无垠的地球上。按照原子比率的顺序，在太阳系的元素和同位素中，碳的丰度列第4位；而整个宇宙所有元素中，碳的丰度列第6位；在地球上碳的丰度则列第14位。由于碳十分丰富，并能形成复杂的化合物，它在宇宙的进化过程中起着重要作用，是宇宙中前期生物分子进化的关键元素。作为一切生物有机体的骨架元素，碳也是地球上产生生物的基础。当今世界，碳质材料和碳基复合材料在日常生活和工业领域得到广泛的应用。另外，以碳为主要构成元素的有机化学及其发展为塑料、橡胶和纤维三大合成材料奠定了基础，而这些合成材料又为人们创造了一个绚丽多彩的新世界。新近发现的富勒烯、碳纳米管和石墨烯则将进一步为人类广泛利用其特异性能开拓出无限的前景。

1.1 碳纳米材料

纳米科技从20世纪80年代发展到现在，从制备方法到各个领域的应用研究都取得了举世瞩目的成就。碳元素是元素周期表中唯一的一种具有从零维到三维同素异形体的元素。碳原子凭借其独特的杂化方式和多变的成键特点，形成了极为丰富的碳材料家族。多变的杂化方式既确定了碳基分子特有的空间构型，还决定了碳基纳米材料的优良性质。

碳纳米材料是指分散相尺度至少有一维小于100 nm的碳材料，其分散相既可以由碳原子组成，也可以由非碳原子组成。碳材料是目前研究和应用很广泛的材料，碳材料的发展虽经历了一个较为漫长的历程，从早期的石墨、金刚石和无定形碳，到富勒烯、碳纳米管和碳纤维，再到有序介孔碳和石墨烯的发现，一次又一次地引起了科学界的研究热潮，其中富勒烯和石墨烯的发现者获得了诺贝尔奖。碳纳米材料具有的特殊物理化学性质、化学稳定性、热稳定性、电子和光学性质等特性，使得它们在催化、传感、锂电池、药物输送、生物成像等诸多领域有着巨大的应用前景,是当之无愧的纳米材料中的“明星”。

1.2 碳纳米材料的分类

纳米材料按其结构可以分为三类:具有原子团簇和纳米微粒的称为零维纳米材料;晶粒大小在两个方向在纳米范围内的称为一维纳米材料;具有纳米尺寸的称为二维纳米材料以及各种形式的复合材料。如前所述,碳原子凭借其独特的杂化方式和多变的成键特点,形成了极为丰富的碳家族。由碳元素组成的碳纳米材料是指其微观结构在某一或某几个维度方向上受到纳米尺度限制的材料。因此,从维度上可将碳纳米材料划分成零维碳纳米材料、一维碳纳米材料、二维碳纳米材料和三维碳纳米材料(表 1-1)。事实上,没有任何元素能像碳这样作为单一元素可形成从零维富勒烯、一维碳纳米管、二维的石墨烯到三维的金刚石和石墨如此之多的结构与性质完全不同的物质。

表 1-1 各种不同的碳材料及特征

维数	零维	一维	二维	三维
碳的同素异形体	富勒烯	碳纳米管	石墨烯	金刚石
原子杂化	sp^2+sp^3	sp^2+sp^3	sp^2	sp^3
晶体类型	面心立方	平面三角晶	密排六方	面心立方
晶格常数	$a=1.417$	$a=d+0.32$	$a=0.412$ $c=0.335$	$a=0.154$
结构示意图	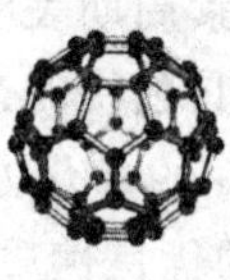	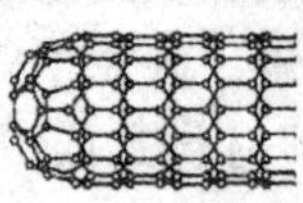	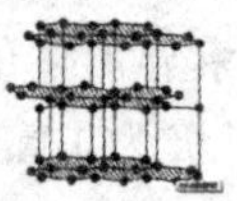	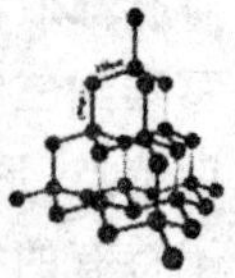
形态	单晶、薄膜	分子纤维	分子纤维、微晶、单晶、定向结晶	微晶、单晶、粒状、薄膜
特征	半导电性 催化功能 强磁性 超导性	导电性 高强度 催化功能	导电性 催化功能 插层	高强度 高热传导性 高耐热性 耐磨蚀性

1.2.1　零维碳纳米材料

自 20 世纪 80 年代起，C_{60}分子为代表的富勒烯家族的发现，开拓了零维尺度碳材料的研究领域。之后，掺杂富勒烯、碳纳米球、空心碳纳米胶囊、碳包覆的金属纳米颗粒、金属包覆富勒烯等零维碳纳米材料被相继制备出来。事实上，零维纳米材料的典型代表是纳米颗粒，一般为球形或类球形。由于尺寸小、比表面积大和量子尺寸效应等原因，常具有不同于常规固体材料的特殊性质。尤其当材料的尺寸减小到数个至数十个纳米时，原来是良导体的材料会变成绝缘体，原来是典型共价键无极性的绝缘体的电阻会大幅下降，最终转变为导体，原来是 P 型的半导体也可能会变为 N 型。

可见，材料的物理化学性质强烈依赖于材料的结构状态。零维碳纳米材料的结构主要是以碳纳米颗粒为主，常见的有无定形碳、炭黑、纳米金刚石、纳米石墨、富勒烯(C_{60})、碳纳米笼及含碳的类纳米颗粒和原子团簇结构的纳米复合材料等。由于这些新型碳纳米颗粒材料具有不同的形貌、结构和尺寸，从而使其具有独特的物理和化学性质，由此使它们在众多领域具有潜在的应用价值。譬如，炭黑作为一种具有准石墨微晶结构的黑色粉末状碳纳米材料，其单个粒子的形状近乎于球形或者类球形，其直径一般为 10～300 nm。炭黑的尺寸分布不同，其结构性能也会大不一样，导致在色素及橡胶工业中产生不同的功能。

C_{60}开拓了从平面低对称性分子到全对称的球形分子研究的新领域。随后，C_{70}和 C_{80}等物质相继被发现，这些具有相似中空笼状结构的物质已经广泛地影响到物理、化学、材料化学、生命以及医药科学等领域，极大地丰富和提高了科学理论，同时也显示出巨大的应用前景。作为碳纳米管的副产物，空心碳纳米笼是由多层石墨层片形成的一种空壳状纳米碳材料，其孔径一般在 2～100 nm 之间，表面结构类似于多孔碳，拥有较大的比表面积，因此可以被广泛地应用于纳米反应容器、吸附剂、光学仪器和电化学中的超级电容器等。另外，碳纳米笼还可以应用于药物传输、酶和蛋白质的保护以及感应器和储存材料中。

1.2.2　一维碳纳米材料

富勒烯家族的发现，加速了碳材料家族的迅猛发展势头，也促进了人们寻找新一代碳同素异形体的极大热情。日本科学家饭岛纯雄(S. Iijima)于 1991 年用高分辨透射电镜发现了多层管状结构的碳纳米材料——碳纳米管，受到了科学工作者的广泛关注。按照研究者的共识，一维碳纳米材料主要有碳纳米管、碳纳米纤维和碳基一维异质结构等。一维碳纳米材料中，碳纳米管和碳纳米纤维在早期并没有明确的划分。目前，公认的分类主要是按照一维碳纳米材料的直径进行划分的。一般认为碳纳米管的直径在 50 nm 以下，内部为中空结构；碳纳米纤维的直径在 20～200 nm，由多层石墨卷曲而成。

作为一维碳纳米材料的典型代表，碳纳米管中每个碳原子和其他三个相邻碳原子相接，所以它的碳原子也是以 sp^2 杂化方式为主，同时也存在 sp^3 杂化键。由单层或多层石墨烯片卷曲而成的无缝中空管，具有奇异的物理及化学性能。由于它具有独特的中空结构、良好的导电性、大的比表面积、适合电解质离子迁移的孔隙，以及交互缠绕可形成纳米尺度的网络结构，因而被认为是超级电容器尤其是高功率的超级电容器理想的电极材料，近年来引起了广泛的关注并成为该领域研究的热点之一。碳纳米纤维除了具有化学气相沉积法生长的普通碳纤维低密度、高比模量、高比强度、高导电性、高热稳定性等特性外，还具有缺陷数量少、长径比大、比表面积大、结构致密等优点，在催化剂载体、锂离子二次电池阳极材料、双电层电容器电极、高效吸附剂、分离剂、结构增强材料等领域都有着广泛的应用。

1.2.3 二维碳纳米材料

石墨烯(graphene)是二维碳纳米材料的代表。它是由碳原子经 sp^2 杂化紧密排列而成的二维周期性蜂窝状网络结构。石墨烯中 C—C 键长约为 0.142 nm。每个碳原子与最近邻的三个碳原子间形成三个 σ 键，而剩余的一个 p 电子垂直于石墨烯平面，与周围碳原子的 p 电子形成Π键。从结构上看，石墨烯是组成其他碳材料的基本单元：它可以翘曲成零维的富勒烯，卷曲成一维的碳纳米管，以及堆垛成为三维的石墨。

石墨烯按其层数分类，可分为单层(monolayer)、双层(bilayer)和少层(few layers)石墨烯。单层石墨烯是一种带隙为零的半金属，费米能级处的态密度为零，仅通过电子的热激发进行导电。双层石墨烯虽然带隙为零，但表现出一定的半导体性，其电子能量与动量之间不再表现出线性关系，通过在垂直方向施加电场，可以调控其带隙。而对于三层或更多层(十层以下)的石墨烯，其能带结构变得较为复杂。

近年来，一种新型的石墨烯基纳米材料——石墨烯纳米带(graphene nanoribbon)受到广泛关注。顾名思义，石墨烯纳米带是指将石墨烯二维平面内某一方向上的尺度限制在 100 nm 以内形成的条带状二维平面结构。限域的宽度和丰富的边缘构型赋予其具有许多不同于二维大面积石墨烯的性质和应用。鉴于其结构特点,更多的科研工作者将其归类于准一维碳纳米材料。

1.2.4 三维碳纳米材料

三维碳纳米材料是一类非常重要的碳纳米材料,是由大量零维、一维和二维碳纳米材料的一种或一种以上在保持界面清洁的条件下组成的系统,其界面原子所占比例较高。常见的三维碳纳米材料主要有碳泡沫、多孔碳(介孔碳、大孔碳)、碳纳米管泡沫和碳纳米管束三维结构等。

碳泡沫一般是由树脂、沥青通过热解得到的具有五边形或者球形孔状结构的材料,具有较大的开孔和柱状韧带结构,其石墨程度并不高。碳泡沫特有的三维微孔结构使得其具有良好的吸附性能,此外,孔径的可控制备为其进一步的应用提供了较大的扩展空间。多孔碳材料一般可分为纳米孔、微米孔、介孔和大孔碳等类型。由于制备方法的不同,可分别通过有机碳化和模板法等得到具有上述多孔类晶态和无定形碳组成的多孔碳材料。碳纳米管泡沫一般通过化学气相沉积(CVD)来制备,生长过程需要特定的基底,再用选择性溶剂除去基底可得到三维结构的碳纳米管泡沫,其比表面积较大,具有完整的三维结构和良好的吸附性能。碳纳米管束三维结构一般借助沉积法将碳纳米管进一步通过组装而得到,其纳米结构在一定范围内比较有序,分散均一。

三维碳纳米材料具有独特的电学、磁学和光学性质,具有广阔的应用前景。以CNTs为基础的泡沫及三维束结构的材料不仅具有纳米尺寸,而且仅由单一元素构成,可根据其电子结构得到各种各样的晶体管结构,在纳米、微米电子器件领域有广阔的应用前景。此外,由于三维碳纳米管中存在的堆积孔结构和中空管结构,使得材料具有较高的比表面积,在气体吸附分离领域和传感领域也具有潜在的应用价值。另外,碳纳米泡沫纤细的网中包含有数千个碳原子,相互交错后会产生一定的磁性,在电子元件和分离科学中可能具有不同寻常的应用。

1.3 碳纳米材料的性能

1.3.1 碳纳米材料纳米效应

当粒子尺寸进入纳米量级时,其大量的界面和高度弥散性通过短程扩散途径使得材料具有高的扩散率,与物质粗晶态表现出的性能有所不同。碳纳米材料由于其特有的纳米尺寸结构,与碳的宏观同素异形体(如石墨、金刚石等)明显不同,因而具有独特的纳米效应。这些特性与其他组成的纳米材料所具有的一样,包括小尺寸效应、表面与界面效应、量子尺寸效应以及宏观量子隧道效应。例如,纳米微粒尺寸小、比表面大,纳米粒子粒径的减小,最终会引起表面原子活性的增大,从而引起纳米粒子表面输送和构型的变化,以及表面电子自旋构象和电子能谱的变化。碳纳米微粒具有小尺寸和高表面能,位于表面的原子占相当大的比例。当粒子尺寸减小时,费米能级附近的电子能级便出现了由准连续变为离散能级的现象。与宏观物体相比,纳米微粒包含的原子数有限,当能级间距大于静电能、光能时,就导致纳米微粒的电、光特性与宏观特性显著不同。将一些发光试剂通过修饰手段或者其他相互作用功能化到碳纳米管、石墨烯等碳纳米材料的表面,可借助碳纳米管和石墨烯的纳米效应获得的具有发光活性的碳纳米管复合物材料,对信号探针的检测灵敏度会起到一定的增敏效应。

1.3.2 碳纳米材料物理特性

碳纳米材料具有优良的室温和高温力学性能、抗弯强度、断裂韧性,使其在切削刀具、轴承、汽车发动机部件等诸多领域都有着广泛的应用,并在许多超高温、强腐蚀等苛刻的环境下发挥了其他材料不可替代的作用,因而具有广阔的应用前景。例如,碳纳米管尤其是单壁碳纳米管具有带隙、能确定的能带与子带结构,可作为光学和光电子应用领域的理想材料。此外,它也具有特殊的热学性能,其结构中电子具有较高的平均自由程,所以导热性能良好。最新的研究表明,碳纳米管的中空内腔不仅可以充当微型试管、模具或模板,而且将其他一些特定物质封存在这个约束空间内后可进一步研究在宏观条件下观察不到的一些结构和行为,对一些反应的过程机制研究具有实际的意义。目前,利用碳纳米管的场发射特性制造的平面显示器件已经接近实用。利用碳纳米管的半导体特性研制新型电子器件的工作也已全面展开。再如,石墨烯中碳—碳键的距离仅为 0.142 nm,碳原子之间的连接非常柔韧,当施加有外力的时候,其碳原子面会弯曲变形从而保持结构的稳定,避免碳—碳键的破裂。超短的键长以及键与键之间柔韧的连接使得石墨烯成为迄今为止发现的世界上力学强度最大的材料,其断裂强度达到了 $42\ N \cdot m^{-1}$,这个强度是钢的 200 倍。石墨烯这种超强的力学性能使得其被作为一种理想的增强填料被广泛添加到高分子树脂、聚合物基金属氧化物中以增强各种材料的力学性能。另外,其载流子迁移率达 1.5×10^{4}

$cm^2 \cdot V^{-1} \cdot s^{-1}$，是目前已知的具有最高迁移率锑化铟材料的2倍，超过商用硅片迁移率的10倍，在特定条件下(如低温骤冷等)，其迁移率甚至更高；石墨烯的热导率可达$5 \times 10^3\ W \cdot m^{-1} \cdot K^{-1}$，是金刚石的3倍；石墨烯还具有室温量子霍尔效应等特殊性质。此外，碳纳米管和石墨烯具有特殊的光吸收和反射的一些特性，其他光学特性诸如荧光、拉曼与光学非线性等均表现出了与众不同的特点。例如，碳量子点是一种新型碳纳米材料，相比于半导体量子点，碳量子点具有独特的优势，如较好的生物相容性和环境友好性；相比于有机荧光染料，碳量子点具有荧光稳定、激发波谱宽、适应性好等优点，因此碳量子点有着广阔的研究和应用前景。碳量子点最引人注目的是其独特的光学性质。首先，无论是从基础研究的角度，还是从实际应用的角度考虑，尺寸相关的发光性质都是碳量子点一个非常重要的性质。目前，关于碳量子点的发光机理还没有被彻底地研究清楚，辐射的激子重组被认为是一种可能的机理。不同的碳源和硝酸处理会得到不同尺寸和不同表面能量带隙的碳量子点，这可以解释碳量子点的多色光致发光，还可以解释碳量子点在不同波长光源激发下可以发出不同颜色的光。除了辐射的激子重组机理外，从碳纳米管中发现的从N到C的电荷转移机理也被认为是一种可能的机制。

碳量子点的另一个重要特点是荧光上转换性质。上转换发光是指在长波长激发光的激发下体系发出短波长光子的现象，即辐射光子能量大于所吸收的光子能量，属于反斯托克斯现象。下转换发光或斯托克斯现象是指传统的光致发光现象，指的是在短波长激发光的激发下，体系发射出较长波长光子的现象，所有的发光材料都遵从斯托克斯定律。研究人员已经合成出了具有上转换荧光性质的碳量子点，并认为碳量子点的上转换荧光性质可能是由于多光子过程，即同时吸收两个或多个光子，从而在比激发波长更短的波长处吸收光。

上述这些独特的物理特性使得碳纳米材料在纳米材料科学和生命科学等诸多领域中已成为了人们关注的焦点。

1.3.3 碳纳米材料电学特性

由于具有尺寸小和高度对称的结构特点，多数碳纳米材料表现出了优异的电学性能。组成碳纳米管的每个碳原子有一个未成对电子处于垂直于层片的p轨道，因此碳纳米管具有显著的量子效应和导电性能。由于卷曲的情况不同，碳纳米管的电学特性可以表现为金属型或半导体型。例如，由电弧法制得的多壁碳纳米管电导率很高，其值的大小已经接近电子在碳纳米管管道内弹道运输时的理论极限值;多壁碳纳米管最多能承载高达 $10^7 A \cdot cm^{-2}$ 的电流密度,单壁碳纳米管中的金属型碳纳米管同样可以承载很大的电流密度。石墨烯的导带和价带由于相交于费米能级处,使得石墨烯成为零带隙半导体,从而显示出金属性。此外,石墨烯具有双极性电场效应,电荷能够在电子与空穴之间连续调谐,具有高的载流子浓度。石墨烯的 π 电子可以在完美的石墨烯平面内无障碍高速移动,其电子行为与无质量的狄拉克-费米子相似,可以在微米尺寸范围内传输而不被散射,这使得石墨烯具有优异的导电性,几乎比所有导电物质的电子传输速度都要快很多。

1.3.4 碳纳米材料化学特性

纳米材料具有一定的表面效应,主要是由于纳米粒子的表面原子数与总原子数之比随粒径的变小而急剧增大后所引起的性质上的变化。纳米粒子表面原子配位数不足和高的表面能等性能,使这些原子易与其他原子相结合而稳定下来,故具有很高的化学活性。相对于石墨烯来说,碳纳米管的比表面积更高,而且电子传导能力较强,因此具有更多的化学反应位点。这种独特的电子结构使其能够有效地促进电子的传递。此外,碳纳米管的管壁和端口存在着显著的差别,其端口存在五元环和七元环结构,所以端口相对于管壁来说具有更高的化学活性,更易于在此处实现化学修饰。为此,碳纳米管被通过各种方式功能化后进行修饰电极的构筑,得到的修饰电极对蛋白质、有机分子、生物分子、环境污染物等表现出了良好的电化学催化性能,在一些化学分析检测应用中极大地提高了检测的灵敏度。有序介孔碳本身具有电催化性能,可以加快电子转移速度,对某些物质具有非常高的检测灵敏度、特殊的选择性、很好的稳定性,可以降低目标物的过电位,增加峰电流,改善分析性能。二者相比而言,结构上的差别使得有序介孔碳的电催化活性要高于碳纳米管。另外,有序介孔碳是催化剂的良好载体,各种金属、金属氧化物催化剂等可以固载在有序介孔碳上,得到具有高催化活性的复合催化剂材料,在有机化学催化、污染物降解、生物分子电催化等领域具有广泛的应用。

例如,石墨烯的基本结构骨架非常稳定,一般化学方法很难破坏其苯环结构;另外,大 π 共轭体系使其成为相对负电体系,可以和许多亲电试剂如氧化剂或卡宾试剂反应。石墨烯主骨架参与的反应通常需要比较剧烈的条件,因此石墨烯的反应活性更多地集中在它的缺陷和边界官能团上。目前,最多的是利用石墨烯氧化物上的官能团(—OH、—COOH 等)对石墨烯进行各种修饰。这些官能团以及相应的修饰,也为石墨烯的溶剂处理和性质修饰提供了简易的手段。

1.4 碳纳米材料的应用现状及前景

由于碳纳米材料具有较高的比表面积和良好的融合性，所以碳纳米材料可以被用于电化学研究中。石墨、煤炭等碳源通过催化裂解、离子蒸发法可制备出碳纳米管，碳纳米管是一维纳米材料，它有着近乎完美的六边形结构，在力学、电学和化学方面有着特殊的性能，近年来，人们对碳纳米管的研究也越来越多，其广阔的应用前景也逐步展现；富勒烯作为碳的第三种同素异形体，由于其空间结构很像足球，也被人们称为"足球烯"，富勒烯具有很强的硬度、延展性，同时它还具有极好的导电性能。富勒烯自身的对称性决定了它具有非线性光学性质。在富勒烯中掺杂碱金属在一定条件下会产生超导电性，其电荷转移复合物有铁磁性而引起人们极大兴趣和关注；石墨烯内部碳原子的排列方式与石墨单原子层一样以 sp 杂化轨道成键，它的结构决定了它具有优良的导电和光学性能。同时，石墨烯的力学性能和热性能也非常突出，其应用前景非常广泛。

1.4.1 电化学及生物传感技术研究现状

电分析化学作为仪器分析的一个重要分支，以电化学的基本原理和实验技术为基础，依据物质的电化学性质及其变化规律来进行定性和定量分析。基于此，电分析化学与其他仪器分析技术相比具有以下的特点。

①分析速度快。电分析化学方法一般都具有快速的特点，如极谱分析法有时一次可以同时测定数种元素；试样预处理程序一般也比较简单。

②灵敏度高。电分析化学方法适用于痕量甚至超痕量组分的分析，如溶出伏安法、极谱催化波等都具有非常高的灵敏度，检测下限可达 10^{-12}～10^{-10} mol·L^{-1}。

③选择性好，这也是使分析快速和易于自动化的一个有利条件。

④所需试样的量较少，适用于进行微量操作，如超微电极，可直接刺入生物体内，测定细胞内原生质的组成，进行活体分析和监测。

⑤仪器简单，适用于在线分析。电分析化学方法的仪器设备较其他仪器分析法简单、小型化，价格也比较便宜，并易于实现自动化和连续分析，适用于生产过程中的在线分析。

⑥测定与应用范围广。电分析化学方法不仅能进行成分分析，也可用

于结构分析,如进行价态和形态分析;还可作为研究电极过程动力学、氧化还原过程、催化过程、有机电极过程、吸附现象等有力手段。

目前,电化学及生物传感技术在有机物、药物、无机离子等领域得到了广泛的应用,各种各样的电位型、电流型电化学传感技术被相继建立,部分离子型选择性电极也已得到了商品化应用。尤其值得一提的是,可直接检测电活性组分和借助电化学标记来检测非电活性组分的电流型传感技术受到了研究者的青睐,在过去的十几年里得到了蓬勃的发展。但是,随着人们生产生活的需求与日俱增,对于目标物的分析要求也越来越高,诸如通过对电活性分子的高性能传感技术,深入了解电活性物质的电子转移过程机制,为生命科学、医学诊断、药物开发等提供实验和理论研究依据。再者,针对实时、在线的分析目的,对于一些复杂的生命体系进行实时、在线等分析也需要高性能、高选择性的电化学生物传感技术的支撑。譬如,基于功能性核酸分子的特异性亲和识别作用的安培生物传感技术,对于高灵敏检测核酸与小分子的相互作用、小分子与蛋白质相互作用等具有非常重要的意义。

1.4.2 碳纳米材料与电化学传感技术的发展方向

碳纳米材料从形态、组分和性质等方面受到了科研工作者的热切关注,一系列关于碳纳米材料的制备、表征和应用的研究得到了蓬勃的发展。在化学、环境、医学和生命科学等领域,碳纳米材料通常被作为各类反应的催化剂或者催化剂载体而使用,这些应用与碳纳米材料的特殊结构和特异性能是分不开的。例如,碳纳米材料的表面效应,使其具有很大的比表面积以及表面原子数,化学活性很高,这可以有效地促进催化反应的进行,因此在一些反应中可直接作为催化剂使用。在电化学催化反应过程中,其直接表现为降低一些活性目标物的氧化或还原的过电位,展现出了优良的电催化行为。再者,由于纳米材料的尺寸与很多生物分子的尺寸相当,因此碳纳米材料可以作为生物物质或药物的载体,进入细胞体内,在药物释放、细胞标记等方面发挥了重要的作用。

起初,各种本征碳纳米材料被广泛应用于电化学及生物传感分析。如利用碳纳米管的直径小、表面能高、原子配位不足、表面原子活性高、易与周围的其他物质发生电子传递作用等特点,用碳纳米管修饰电极对多巴胺、肾上腺素、抗坏血酸等进行检测,发现碳纳米管对生物分子有很好的电催化和选择性作用,对上述生物分子活性中心的电子传递具有明显的促进作用。有序介孔碳因其特有的均一孔径结构、高的比表面积和良好的导电性,也常用作电极修饰剂,由介孔碳构建的修饰电极对多巴胺、抗坏血酸以及一些有机物分子等也表现出了显著的电催化性能，且具有较高的检测灵敏度、特殊的选择性和很好的稳定性。同样，石墨烯用作电极材料具有化学修饰性好、电位窗口宽、催化活性较高、结构强度高和导电性好等优势，在电化学及其化学/生物传感等领域也已引起了广泛的关注，在目标物直接电化学分析检测及电分析载体材料中都得到了广泛的应用。如对重金属离子、过氧化氢、有机小分子、生物小分子（如多巴胺、尿酸和抗坏血酸），以及氧化还原蛋白质和核酸等生物大分子的直接电分析；在生物传感器构建中用于化学键合和非共价固定生物大分子等。随着研究的深入，越来越多的功能化和复合碳纳米材料也被相继开发出来，以适应和满足不同的分析要求。这些功能化材料包含共价功能化、非共价功能化以及其他纳米粒子复合功能化的碳纳米管、介孔碳及石墨烯等碳纳米材料。比如，将碳纳米管和石墨烯通过一定的方式进行复合后，得到的材料不但展现出了高的比表面积和优良电导率，而且使超级电容器的电容量、能量密度和功率等性能均有大幅度的提升。

但是，随着分析任务和目标的多样化和实际化，对于目标物的分析要求除了以往的灵敏、准确、快速之外，对于复杂体系的实时、在线等高性能传感分析与检测是目前以及今后电化学及其生物传感分析发展和努力的方向。对于传感分析所依赖的基础碳纳米材料的类型、结构和性能提出了新的挑战，通过各种传感器件、修饰平台等构建集分离、富集和选择性的三者合一的传感平台是这一领域今后面临的主要挑战。因为电极界面的设计与处理对电极的重现性、选择性、稳定性和灵敏度等电化学测定结果影响很大，尤其是实现同一电极上以电化学方法同时测定多组分的研究，在生物科学、环境监测、医药等领域逐渐显现出较大的应用前景和重要的学术意义。鉴于碳纳米材料的特殊性质，应在已有的理论和认识的基础上，结合以上电化学分析的发展趋势，不断地开发和利用碳纳米材料的各种性能，将基于碳纳米材料的电化学分析技术推向一个新的台阶，更好地为人类的生产生活服务。

1.4.3 碳纳米管的应用及其发展前景

碳纳米管作为加强相和导电相在纳米复合材料领域有着巨大的应用潜力，其中尤以碳纳米管复合材料/聚合物复合材料的应用研究发展得最快。将碳纳米管复合材料作为导电涂料的导电介质时，其管径越小，所制得的导电涂料导电性越好。碳纳米管复合材料作为导电涂料的导电介质的最佳长径比约为 250。当碳纳米管复合材料长径比大于 250 时，所制得的涂料导电性随长径比的增大而减小；当碳纳米管复合材料长径比小于 250 时，所制得的涂料导电性随长径比的增大而增加。一般地，碳纳米管复合材料的含量越高，所制得的涂料导电性越好。针对新一代吸波隐身材料要求吸收强、宽频带、质量轻、厚度薄、功能多、红外微波吸收兼容以及具有优良的其他综合性能的要求，利用碳纳米管复合材料特殊的电磁吸波特性，以及聚合物优良的材料性能，研究开发碳纳米管复合材料聚合物基复合吸波功能材料是实现该技术的有效途径。

1.4.4 富勒烯的应用及其发展前景

以 C_{60} 为代表的富勒烯家族以其独特的形状和良好的性质开辟了物理学、化学和材料科学中一个崭新的研究方向，与有机化学中极常见的苯类似，以 C_{60} 为代表的富勒烯形成了一类丰富多彩的有机化合物的基础。在克拉茨奇默和霍夫曼等人首先制备出宏观数量的 C_{60} 以后，科学家从实验上制备出大量的富勒烯衍生物并对其性质进行了广泛研究，立即意识到这类新物质的巨大应用潜力，富勒烯新材料的许多不寻常特性几乎都可以在现代科技和工业部门找到实际应用价值，这正是人们对富勒烯或巴基球如此感兴趣的原因，已经预见到富勒烯材料的应用是多方面的，包括润滑剂、催化剂、研磨剂、高强度碳纤维、半导体、非线性光学器件、超导材料、光导体、高能电池、燃料、传感器、分子器件以及用于医学成像及其治疗等方面。

C_{60} 的结构特点决定着它具有特殊的物理化学性能，它可以在众多学科当中都具有广泛的用途，如碱金属原子可以与 C_{60} 键合成“离子型”化合物而表现出十分良好的超导性能，过渡金属富勒烯 C_{60} 化合物表现出较好氧化还原性能，在高压下 C_{60} 可转变为金刚石，开辟了金刚石的新来源，C_{60} 与环糊精、环芳烃形成的水溶性主客体复合物将在超分子化学、仿生化学领域发挥重要作用，以富勒烯 C_{60} 为基础的催化剂，可用于以前无法合成的材料或更有效地合成现有的材料，碳容易被加工成细纤维的特性很可能研制出一种比现有陶瓷类超导体更优的高温超导材料。管状富勒烯的发现与研究，很可能使这种超强度低密度的材料用于新型飞机的机身。C_{60} 有区分地吸收气体的性质可能被应用于除去天然气中的杂质气体。C_{60} 离子束轰击重氢靶预计运用于分子束诱发核聚变技术。C_{60} 和 C_{70} 溶液具有光限幅性，可作为数字处理器中的光阈值器件和强光保护器，用 C_{60} 和 C_{70} 的混合物掺杂 PVK 呈现非常好的光电导性能及其用于静电印刷的潜在可能性。Si 也被发现可能形成类似富勒烯结构，有望成为新的半导体元件材料。迄今为止，C_{60} 原子团簇及其衍生物已涉及生命化学、有机化学、材料化学、无机化学、高分子科学、催化化学等众多领域，可用于复合材料、建筑材料、表面涂料、火箭材料,等等。虽然其广泛应用还不是一个短时间的过程,但随着人们对其不断认识,相信基于 C_{60} 的各种应用将具有更为广泛的应用前景。

1.4.5 石墨烯的应用及发展前景

石墨烯可以说是21世纪所发现的物理和化学性能最为优异的一种材料了,它在多方面的应用均被寄予厚望,科学家们也投入了巨大的人力物力来研究。目前,国际上的研究热点主要集中在能量存储与转换领域的应用,如锂离子电池、超级电容器等。

(1)石墨烯在锂离子电池中的应用

锂离子电池的研究开始得很早,但它最早进入市场,可以追溯到索尼公司,索尼第一次提出并实施将其投入商业化应用。锂离子电池具有众多优异的性能,比如工作温度范围宽、电池容量大、自放电低等,在进入市场后迅速成为人们的宠儿,并在日常生活中得到了广泛的应用。锂离子电池通常采用石墨作为负极材料,因此造成它的性能不够好。比如它的理论比容量低,电池的功率密度也不够高,需要长时间充电,循环稳定性较差等,以上种种导致它不符合科学家的期待,进而继续寻找其他替代品,因此负极材料为石墨的锂离子电池无法进一步应用。而石墨烯克服了负极材料为石墨的锂离子电池的种种缺点,它不但物理化学性质稳定,导电性和导热性良好,而且它的理论比容量几乎达到石墨的2倍,应用价值极高。

石墨烯的理论比容量相对来说较低,这阻碍了其进一步应用的可能性,因此,人们提出可以使用复合的方法,借助过渡族金属氧化物理论比容量高的优点和石墨烯组成复合材料,复合材料相比之前的单一材料具有更大优势,可以解决锂离子电池负极材料采用石墨烯时存在的一些问题,并且还保持着石墨烯的一些优良性能,达到取其精华、去其糟粕的效果。科学家们还通过水热法制备了很多其他的石墨烯复合材料,也都具有非常优异的电化学性能。可以说,复合这条路对改善石墨烯而言是行得通的。

(2)石墨烯在超级电容器中的应用

超级电容器可以用来储能,是一种新型装置,具有超高的"能量存储特性",科学家们估计,在未来,随着它的广泛普及,有可能改变我们目前的能源消费结构,它的应用具有非常重大的意义。

目前,市场上的超级电容器主要分为"双电层电容器"和"赝电容器"两种。

首先来介绍双电层电容器。双电层电容器主要利用极化所形成的双电层来储存能量,其原理如下:电极发生极化作用后,可以通过静电作用,来吸附电解质离子，这样在电解液界面之间就能够形成双电层。而赝电容器更为高级，它不但能够依靠双电层来实现能量存储，在它的活性电极和电解质之间会发生法拉第氧化还原反应，也能够实现存储电能的目的。基于表面现象，它们完成充放电过程，而石墨烯是一种理想的超级电容器材料。

介绍完两种超级电容器，就要介绍石墨烯在其中的应用了。石墨烯问世之前，各类碳材料都可以充当双电层电容器的电极材料，有碳纳米管、碳纤维、活性炭等，但这些碳材料表现不尽如人意，存在各种缺点，单层石墨烯克服了它们的缺点，是一种良好的替代材料。尤其是石墨烯复合化合物，电化学性能非常优异，是完美的替代材料。赝电容器也是这样，之前具有种种缺点，表现不尽如人意，而采用复合材料后，比电容大幅提高。

(3)石墨烯在其他领域的应用

石墨烯除了在以上提到的两种应用中具有优秀的表现以外，还有许多其他应用。比如，制备太阳能电池材料时，可以采用石墨烯。它因为具有优异的电化学特性，所以在电化学领域表现突出，而基于石墨烯的柔韧特性所带来的其他应用也非常可观。

比如，如果充分利用石墨烯优异的柔韧特性，可以用来制备一些柔性材料，如石墨烯智能触摸屏。目前，科学家们正在研发的是透明导电薄膜，如果研发成功，那么就有可能应用于人体可穿戴设备中，使得未来的智能设备屏幕具备柔韧性。

第2章　碳纳米材料的制备

碳纳米材料由于其不同寻常的微观结构，具有特殊的小尺寸效应、表面效应、量子尺寸效应和宏观量子隧道效应等特点。碳纳米材料的微观结构不同，材料所具有的力学、电磁学和化学性能也会产生较大的差异。此外，材料的制备及生长机制也会极大地影响材料的微观特性和各种应用性能。本章主要介绍碳纳米材料的常见制备方法。

2.1　富勒烯的制备

2.1.1　激光蒸发石墨法

激光蒸发石墨法是利用激光使石墨气化制备富勒烯的方法。也就是说，在高真空环境下，用短脉冲、高功率激光蒸发石墨，即可以得到 C_{60} 和 C_{70} 等。经过不断的改进，有人用长脉冲近红外激光轰击石墨表面也成功制备出了富勒烯 C_{60}。但是这种方法制备的富勒烯非常少，每次仅能制备数千个富勒烯分子，远不能满足科研和工业应用需求。

2.1.2　电弧放电法

电弧放电法是在 1990 年首次被报道的。具体方法是：在高真空的电弧炉内，以高纯石墨为电极，然后充入氩气，放电反应后生成的炭灰中存在大量的 C_{60}。这种方法使用的设备简单，操作方便，并且能够制备克量级的富勒烯，实现了富勒烯的大批量生产。但是该方法存在耗费大量的氩气，以及富勒烯的产率偏低等缺陷。

2.1.3 高频加热蒸发石墨法

高频加热蒸发石墨法是 1992 年 Perters 和 Jansen 等人首先提出的。具体方法是：在 2700℃高温和 150 kPa 的氦气条件下，用高频炉加热高纯石墨，得到的炭灰中含有 8%～12%的富勒烯。这是一种直接加热石墨的方法，但是这种方法在产率以及能量利用效率上都不如电弧放电法。

2.1.4 萘高温分解法

高温分解萘可以生成富勒烯是 Roger Taylor 等人在 1993 年发现的。研究表明在约 1000℃高温状态下，分解萘分子使其将氢脱离并重新组合，可得到 C_{60} 和 C_{70} 的混合物，但是这种方法制备的富勒烯产率极低，最大不超过 0.5%。

2.1.5 太阳能蒸发石墨法

这是富勒烯的发现者 Smalley 等人开发的一种利用聚焦太阳光直接蒸发碳制备富勒烯的方法。为了提高富勒烯和掺杂金属富勒烯的产率，在广泛的探索中他们发现电弧光对富勒烯的光化学破坏可能是碳电弧技术中碳棒放大尺寸的主要障碍。据此，考虑了数种排除光化学分解，同时增加碳棒尺寸以扩大生产规模的方式后，他们认为最好的方法是利用太阳光。Smalley 等人认为，采用大型太阳炉装置也许是大量生产富勒烯的唯一途径，它不仅避免了强紫外线辐射对富勒烯的光化学破坏作用，同时使碳蒸气到达缓冷区之前不会形成凝块，解决了石墨电弧或等离子体法中遇到的产量限制问题。

2.1.6 高温等离子体石墨蒸发法

1992 年，Yoshie 等人首先利用高温等离子体蒸发石墨方法制备了 C_{60}。在适宜的条件下，富勒烯的产率可以达到 7%。

2.1.7 有机合成法

有机合成法的意义不在于大量生产富勒烯，而在于可以更加深入地研究富勒烯的形成机理。Rubin 以及 Tobe 等人通过化学合成的方法制备了多炔烃前驱体,并且在质谱中证实到了这些化合物可以转化成富勒烯,但是并没有其他更加有力的证据证明富勒烯的存在。直到 2002 年,Scott 等人利用十二步化学合成法得到含有 60 个碳原子的多环碳氢化合物 $C_{60}H_{27}Cl_3$,并结合真空闪速热解技术在 1100℃的条件下得到了 0.1%～1%的 C_{60}。

2.1.8　火焰法制备富勒烯

火焰法又称燃烧法。在火焰中对多面体碳离子形成的观测证实了富勒烯可能在燃烧中形成的设想。1987 年,Homann 等人首次在碳氢化合物的燃烧火焰中检测到 C_{60}和 C_{70}的质谱信号。直到了 1991 年,Howard 等人则从苯/氧火焰中发现和鉴定了 C_{60}和 C_{70}的存在。将苯蒸气和氧气混合,在燃烧室低压环境中不完全燃烧得到的烟灰产物中含有较高比例的富勒烯。由于具有可连续进料、操作简单且无须消耗电力资源的特点,火焰法制备富勒烯在工业化生产中具有无可比拟的优势。在 2001 年以火焰法为基础的制备富勒烯的生产线在美国、日本等地建立,日本的三菱公司更是实现了年产数千吨富勒烯的火焰法生产线。

对于火焰法制备富勒烯来说,在烟灰中分离提纯富勒烯也是富勒烯制备中非常重要的步骤。富勒烯的分离和提纯主要包括三个步骤:烟灰的处理与收集、富勒烯的提取,以及不同富勒烯分子的分离。

1. 烟灰的处理

烟灰中除了有富勒烯之外,还存在大量杂质。燃烧之后,烟灰冷凝聚集在冷却容器的壁上,收集壁上的烟灰用于下一步的提纯。

2. 富勒烯的提取

烟灰的初步提纯采用萃取的方法,即在索氏提取器中,用苯、三氯甲烷、甲苯或正己烷等有机溶剂回流萃取,随着 C_{60}和 C_{70}的含量逐步增加,得到的溶液的颜色逐渐由酒红色变成棕色甚至深棕色。该溶液浓缩、蒸干,然后用乙醚洗去烃类杂质得到的棕黑色或黑色固体,即为富勒烯。对苯等溶剂萃取过的烟灰剩余物用 1,2,3,5-四甲基苯作为溶剂,采用索氏提取可以得到含量达到 14%的 C_{78}等高品质富勒烯,但是提取非常困难。

除了萃取的方法,还可以采用升华法从烟灰中提取富勒烯。升华法是根据不同富勒烯分子间作用力的差异导致挥发难易程度不同的特点来提取富勒烯。这种方法的操作过程是在真空条件或惰性气氛中，将收集到的炭灰加热到400～500℃，升华得到褐色或灰色的颗粒状膜。但该法难以控制，故不常采用。

3. 富勒烯的分离纯化

富勒烯的分离主要是指将C_{60}和C_{70}分离纯化。目前，分离方法主要有重结晶分离法、化学络合分离法、色谱分离法。重结晶分离法是利用不同种类的富勒烯在同一种溶剂中，在同样的条件下的溶解度的差异来实现不同富勒烯的分离。这种方法原理和操作都十分简单，可供选择的溶剂种类也十分丰富并且能够大量分离不同种类的富勒烯，具有很强的可操作性。Coustel等人于1992年首次采用重结晶的方法分离富勒烯。他们采用甲苯作为溶剂，第一次结晶得到的C_{60}纯度达到了95%。一般来说，为了提高富勒烯的纯度可以进行二次或者三次重结晶，最终得到富勒烯的纯度可以达到99%以上。目前，对于重结晶的方法在富勒烯提纯中的应用仍然存在一些限制，主要是由于富勒烯在不同溶剂中的溶解参数还有待进一步的探究。

化学络合分离法的原理是化合物能够选择性地与富勒烯分子发生可逆的络合反应，从而扩大不同富勒烯分子间性质差异，便于不同富勒烯分子的分离。分离后通过一定手段使化合物和富勒烯分离，即可得到纯化的富勒烯。例如，在CS_2的富勒烯溶液中加入$AlCl_3$，这种物质会优先和C_{70}等高级的富勒烯分子发生反应生成沉淀，据此就可以分离C_{60}和C_{70}分子。

2.2 金刚石的制备

纳米金刚石除了具有普通金刚石的优异特性以外，还具有纳米材料所具备的独特优势。例如，纳米金刚石的比表面积大、化学活性好、具有较大的熵值和结构缺陷。纳米金刚石已在复合镀层、研磨、抛光、润滑、密封、高强度树脂和橡胶等领域得到了深入的研究和广泛的应用。目前，纳米金刚石的制备和特性研究一直是研究的热点，特别是对技术简便、成本低廉、高效的纳米金刚石的制备方法的开发。

纳米金刚石的制备方法很多，最初采用冲击波法，而后又发展出了爆炸法、化学气相沉积(CVD)法等。不同的工艺方法可以得到不同种类的纳米金刚石。

图2-1列举了目前所有制备纳米金刚石的方法。从图2-1可以看到，

根据实验条件的不同，纳米金刚石的制备大致可以归为三大类。

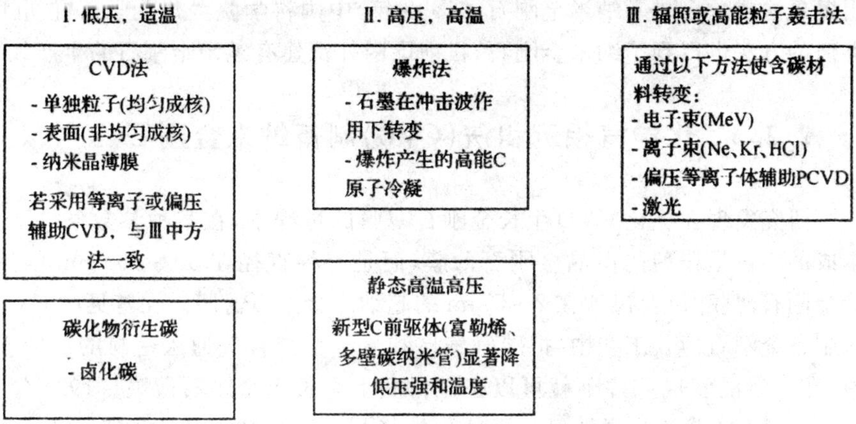

Ⅰ. 低压，适温

CVD法
- 单独粒子(均匀成核)
- 表面(非均匀成核)
- 纳米晶薄膜

若采用等离子或偏压辅助CVD，与Ⅲ中方法一致

碳化物衍生碳
- 卤化碳

Ⅱ. 高压，高温

爆炸法
- 石墨在冲击波作用下转变
- 爆炸产生的高能C原子冷凝

静态高温高压
新型C前驱体(富勒烯、多壁碳纳米管)显著降低压强和温度

Ⅲ. 辐照或高能粒子轰击法

通过以下方法使含碳材料转变：
- 电子束(MeV)
- 离子束(Ne、Kr、HCl)
- 偏压等离子体辅助PCVD
- 激光

图 2-1　纳米金刚石制备方法框图

2.2.1　冲击波法制备纳米金刚石

冲击波法又称动压法，是利用强力冲击波作用于石墨表面，从而获得巨大的能量，在石墨表面产生巨大的压力和超高的温度，使石墨转化形成纳米金刚石。在冲击波的作用过程中，石墨表面温度超过 1000℃，压强最大可以达到 200 GPa，最小也超过 60 GPa，作用时间最大可以达到 10 s，最小仅为 0.1 s，但已经足以形成纳米金刚石。这种方法制备的金刚石尺寸主要集中在两个区域，即 1～60 μm 的金刚石和 50 nm 以下的纳米金刚石。冲击波法是 1959 年 De Carli 等人首次提出的，直到 1966 年关于冲击波法的专利才在美国申请成功。美国 Dupont 公司又在这项技术的基础上作了相应改进，并实现了工业化生产。在它的生成工艺中，主要的改进是针对碳源。该公司采用了石墨和炭黑的混合物作为碳源，并且为了防止过高温度和压强对生成的金刚石产生破坏，添加 Co 和 Ni 等金属颗粒作为吸热剂。

2.2.2　爆轰法制备纳米金刚石

爆轰法纳米金刚石又称超微金刚石，是由负氧平衡炸药中的碳在爆轰产生的高温(2000～3000 K)、高压(20～30 GPa)条件下形成的纳米金刚石颗粒。其回收率约为所用炸药重量的 8%左右。金刚石基本颗粒为 5～10 nm，经过化学净化可得到纯度大于 95%的纳米金刚石粉。爆轰法制备的纳米金刚石受到很多因素的影响，其中包括炸药类型、冷却介质、碳源等都会对纳米金刚石的产率等性质产生影响。1988 年，美国和苏联同时报道了用爆轰法成功合成了纳米金刚石。1993 年，中国科学院兰州化学研究所用类似的方法也得到了纳米金刚石，目前国内外都建有纳米金刚石的生产线。

2.2.3 化学气相沉积法(CVD)制备纳米金刚石

研究发现在优化 CVD 生长金刚石薄膜的过程中，在某种参数条件下，生成的不再是典型的微晶金刚石薄膜，而是一种直径在 50～100 nm 的纳米金刚石薄膜，以及尺寸在 2～5 nm 的超纳米金刚石薄膜。在常见的 CVD 法制备金刚石薄膜工艺中，把碳氢气体和氢气等混合气通入密封的反应室内，在一定的温度条件下就可以在硅衬底上生长出金刚石薄膜。1994 年，Gruen 等人首次通过微波等离子体化学气相沉积(MPCVD)法制备出了纳米金刚石薄膜。他们使用富勒烯 C_{60} 为碳源，衬底是硅片，充氩气，沉积衬底的温度是 750℃。相比常规的 CVD 法，他们的改进在于碳源和气体的变化。用该方法制备的金刚石膜中的颗粒尺寸为 3～5 nm。Zhou 等人采用氮气或氩气与甲烷的混合气体，利用 MPCVD 法制备了晶粒大小为 3～20 nm 的金刚石薄膜；Chakrabarti 等人利用 CVD 法以莰酮为原料在玻璃、石英和硅衬底上沉积出了纳米金刚石薄膜；Lin 等人采用热丝 CVD 法制备出了纳米金刚石薄膜；Sharda 等人采用偏压增强的 MPCVD 法，在硅衬底的表面沉积出了纳米金刚石薄膜。

2.2.4 固体碳直接转变法制备纳米金刚石

在高能电子束、高能离子束或者激光的强烈辐射下，很多碳材料都可以直接转变成为纳米金刚石。1983 年，Fedoseev 等人利用高强度激光辐射石墨粉，在粉体温度达到 2500℃后快速冷却，发现高能激光的辐照使石墨粉末发生了结构转变，产生了纳米金刚石颗粒。这一发现也开启了碳材料直接转变制备纳米金刚石的序幕。1996 年，Banhart 等人利用功能电子束辐照洋葱碳，发现在高能电子的作用下，洋葱碳发生了向金刚石结构的转变，同样观测到了纳米金刚石颗粒的存在。他们实验的巧妙之处在于“原位”观测到了洋葱碳向金刚石转变的整个过程。实验证实，在高能点不断轰击的过程中，洋葱碳晶体结构发生重排，其中心部位产生了巨大的压强，最终洋葱碳在多重作用下转变形成了纳米金刚石。1997 年，Wesolowski 等人用高能 Ne^{+} 束辐射石墨烟灰，在实验中观测到烟灰的温度高达 1100℃，最后在烟灰中也发现了纳米金刚石颗粒。关于碳材料直接转变成纳米金刚石的研究十分广泛。不同研究者对很多种碳材料以及粒子束进行了实验,除了最初的洋葱碳,很多其他形式的碳材料,包括高纯石墨、炭黑、碳纳米管等多种形式的碳材料都可以在一定条件下直接转变生产纳米金刚石颗粒。

2.2.5 高温高压法制备纳米金刚石

高温高压法在制备大尺寸人造金刚石过程中使用非常广泛。在人造金刚石的最新成果中,2010 年日本科学家合成的厘米级超硬金刚石无疑最具有轰动效应。在他们的研究中,使用了高达 125 GPa 的超高压强,碳源为高纯石墨。相比于这种大尺寸金刚石,由于在高温高压下晶粒尺寸极易长大,利用高温高压制备纳米金刚石的报道相对较少。2002 年,Yusa 等人利用激光加热碳纳米管,在 2200℃ 和 17 GPa 的条件下成功地将碳纳米管转变成了纳米金刚石。拉曼光谱和透射电镜的观察结果显示纳米金刚石的尺寸和碳纳米管的尺寸非常一致。同样是在 2002 年,Patternson 等人以 12 nm 的石墨粉为碳源,当加压到 15 GPa 时,即使是在室温情况下仍然有纳米金刚石的生成。2005 年,Brovinskaia 等人以富勒烯为碳源,在温度高达 2000℃、压力为 20 GPa 的条件下,获得了尺寸为 10 nm 左右的纳米金刚石颗粒。这些研究工作显示,在条件适宜的情况下,高温高压同样是制备纳米金刚石的一种非常有效的方法。

2.2.6 催化法制备纳米金刚石

1998 年,钱逸泰和李亚栋等人首次提出了催化法制备纳米金刚石的方法。他们采用 CCl_4 为碳源,以活性极强的金属 Na 作为还原剂,催化剂为镍钴合金,在 700℃ 条件下制备了纳米金刚石颗粒。温斌等人在直流恒稳强磁场(10 T)作用下,以纳米铁为催化剂,炭黑为碳源,在常压和 1100℃ 下保温 100 min 也成功地制备出了纳米金刚石和新金刚石。

2.2.7 火焰法制备纳米金刚石

1988 年,日本科学家 Hirose 发明了一种全新的金刚石合成方法——火焰法。在火焰法中,采用乙炔—氧气混合火焰在大气中成功地制备了金刚石薄膜。自此以后,很多科学家对火焰法制备金刚石进行了深入的研究,火焰法以其设备简单、操作方便等优势成了金刚石制备技术中最受关注的方法之一。

1. 衬底温度对金刚石合成的影响

燃烧火焰是一种常见的等离子体，在 0.05～1 eV 范围内具有较大的电子密度和电子能量。图 2-2 是火焰法制备金刚石的设备示意图，主要包括三个部件：基底、燃烧室和密封腔。火焰分为焰心、内焰和外焰，把基板放置在内焰中并保持一定温度，内焰等离子体中形成的部分碳游离基团就能在基板上生长出金刚石。

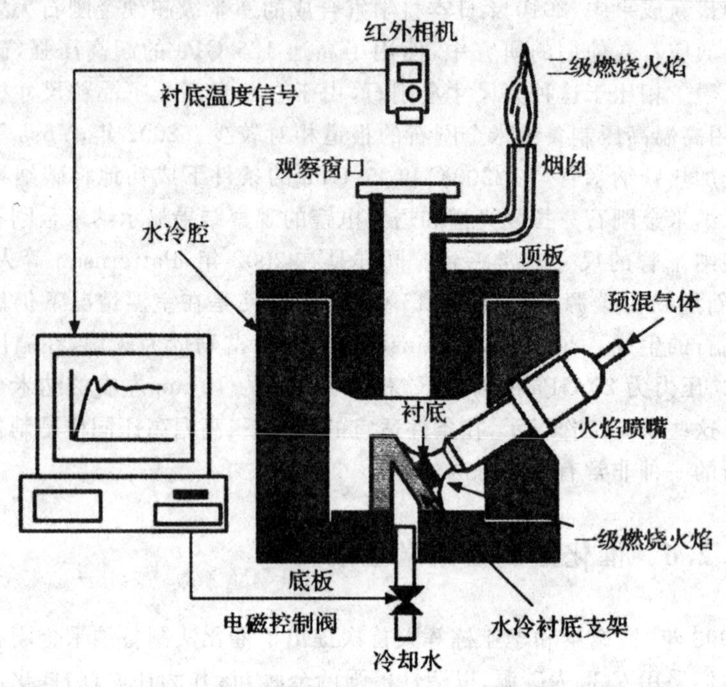

图 2-2　火焰法制备金刚石的设备示意图

火焰法制备金刚石的生长速率、尺寸大小、均匀性以及结晶性等受到很多因素的影响，例如，基板的种类、基板温度、火焰中含氧量等。

在火焰法制备金刚石过程中，衬底温度是一个极其敏感的因素。严格控制合适的衬底温度对合成高质量的金刚石薄膜有重要的意义。

研究发现，在乙炔/氧气火焰中，当衬底温度为 700～1100℃时，可以生成高质量的金刚石；而小于 700℃时，则难以形成金刚石颗粒，并且非金刚石结构的碳含量很多。同样在温度高于 1100℃时，也会出现类似的现象。

衬底温度除了影响能否生成金刚石，还对金刚石的生长速率有非常大的影响，研究发现，800℃左右是金刚石生长速率最快的衬底温度，温度过高或过低，金刚石的生长速率都明显降低。

此外，衬底温度的变化会对金刚石的结晶性也产生较大的影响。例如，基体温度低时，(100)面的生长速率快，形成八面体晶体，主要出现(111)面。随着晶体温度升高，(111)面的生长速率加快，(100)面增大。

2. 燃烧气体流量对金刚石合成的影响

研究表明，只有在还原焰的内焰才能形成金刚石颗粒。在还原焰范围内，随着 O_2/C_2H_2 混合比增大，火焰温度升高，非常有利于金刚石的生成。O_2/C_2H_2 混合比小于 0.75 左右时，火焰的温度低，不利于金刚石的生成。

3. 沉积方式对金刚石合成的影响

研究发现，喷嘴和衬底垂直时，火焰中心的金刚石形核密度很高，晶粒完整，内外焰交界处金刚石的结晶性最好，边缘金刚石多为球状多晶体。该方法制备的金刚石薄膜不均匀，薄膜分布具有径向分布效应。如果采用倾斜式喷嘴沉积法可以增加内外焰交界处与衬底表面的接触面积，有利于获得高质量的均匀金刚石薄膜。另外，还有一种可以消除径向分布效应的方法，就是采用移动火焰。移动火焰可以制备大面积的、高质量的均匀金刚石薄膜。

4. 衬底材料对金刚石合成的影响

衬底材料主要对金刚石的形貌产生影响。当用金属钼、钨或硬质合金作为衬底时，生成的金刚石晶体主要由十四面体组成；而当以非金属作为衬底的时候，生成的金刚石晶体主要是八面体。此外，由于衬底材料性质及其规律不一样，即使在相同的沉积条件下，因传热效果的差异导致衬底表面温度不同，也会影响到金刚石薄膜的质量。同样，即使是同一种材料的衬底，如果衬底表面性质不同，生成的金刚石形貌也会有明显的差异。

2.3 碳纳米管的制备

2.3.1 电弧放电法

电弧法可以用来制备单壁和多壁碳纳米管，区别在于前者要将石墨粉末和钒、镍等金属粉末催化剂混合后填充在阳极中，并需严格控制制备的条件。之后，研究者对电弧放电法进行了一系列的改进和优化。目前，这种方法通常在真空反应器中进行，将具有一定压力的惰性气体作为保护氛围，以较粗大的石墨棒作为电弧的阴极，相对细的石墨棒为阳极。当体系的温度达到 3000℃以上时，石墨电极便会进行直流放电，在此过程中细的石墨棒作为阳极被不断消耗，同时在石墨阴极上沉积出含有碳纳米管或其他碳纳米颗粒的碳纳米材料。

可见，利用电弧法制备碳纳米管所需的温度要比其他方法高很多，一般情况下其产率较高，合成的碳纳米管结晶度高、缺陷少。但是，电弧放电法的阴极目标物碳管产生时往往含有其他的碳纳米颗粒，产物的纯度不是很高。因此，需要不断地通过电弧放电各种参数的优化来调控制备的过程，从而解决产物的纯度问题。研究者首先通过深入的研究和探索，发展了一种“自维持放电模式”，该模式下在电弧放电过程中，阳极被不断消耗的同时，阴极上生长出和阳极直径相当的棒状的碳纳米管沉积物，再经过氧化处理后便可得到纯度较高的目标产物。但是这种方法制备的碳纳米管的纯度并不是很高，为此，研究者将过渡金属纳米颗粒作为催化剂引入电弧放电的阳极中，在约 4000℃的高温下，借助金属催化剂对电极最大限度地进行石墨化，便得到了纯度较高的碳纳米管。随后，在电弧放电法的基础上，科学家们发展了复合电极电弧催化法制备碳纳米管的技术。该方法与普通电弧放电法的基本原理一致，区别在于在阴极石墨棒的中心打一小孔，再将过渡金属粉末加入小孔中充当催化剂。当电弧放电产生时，高温环境下的金属催化剂便会由固态相转化成蒸气相，从而得到均相催化剂，对同样环境下生成的蒸气相的碳进行催化，最终得到高纯度的碳纳米管。也可将金属催化剂填入阳极碳棒中，如用填有铁、镍粉末混合物的石墨碳棒作阳极，在氦气气氛条件下制备得到高纯度的碳纳米管。这种在阳极（或阴极）的石墨棒中间打洞后填充金属或合金粉末作为催化剂来制备高纯度碳纳米管的方法简单易行，并且具有较强的普适性，得到了广泛的应用。

2.3.2 激光烧蚀法制备纳米碳管

激光烧蚀法是用激光直接蒸发石墨或者碳—金属的复合靶，分别可以制得 MWCNT 和 SWCNT，这种方法也是在研究富勒烯的制备方法中发现的。相对电弧放电法，激光蒸发法制备的碳纳米管很少有无定形碳存在，纯度相对较高。此外，激光蒸发法在优化的激光强度和环境温度下，比传统的电弧放电法更容易实现碳纳米管制备的可控操作与定向生长，因此得到了国内外研究者的极大关注。日本电气公司利用此法获得了高纯度的碳纳米管，清华大学已成功利用激光合金化及淬火工艺合成了高纯度的碳纳米管。

此外，激光蒸发法制备纳米碳管时可从以下三个方面来提高单壁碳纳米管的产量：①对设备的改进和靶材的筛选；②实验工艺的优化，诸如激光能量、制备温度等；③催化剂的优化选择。也有研究者发现，采用镍/钴合金催化剂时，单壁纳米碳管的产量相比纯金属催化剂提高了 10～100 倍，采用钴/铂合金及镍/铂合金催化剂也可获得高产量的单壁碳纳米管。

2.3.3　化学气相沉积法

化学气相沉积法（chemical vapor deposition，CVD）是一种常用的制备碳纳米管的方法。一般采用石英管作为反应室，当对催化剂进行活化处理后，在一定的高温（600～1200℃）下通入碳氢化合物与载气（通常为氩气，时间为 15～60 min）。碳氢化合物在催化剂上经分解、扩散、析出，最终生长出碳纳米管，待反应室温度降至室温时收集产物。若是液态碳氢化合物（如苯、乙醇等），液体放在烧瓶中加热，并以惰性气体为载气带动蒸发气进入反应区。如果是固体碳氢化合物作为碳纳米管的前驱体，其可以直接保存在反应管内的低温区。挥发性材料（如樟脑、萘、二茂铁等）直接从固态变为气态，在通过高温催化剂时进行沉积。像碳纳米管的前驱体一样，催化剂的前驱体也可以是任何形态：固体、液体或气体，可适当放置在反应室内或储存在外面。根据催化剂引入方式的不同，可以把制备气相生长碳纳米管的方法分为两种。在适宜温度下，催化剂进行气相热解而释放金属纳米粒子的原位，称为浮动催化裂解法；另外，将催化剂涂覆在基体上，高温区催化、气相生长碳纳米管的过程在基体上进行，称为基种法。

碳纳米管的合成受到许多因素的影响，如碳氢化合物、催化剂、反应温度、压力、气体流量、沉积时间和反应器的几何形状等。

1. 碳纳米管的前驱体

最常用的碳纳米管前驱体为甲烷、乙烯、乙炔苯、二甲苯和一氧化碳等。

前驱体的分子结构对碳纳米管的生长形态产生影响。线型碳氢化合物（如甲烷、乙烯、乙炔）热分解成碳原子或线型二聚体/三聚体的碳，一般产生平直、中空的碳纳米管。环状碳氢化合物（如苯、二甲苯、环己烷、富勒烯），产生相对弯曲、管壁内部呈桥状的碳纳米管。

一般而言，低温（600～900℃）化学气相沉积产生多壁碳纳米管，而高温（900～1200℃）反应有利于单壁碳纳米管的生长。这表明单壁碳纳米管的形成需要更高的能量（可能是由于其直径小、曲率大，能承受高应变能），或许这就是大多数碳氢化合物生长成多壁碳纳米管比生长成单壁碳纳米管容易的原因。因此,通常选用一氧化碳、甲烷等在 900～1200℃稳定地生长单壁碳纳米管;但生长多壁碳纳米管的前驱体(如乙炔、苯等)在这样高的温度下不稳定,导致大量的其他含碳化合物沉积。

2. 碳纳米管的催化剂

在 CVD 法制备碳纳米管的过程中,最为重要的环节应该是催化剂的制备。对目前采用的催化剂,一类是过渡金属,最常用的为 Fe、Co、Ni。在高温下,碳在这些金属中的溶解度高、扩散快。而且这些金属的高熔点和低平衡蒸气压使反应的温度范围变大,所以可以采用不同碳源做前驱体。Fe、Co、Ni 比其他过渡金属更能较强地黏附在生长中的碳纳米管上,因此能充分有效地合成曲率大(小直径)的碳纳米管(如单壁碳纳米管)。除了常用的过渡金属 Fe、Co、Ni 外,其他金属如 Cu、Au、Ag、Pt、Pd 也可用作催化剂。

另一类是采用金属有机化合物(如二茂铁、二茂钴、二茂镍)为催化剂,也可加入一些含硫的化合物作为生长促进剂。这些金属有机化合物释放出原位金属纳米颗粒,有助于碳氢化合物的有效分解。一般来说,碳纳米管的直径受到催化剂颗粒大小的影响,所以利用先进的技术预合成大小可控的金属纳米颗粒是生长直径可控的碳纳米管的必要前提。将催化剂薄膜均匀覆盖在各种基底上也被证实可以均匀地生长碳纳米管沉积物。获得高纯碳纳米管的关键取决于碳氢化合物的分解是否在催化剂的表面上进行,禁止在空气中进行高温分解。这种方法相对于采用金属催化剂的一大优势是容易实现连续操作。而且,反应期间催化剂与反应气体能充分接触,催化剂的利用率提高。该法通常是通过高温使金属有机化合物处于气态,通过载气将其与碳源气体一起送入反应炉,使其在气相反应中生成碳纳米管。

从原理及生长模型上看,二者并没有本质的区别,只是在反应前两种催化剂处于不同的状态,前者由于载体的稳定化作用处于固态,而后者由于高温升华处于气态,在气相中分解成金属或其氧化物状态而进行催化。因此两种催化剂对设备的要求不同,催化剂加入方式和产物收集方式也不同。

3. 催化剂载体

在早期的研究中主要采用 SiO_2 作为催化剂载体。SiO_2 具有规则的孔结构,在许多场合下也适合作为分散金属的载体。它不仅热稳定性好,而且来源广泛、成本低廉。采用 SiO_2 作为载体可以避免载体对碳纳米管生长的影响,但是 SiO_2 只能用氢氟酸溶解去除,会给产物的提纯带来一定难度。

另一种常见的催化剂载体是 Al_2O_3。Al_2O_3 由于具有易获取、物理性能稳定、熔点高、硬度大、耐腐蚀等多种优良的理化性能，也被广大研究者采用。Al_2O_3做载体在产品提纯中较难除去，特别是在经过高温处理后更难除去，这也限制了这种载体的使用。

MgO 也是制备催化剂常采用的一种催化剂，其相对于传统载体 SiO_2 和 Al_2O_3的优势在于易于去除，只要使用稀盐酸浸泡就能去除大部分催化剂，这使得之后的碳纳米管提纯变得更为方便。而且，考虑到 MgO 呈碱性的特征，不会形成孔洞结构，可以避免无定形碳的生成。

沸石和分子筛类材料也是用途广泛的载体。它们不仅具有很大的比表面积，而且也具有较规则的孔洞和很强的离子交换能力。一旦它们接触了过渡金属可溶性盐的溶液，离子交换就立刻发生，因此也常用于承载过渡金属进行碳纳米管的催化合成。另外一些报道过的催化剂载体有石墨、层状黏土矿物、碳纳米管、氧化钙、碳酸钙等。

2.3.4　聚合物热解法

聚合物热解法是将碳源与催化剂粒子混合后通过热解来制备碳纳米材料的一种方法。就目前而言，按照催化剂加入的方式，聚合物热解法可分为“原位自生纳米催化剂颗粒的聚合物热解法”和“外加过渡金属纳米催化剂颗粒聚合物热解法”。前一种方法是将制备所需催化剂前驱体与聚合物进行混合，通过二者的氧化还原反应得到金属纳米颗粒，进而作为制备碳纳米管所需的催化剂；后一种方法习惯上将金属纳米催化剂直接加入含碳源的溶液中进行反应。由于聚合物及共聚物兼具有制备金属纳米颗粒的性质，研究者对其进行了不断的探索。譬如，Cho 等人利用聚乙烯热解气体作为碳源与 Fe、Co、Ni 等过渡金属催化剂粒子通过热解反应成功制备了碳纳米管。Huang 等人在上述方法的基础上，利用聚乙二醇(PEG)和 $NiCl_2$通过热解方法成功制得了碳纳米管。

为了更好地实现碳纳米管的连续化生产和方便碳纳米管的后续处理，降低其生产成本，研究者对聚合物热解法在不断探索的基础上进行了适当的改进。流动催化热分解法就是其中的一个例子。如有的学者利用二茂铁作催化剂前驱体，氢气作为载气，在约 1200℃的温度下通过催化裂解甲苯成功制得了多壁碳纳米管。该方法虽然能够提高碳纳米管的产量，但是最终产物的石墨化程度不高。侯等人采用流动催化热解法，以甲烷为碳源，N_2和 H_2作载气，以二茂铁为催化剂前驱体，在 850℃下制备出取向性好的多壁碳纳米管。该方法在反应过程中没有添加任何辅助剂，且载气常见易得，工艺简单，有利于碳纳米管的规模化生产。

2.3.5 火焰法

火焰法又称燃烧法(combustion),是利用碳—氢化合物燃料的燃烧火焰作为热源和碳源来合成碳纳米管的方法。该方法可以同时提供碳纳米管生长所必需的热源、碳源和催化剂,具有实验设备简单、能源利用率高,在大气环境中即可制备等优点。例如,将乙炔、氧气和氩气的混合气体进行燃烧后,在其产物炭黑中会伴有大量的非晶碳单层碳纳米管。也有研究证实在苯、乙炔和乙烯与含有氧气的混合物燃烧后的炭黑产物中会产生一定量的碳纳米管。但是,火焰法制备所需温度、反应气体组分、催化剂引入方式、取样时间、火焰温度等因素对碳纳米管的纯度有重要的影响。缺点是由于制备过程在大气中进行,火焰的稳定性差,以及出现碳原子供应不足的现象,并且会在碳纳米管表面和内部形成较多的缺陷和含氧基团。但是这些缺陷与基团有可能赋予其特殊的性能和用途。当前对火焰法合成碳纳米管的研究还处于探索阶段,尚未形成系统的理论,不同实验设备和条件会得到各种各样的产物。

2.4 碳纳米纤维的制备

2.4.1 化学气相沉积法

化学气相沉积法通常是将一种或几种含有构成薄膜元素的化合物、单质气体通入放置有基材的反应室,基材物质在气态条件下发生一定的化学反应,生成固态物质并沉积在被加热的固态基体表面,进而制备固体材料的一种工艺技术。化学气相沉积制备碳纳米纤维可分为热化学气相沉积和等离子增强化学气相沉积两种方法。这两种方法从本质而言都属于原子范畴的气态传质过程,与之相对应的是物理气相沉积(PVD)。与物理气相沉积不同的是,化学气相沉积粒子来源于化合物的气相分解反应。在一定的温度下,混合气体与基体表面发生相互作用,使得混合气体中的某些成分发生分解,进一步在基体表面形成金属或者目标化合物的薄膜或镀层。其制备过程一般包含以下 3 个主要步骤:首先,借助气体产生挥发性物质;其次,将挥发性物质运送到沉积区;最后,使得挥发性物质在基体上发生一定的化学反应。化学气相沉积已广泛用于提纯物质、研制新晶体、沉积各种单晶、多晶或玻璃态无机薄膜材料,包括氧化物、硫化物、氮化物和碳化物等。化学气相沉积法在无机材料制备中具有广泛的适用性,与其他涂层方法相比具有以下特点。

①设备简单、操作方便,适用于制备多种无机本征及复合材料。

②常压或低真空环境下制备材料,可形成均一的深孔、细孔结构的材料。

③沉积膜层质量较好,与基底的结合力牢靠,具有高度的稳定性。

④涂层致密均匀,易控制材料的纯度、密度、结构和晶粒度。

⑤采用等离子和激光辅助技术可以显著地促进化学反应,可在低温下实现材料的制备。

碳纳米纤维的化学气相沉积制备是利用低廉的烃类化合物作为原料,在500～1000℃的高温下,利用金属催化剂将烃类化合物进行热分解来制备碳纳米纤维。作为一种制备碳纳米纤维的经典方法,按照催化剂加入的方式,化学气相沉积制备可分为基体法、喷淋法、气相流动催化法和等离子增强化学气相沉积法。基体法是将过渡金属纳米催化剂颗粒均匀分布在基体表面(陶瓷或石墨),在一定的高温环境下,将烃类气体通过载有催化剂的基体表面,使其热分解并析出碳纳米纤维。该方法尽管可以制备出高纯度的碳纳米纤维,但对催化剂的质量要求较高,且产量不高难以连续生长,不易实现工业规模化生产。为了解决连续及规模化生产碳纳米纤维的实际问题,研究者提出了一种将金属催化剂与液态烃类含碳原料进行混合后直接在高温反应室中进行喷淋,从而实现碳纳米纤维的规模化生产的方法。这种方法虽然通过催化剂与反应物的连续喷入,为工业化连续生产提供了可能,但是制备出的碳纳米纤维的强度、质量、产量等并不乐观,纳米纤维的比例在产物中普遍较小,并且常伴有大量的副产物炭黑,从而影响了碳纳米纤维的品质。

此外,有研究者将等离子体引入碳纳米纤维制备中,发展了等离子体增强化学气相沉积法制备碳纳米纤维的新技术。其特点在于等离子中含有的大量高能量电子,为化学气相沉积过程提供了所需的激活能。且等离子体氛围中的电子与气相分子的有效碰撞可以进一步促进气体分子的分解、化合、激发和电离过程,从而生成活性很高的各种化学基团。因此,等离子增强化学气相沉积法可以容易地实现定向排列的碳纳米纤维的制备。但该方法所需仪器设备较为复杂,制备成本较高,且制备过程可控性较差,不利于碳纳米纤维的工业规模化生产。经过大量的探索后,人们发现将催化剂前驱体进行预加热,使其以气体形式同烃类气体一起引入反应室,在反应室的高温环境下,实现了烃类气体的分解并得到预期的碳纳米纤维,从而发展了气相流动催化法制备碳纳米纤维的方法。这种方法最大限度地使用了催化剂的效能,可实现碳纳米纤维的规模化连续生产。

2.4.2 固相合成法

固相合成法作为近年来报道的一种制备碳纳米纤维的新方法,一经出现就引起了研究者的极大关注。该方法最大的特点在于采用固相碳源作为制备碳纳米纤维的原料,故名固相合成法。如将高纯石墨粉和钢球一同放入球磨机中,在室温和氩气保护下,于高压环境下进行球磨,可通过固相环境实现碳纳米纤维的制备。该方法的问世验证了除单一气态或液态碳源,固相碳源也可在一定的条件下来可控制备碳纳米纤维的设想。基于此,研究者也发展了通过高温固相热解钴酞菁、铁酞菁而制备碳纳米纤维的方法,进一步证实了固相合成法的可靠性和实用性。此外,由于固相合成中常采用的碳源和金属催化剂共存体等大分子,在催化效能方面本身具有显著的优势,在制备过程中还会产生一些弯曲、螺旋等形态的碳纳米纤维,为多样化结构的碳纳米纤维的合成提供了一种良好的思路。

大量的研究表明,碳纳米纤维的形态可由前驱体的性质和热解条件的优化进行调控,这也正是固相合成法的另一优点所在,可以通过较为简单的条件控制达到可控合成碳纳米纤维的目的。随着研究的深入,人们发现基于固相合成中的热解原理,在惰性气氛中可将一些有机大分子进行裂解,最终会在无催化剂存在的条件下通过固相合成来制备碳纳米管。

2.4.3 静电纺丝法

该方法主要基于高压静电场下导电流体产生的高速喷射原理来制备碳纳米纤维。静电纺丝法制备碳纳米纤维的流程包含以下几个过程,首先聚合物溶液或熔体在几千伏至几万伏高压静电条件下,带电的聚合物液滴在电场的作用下被加速而克服表面张力产生带电喷射效应,溶液或熔体在喷射过程中干燥、固化最终落在接收装置上形成纤维毡或其他形状的纤维结构物。例如,Dzenis 等人采用静电纺丝技术制备了聚丙烯腈纳米纤维,在通过高温热稳定和炭化处理后,得到了碳纳米纤维,该方法制得的碳纳米纤维具有连续、直径分布均匀、强度和纯度高等优点,适用于进行工业规模化生产和制备。相对于化学气相沉积法,静电纺丝法制备的碳纳米及复合纤维具有以下明显的优势。

①静电纺丝法操作简便,制备条件及环境要求低,室温即可。

②制备工艺易于控制，得到的碳纳米纤维纯度高，很少含有其他杂质。

③通过加入其他易分解的高聚物或采用同轴静电纺丝技术，容易实现对纤维结构的可控优化和人为设计。

2.4.4　生物制备法

生物制备法是基于细菌培养来制备碳纳米纤维的一种生物方法，我国科学家曾采用木醋杆菌成功合成了纳米级的纤维素，制得的碳纳米纤维不含木质素，结晶度和聚合度高，分子取向好，具有优良的力学性能。但由于生物制备法过程复杂，条件相对较为苛刻，且不能满足碳纳米纤维的产业化生产的需求，目前主要应用于实验室制备碳纳米纤维。

2.5　石墨烯的制备

2.5.1　机械剥离法

机械剥离法是一种低成本制备高质量石墨烯的简易方法。与其他方法相比，机械剥离法对操作条件的要求相对较低，并且容易获得高质量的石墨烯。

1. 微机械剥离法

(1)胶带法

几乎是为了剥离石墨而发明的一种微机械剥离法，当然还与石墨的结构有很大关系。众所周知，石墨为层状结构，其碳原子层之间以较弱的范德华力结合在一起。若利用胶带的黏合力对石墨表面进行撕揭作用时，层与层之间易发生滑动、分离，不断重复该动作，将会使得石墨片层从其基底表面脱离下来。2004 年，Geim 和 Novoselov 等科学家就是通过此方法在世界上首次得到了单层石墨烯，由此证明了二维晶体结构在常温下是可以存在的。其制备过程大致如下：首先将定向热解石墨表面进行氧等离子刻蚀处理，并用光刻胶将其转移到玻璃衬底上，然后用胶带反复撕揭处理后的石墨表层，之后把玻璃衬底放入丙酮中，最后用硅片等将单层或数层的石墨烯从有机溶剂中捞出，把硅片放入丙醇里超声以去除较厚的石墨片，而石墨薄片(包括单层石墨烯)由于范德华力或毛细作用力吸附在硅片上。此后，

Novoselov 等人利用微机械剥离法成功得到了 $NbSe_2$、$Bi_2Sr_2CaCu_2O_x$ 和 MoS_2 等的二维晶体。

(2)轻微摩擦法

轻微摩擦法是较早出现的一种剥离石墨的方法，但早期只是在尝试对石墨进行剥离，并得到了少于 100 个碳层的石墨晶体。Zhang 等人改进了传统的轻微摩擦法，发明了一种微型“纳米铅笔”装置。通过纳米铅笔“写”出了仅仅只有几十个碳层的石墨烯。其制备过程大致如下：与胶带法一样，首先在高定向热解石墨的表面使用等离子刻蚀出石墨柱，再用精密的微型操作装置将石墨柱转移到原子力显微镜的悬臂上，然后以悬臂上的石墨柱为针尖，在硅片衬底上进行接触模式下的操作。通过控制原子力显微镜的悬臂产生一定的剪切力，就可以对石墨片层进行剥离。研究者借助此方法得到了面积约为 2 μm^2 大小的石墨片。事实证明，这种轻微摩擦法不但可以用来制备石墨烯，还可以从其他层状材料中剥离出与石墨烯结构相仿的二维晶体材料。轻微摩擦法的缺点是单层及少数层石墨烯不易寻找，其尺寸也不易控制。上述两种方法的本质就是通过机械力将单层的石墨烯从多层石墨中实现有效的分离。热解石墨在胶带间不断转移不断变薄，层数越来越少，转移到硅基底上后可能发现独立存在的石墨烯片。

(3)超薄切片法

超薄切片法是针对一些特殊结构的材料而提出的一种直接制备石墨烯的方法，如聚丙烯腈基碳纤维，由于其结构基本单元与石墨烯都是以 sp^2 轨道杂化方式连接的 C 原子。因此，通过一定的微机械力裁剪便可得到石墨烯薄膜。王等人采用超薄切片法由高性能聚丙烯腈基碳纤维成功制备了结构规整的石墨烯薄膜。其制备过程大致如下：首先将聚丙烯腈基碳纤维表面的杂质通过一定方式除去，得到表面无杂质的纯碳纤维；其次将一束预浸透的碳纤维分别按平行于模具侧面方向压入预先配制的环氧树脂溶液中，对其固化、包埋；最后再进行超薄切片，最终得到石墨烯片层。超薄切片法由于选材严格，操作相对前两种方法较复杂，且制备难以控制。

总之，微机械剥离法工作原理简单、容易操作，且制作样本质量高，是当前制备单层高品质石墨烯的主要方法。但是，由于微机械剥离法是利用摩擦石墨表面，进而获得薄片来筛选出单层石墨烯的一种方法，因此其尺寸不易控制且存在很大的不确定性，无法可靠地制备长度可控的石墨薄片样本。此外，此类方法的重复性较差，耗时耗力，同时效率低、成本高，不适合大规模生产。

2. 液相机械剥离法

采用液相剥离法制备石墨烯片是通过在有机溶剂中长时间超声处理石

墨，破坏石墨层之间的范德华力，将原料石墨直接剥离成单片石墨烯。实验发现大量有机溶剂可用于液相剥离石墨烯，包括乙醇、甲基吡咯烷酮、丙酮、环戊酮等，该方法不需要任何的插层剂处理，即可获得大批量高质量少层石墨烯。尽管液相剥离法提供了制备高质量石墨烯片的新方法，但通过该方法制备的石墨烯溶液中含有各种层数的石墨烯片，难以获得高纯度的单层石墨烯片；而且由于需要长时间超声处理，石墨烯片的尺寸仅为数百纳米级别，这在很大程度上限定了该方法对于大尺寸高纯度石墨烯的制备。

其中超声波剥离法是利用超声波的能量通过对石墨进行剥离来制备石墨烯的一种方法。如有的研究者利用超声波法成功剥离了天然鳞片石墨从而得到了石墨烯微片。其制备过程大致如下：首先对天然鳞片石墨在真空80℃下干燥 24 h，并将样品用浓硫酸进行插层酸化得到石墨层间化合物，之后对酸化后的石墨进一步进行干燥及高温处理，得到膨胀石墨，最后利用超声波粉碎石墨得到石墨烯微片。该方法证实了液相超声剥离法制备多层石墨烯微片的可靠性，他们还发现，若超声时间越长，得到的石墨烯微片的尺寸将会越小。

3. 普通机械剥离法

普通机械剥离法是指按照机械工艺如球磨法、切磨法和磨剥法等手段从一些含碳材料中剥离制备石墨烯的方法。球磨法是一种工业上广泛使用的制备超细粉体材料的常见方法。在球磨过程中，由于研磨体对物料不断地产生冲击与研磨，如此反复地研磨对物料颗粒表面产生不断的冲击，使得物料颗粒表面固有或新生的裂纹进一步扩张。假设用类石墨结构的含碳材料进行适当的球磨处理，可能会得到一定数量的石墨烯。

尽管球磨法能够制备出一定量的石墨烯，有些方法甚至可以达到规模化生产的要求，但是，这些方法得到的石墨烯在进一步的应用过程中表现出了较为严重的团聚现象，如果能进行原位湿法化学修饰，就能避免该问题。所以，球磨法相对而言更适用于石墨烯基复合材料的制备。

2.5.2　化学剥离法

相对而言，化学剥离法是一种较为简单的制备石墨烯的方法。通常采用化学试剂来辅助剥离，其最常见的形式是化学液相剥离，与液相机械剥离法非常相近，需加入一定量的化学试剂辅助剥离。目前有三种途径来予以实现：第一种是利用适当的溶剂，借助超声手段对石墨进行剥离，再通过离心分离等过程得到石墨烯。如使用 *N*-甲基吡咯烷酮、*N*,*N*-二甲基乙酰胺、*γ*-丁内酯、1,3-二甲基-2-咪唑啉酮等。研究者在使用该方法剥离石墨的过程中发现,只有当石墨烯与溶剂的表面能相近时,混合后的焓变才会较小,剥离石墨烯所需的能量也相对减小。第二种是将石墨分散在有机溶剂 *N*-甲基吡咯烷酮中超声处理,石墨原料被剥离后得到分散浓度高达 0.01 mg·mL^{-1}的石墨烯。第三种是利用一些大分子、强氧化剂、表面活性剂和特殊离子等首先对石墨进行插层、氧化,由于石墨片层之间是以相对较弱的范德华力堆积,引入的分子或氧化剂会将石墨片层不断地进行剥蚀,最终形成单层的石墨烯片或者氧化石墨烯。Guardia 等研究者进一步探索了表面活性剂对超声剥离制备石墨烯的影响,发现非离子表面活性剂的引入将会使超声得到的石墨烯悬浮液的浓度增大,同时,他们还发现增大原料石墨的浓度进行短时间超声也能提高石墨烯悬浮液的浓度。此外,还可通过外加引入的离子或者离子交换形式来辅助进行液相剥离过程,这些离子或者化学试剂将会对石墨片层之间的作用力有一定程度的降低,有利于通过超声得到目标物片状材料;另一类方法是利用蠕虫状的膨胀石墨为前驱物进行的液相剥离,由于膨胀碎花及比表面积的增加,此类液相化学剥离法会显得比较容易。

2.5.3 SiC 外延生长法

加热 SiC 法是通过在真空条件下加热单晶 SiC,从而在单晶 Si 面上分解出石墨烯片层。在制备过程中,首先对样品进行氧气或氢气刻蚀处理,在高真空下通过电子轰击加热样品以除去氧化物,然后将样品加热至 1250℃恒温处理 1～20 min。在热处理过程中 SiC 中的 Si 原子将被蒸发出来,剩下的碳原子重排生成晶态纳米碳从而得到极薄的石墨烯片层。这种方法制备的石墨烯难以获得较好的长程有序结构,通常会含有较难控制的缺陷以及多晶畴结构。采用该方法制备大面积、厚度均一的石墨烯较困难,同时产物与基体的作用会对石墨烯的电学性能产生较大影响,且单晶 SiC 价格昂贵,无法实现石墨烯的批量制备。

2.5.4 石墨插层剥离法

石墨插层剥离法是在碳原子层之间引入大量的原子或分子插层,如矿物酸或碱金属等,以增加碳原子层间距,削弱原子层间的范德华力,从而有利于采用机械力或其他方式对石墨层进行剥离而得到石墨烯。一种典型的方法是采用硫酸和硝酸的混合物对原料石墨进行插层,然后对插层石墨进行快速加热或者微波处理而得到膨胀石墨。膨胀石墨仍然保持层状结构,但是其层间距相对于原料石墨来说有所增加，对膨胀石墨进行超声处理能使其剥离成只有 10 nm 厚度的多层石墨烯，并且其尺寸可以达到十几微米。通过对剥离的多层石墨烯片进行再插层或者共插层处理可以得到更薄的石墨烯片。值得注意的是，尽管酸处理能在一定程度上氧化石墨片层，但是其氧化程度远比氧化石墨的弱，因此剥离后的石墨烯具有更少的缺陷密度以及更优异的导电性能。

2.5.5　氧化石墨还原法

氧化石墨还原法是目前一种较为成熟的制备石墨烯的方法。该方法通常利用强氧化剂和强酸性介质将石墨氧化成氧化石墨烯，再对其进行还原而得到石墨烯。从结构角度来讲，在氧化还原过程中，石墨结构中碳原子的 sp^2 结构会发生很大的变化，经氧化键合羧基、环氧、羰基和羟基等含氧官能团后形成以 sp^3 杂化的共价键型石墨层间化合物，即氧化石墨烯。在还原过程中，氧化石墨烯表面的含氧官能团逐渐减少并消失，石墨烯的共轭 π 键得以恢复；同时，其结构中碳原子的 sp^2 结构也随之恢复。石墨本身是一种疏水性的物质，经氧化后得到的石墨氧化物其表面通常含有羧基和羟基，层间含有环氧和羰基等含氧基团，这些表面和层间存在的含氧基团会使石墨层间的距离从 0.34 nm 扩大到约 0.78 nm。氧化石墨烯常见的制备方法有以下三种：Matsuo 法、Ramesh 法和 Hummers 法，各种制备方法又有各自的优缺点。

1. Matsuo 法

先用发烟浓硝酸将石墨粉进行初步氧化，硝酸根离子也随即插入石墨片层之间，再利用氧化剂高氯酸钾将其进行进一步氧化，最后加入大量的水至中性，再通过超声、干燥等处理即可得到氧化石墨烯。

2. Ramesh 法

先将发烟浓硝酸和浓硫酸按照一定的比例配制酸性混合溶液，再对石墨粉末进行氧化处理，最后也同样利用高氯酸钾作为强氧化剂，得到氧化石墨烯。

3. Hummers 法

先将天然石墨粉和无水硝酸钠一起加入浓硫酸中，再加入氧化剂高锰酸钾，利用体积分数为 3% 的双氧水处理多余的高锰酸钾和生成的二氧化锰，最后加入大量的水，去除溶液中的其他离子，即得到氧化石墨烯。

大量的研究发现，Matsuo 法和 Ramesh 法制备的氧化石墨烯，从结构而言，碳层往往会受到较为严重的破坏，而且对环境有一定的污染。Hummers 法是用无毒、绿色试剂对石墨粉进行氧化的一种处理方法，制备出的氧化石墨烯结构相对比较完整。因此，在目前的研究中被广泛地采用。无论采用哪种方法，氧化石墨烯得到后，通过对氧化石墨烯的还原即可得到石墨烯。常见的还原方式有高温热还原、溶剂热还原、各类化学试剂还原、电化学还原、等离子体还原和紫外线还原等。下面就常见的几类还原氧化石墨烯的方法进行简要介绍。

①高温热还原。此方法是利用高温将氧化石墨烯中的氧原子和氢原子以水分子和二氧化碳或一氧化碳的形式进行还原。Schniepp 等人以氧化石墨烯为反应物，在氩气保护下通过热还原得到石墨烯。该方法可以得到含有少量含氧官能团的单层石墨烯。高温还原的主要原理是利用高温环境下产生的高能量作用，使得氧化石墨烯表面的含氧基团被去除。与此相似的还有紫外线还原石墨烯，这种光还原的过程也是利用了紫外线的高能量对氧化石墨烯进行还原。

②溶剂热还原。此方法是在较低的温度下，在溶液中将氧化石墨烯进行还原的方法。Pei 等人以水和乙二醇或乙醇等作为溶剂，在相对较低的水热反应温度下，成功还原了氧化石墨烯。

③化学试剂还原。此法是应用化学试剂的还原性，将氧化石墨烯的含氧官能团进行还原，进而获得石墨烯的一种方法。现阶段的还原试剂主要有碘化氢、水合肼、硼氢化钠或者溴化氢和氢氧化钠以及一些有机试剂等。

④电化学还原。电化学还原氧化石墨烯通常采用二电极或三电极体系，在较高的负电位下，采用恒电位或者伏安沉积便可在工作电极上得到石墨烯。大量的研究表明，电化学方法还原氧化石墨烯方法具有制备过程简单、快速，工艺绿色、环保，还原程度高效、可控等优势。

在电化学分析领域，人们更愿意通过间接方法来制备石墨烯，即先将氧化石墨烯滴涂在电极表面，之后再通过电化学还原手段得到石墨烯修饰电极。此方法工艺简单、无须使用精密仪器、原料成本小、产量高，且制备的石墨烯稳定性好，是目前大规模生产石墨烯的首选方法。

2.5.6 “自下而上”有机合成法

“自下而上”有机合成法(bottom-up organic synthesis)从芳香小分子开始，通过有机合成反应一步一步地合成出多环芳烃(polycyclic aromatic hydrocarbons,PAH)或石墨烯纳米带(graphene nano-ribbon,GNR)。多环芳烃也被称为纳米石墨烯,平均直径小于 10 nm,可以看作二维石墨烯片的碎片。

目前,多环芳烃的设计和合成仍然是获得高性能、高产率石墨烯的关键步骤。科研人员已经探索出了多种利用 bottom-up 合成法合成石墨烯的路径,其中一种典型的合成方法是基于三维树枝状或超支化聚苯分子内的脱氢环化和平面化,图 2-3 展示了树枝状聚苯脱氢环化制 PAH 的示意图。按照上述路线,科研人员能够合成出不同尺寸、对称性和边缘构型的 PAH。迄今,合成出的最大的石墨烯类平面 PAH 含有 222 个碳原子(简写为 C_{222})。其他大分子 PAH 还有三角形的 C_{60}、条带形的 C_{78}、心形的 C_{96}、四方形的 C_{132} 等。

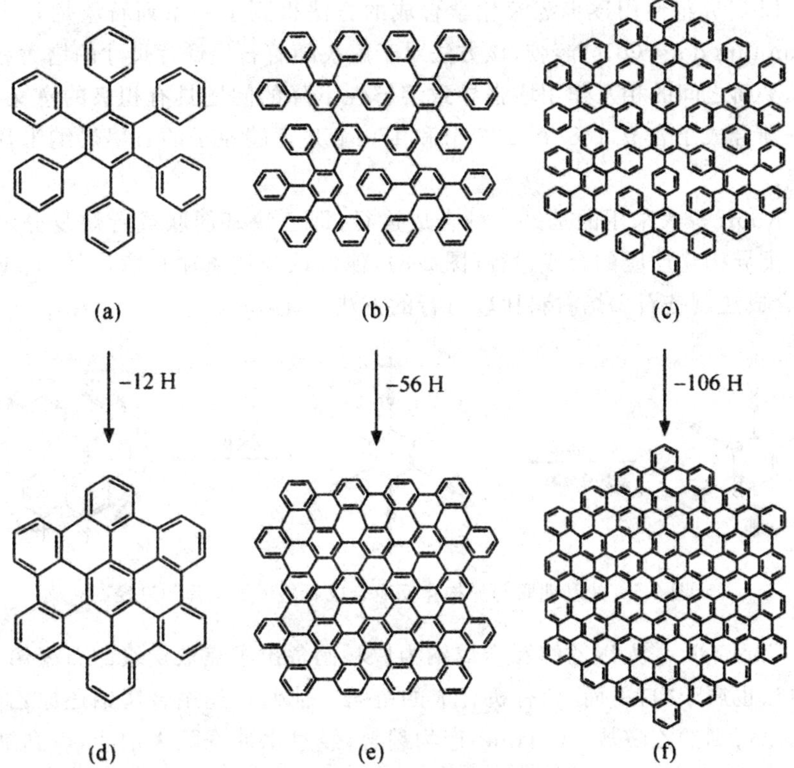

图 2-3　几种 PAH(d)C_{42}、(e)C_{132} 和(f)C_{222} 及其相应前驱物(a)、(b)和(c)的结构

六苯并蔻(hexa-peri-hexabenzocoronene,C_{42},HBC)含有 42 个碳原子[图 2-3(d)],是研究最广泛的平面石墨烯类分子之一,最早由 Clar 等人于 1958 年首次合成出来的。后来,Halleux 等多个研究组对 HBC 类平面大分子的合成方法进行了改进,目前对于不同取代基 HBC 的一条比较通用的合成方法主要是通过 Diels-Alder 反应先脱羰基生成六苯基苯,然后在 $FeCl_3$ 或

$CuCl_2/AlCl_3$ 作用下环化脱氢得到较大平面的 HBC 及其衍生物(图 2-4)。

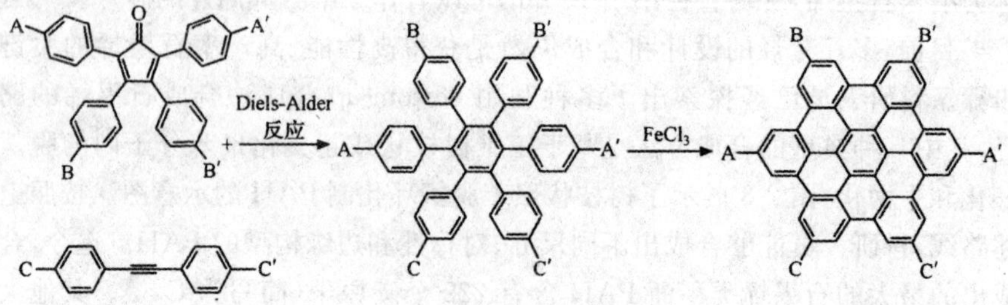

图 2-4　HBC 及其衍生物的通用合成路线之一

Li 研究组使用逐步溶液化学合成的方法得到了一系列石墨烯量子点(quan tum dots,QDs)溶胶,该方法对于解决随着石墨烯片尺寸的增大和石墨烯平面之间的相互作用增强导致溶解性下降的问题具有积极的意义,他们分别合成了含有 168 个、132 个和 170 个共轭碳原子的石墨烯纳米片量子点。

Ruoff 等人采用的是另一种合成途径,即乙炔基偶联或者炔复分解反应搭配异构化反应的合成途径(图 2-5),他们认为这条途径应该是"自下而上"合成法制备石墨烯材料比较可行的方法。

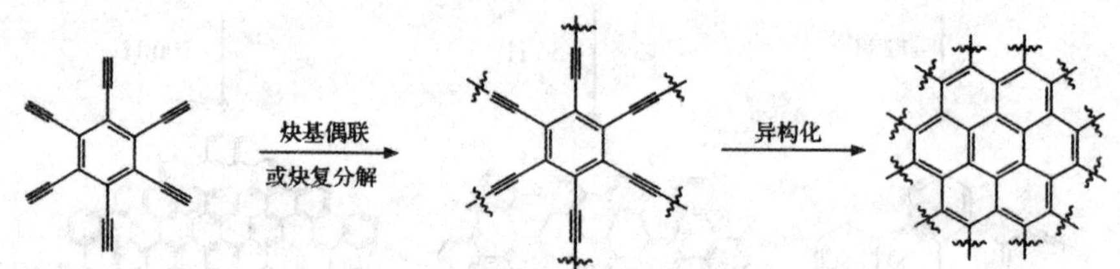

图 2-5　炔基偶联与异构化反应合成石墨烯纳米片的途径

Choucair 等人以乙醇和金属钠为原料制备出了克数量级的石墨烯,这种方法也属于"自下而上"有机合成的范畴。他们首先用金属钠还原乙醇,然后将得到的乙醇盐(ethoxide)产物裂解,经过水冲洗除去钠盐,得到黏在一起的石墨烯,再用温和声波振动(sonication)振散,即可制成克数量级的纯石墨烯。

随着纳米科学和纳米技术的发展,"自下而上"的有机合成方法被证实是一种非常有用的合成不同尺寸、形状、组成和结构的先进纳米材料的方法,能够为可控合成不同尺寸的石墨烯提供一条有效的途径。这种方法的缺点是当需要合成面积较大的石墨烯时反应步骤多、反应时间长、催化剂的需要量也多。而且对于在二维方向进一步扩张石墨烯片尺寸的需求越来越强烈，同时有机合成出更大尺寸的石墨烯量子点通常会导致溶解度的下降和副反应的发生，因此对于有机化学工作者，大规模合成具有确定的形状、尺寸和边缘结构的石墨烯仍然具有很大的挑战。

2.5.7　碳纳米管转化法

碳纳米管和石墨烯都是碳的同素异形体，有着相同的原子组成，碳纳米管作为一维纳米材料中的代表比石墨烯发现得早。二者在结构上有着密切的联系，碳纳米管从结构上可以看作由单层的石墨烯纳米带卷曲而成的。不同管径的碳纳米管理论上可以得到不同宽度的石墨烯带。因此，人们开始尝试把碳纳米管剖裂成石墨烯带，从而发展了碳纳米管转化制备石墨烯的方法。从理论上讲，将碳纳米管沿轴向剪开可得到一定宽度的石墨烯带。但碳纳米管由于其结构上的特点和特殊的稳定性，其剪切过程往往需要一些外加的条件或者特殊的装置。

Kosynkin 等人用强氧化性的高锰酸钾和硫酸的混合物将碳纳米管沿轴向打开后得到宽度为 100～500 nm 的单层或多层 GO 带。之后再通过化学还原或氢化脱氧将 GO 带还原为高导电性的石墨烯纳米带，这种剪切过程原理与烯烃的氧化过程具有相似的地方。通过碳纳米管来制备石墨烯引起了研究者的极大兴趣。Saghafi 等人通过硫酸、高锰酸钾和双氧水对多壁碳纳米管进行氧化剪切得到了氧化石墨烯，再通过热还原得到了具有高电容性能的石墨烯材料。Kosynkin 等人利用金属钯催化剂，在液相微波辅助的作用下，发展了微波辅助催化剪切单壁、双壁和多壁碳纳米管制备石墨烯的方法。Cho 等人首先将多壁碳纳米管通过硫酸和硝酸进行氧化，再结合化学气相沉积的方法得到了矩形状的石墨烯片层，为石墨烯的制备提供了一种新的思路。

2.5.8　火焰法

碳氢化合物的火焰可以产生高温和大量的碳原子团簇，在适当的工艺条件下可以制备富勒烯、碳纳米管、非晶碳薄膜等碳纳米材料。清华大学的 zhu 等人将铜箔置于酒精灯(乙醇)内焰中燃烧 10～30 s，在铜箔表面产生了一层均匀透明的碳纳米薄膜。火焰法制备碳薄膜模拟了化学气相沉积的制备过程，碳氢化合物的火焰可以提供渗碳所需的温度和碳源。但由于在空气中燃烧的火焰有不完全燃烧沉积炭黑的问题，以及氧的扩散对碳薄膜的氧化不能完全避免，最终制得的碳薄膜净化程度和纯净度不高。因此，进一步通过控制火焰法制备过程中的火焰成分、加热温度以及冷却速率，可以十分有效地避免上述影响因素，有望制备出均匀连续的石墨烯薄膜。

2.5.9 化学气相沉积法

化学气相沉积法(CVD)是目前应用最广泛的一种大规模工业化制备半导体薄膜材料的方法，其生产工艺十分完善，也是目前最有希望成为生产大量高质量石墨烯的方法。CVD法合成出石墨烯后，可用化学腐蚀法(对于Ni基底，可以用体积比为1∶1的盐酸或1 mol·L^{-1}的$FeCl_3$溶液)去除金属基底从而得到独立的石墨烯片，或者用不同的转移技术，如转移印刷技术和卷对卷(roll-to-roll)等技术将石墨烯转移到目标基底上。其典型的制备路线是：将基底(金属薄膜、金属箔片、金属单晶等)置于高温可分解的含碳气氛中，通过高温处理使碳原子沉积在基底表面形成石墨烯，最后去除金属基底后即可得到独立的石墨烯片。通过选择基底类型、生长温度、降温速率、气体流量等条件可以控制石墨烯的生长。采用CVD方法获得的石墨烯膜层面积大而且容易控制层厚，改变基底材料的种类可以与现有的半导体制造工艺兼容。到目前为止可以在大尺度范围获得连续石墨烯的金属基底仅有镍和铜及其合金。然而由于石墨烯的生长机理不同，在镍箔表面仅能获得厚度不一且难以控制的多层石墨烯薄膜，而在铜箔表面可以可控地获得几乎为单层的石墨烯薄膜。因此本小节将着重研究基于铜基底的石墨烯CVD制备。

1. 热CVD技术

(1)镍基生长石墨烯

CVD法合成的石墨烯具有良好的导电性和透光率，可用于新一代太阳能电池。曾有人使用1～2 cm^2的多晶Ni膜热CVD合成单层到多层石墨烯。首先在SiO_2/Si基底上蒸镀500 nm厚的Ni膜，在H_2和Ar混合气下900～1000℃退火20 min，退火处理可以产生5～20 μm大小的Ni颗粒。5～25 sccm CH_4和1500 sccm H_2、900～1000℃下保持5～10 min。所生长的石墨烯的尺寸由每个Ni颗粒的大小决定。石墨烯可以转移到任一基底上，导电性不受影响。转移到玻璃基底上后，透光率达90%。

(2)铜基上生长石墨烯

同Ni金属上石墨烯生长的过饱和析出机理相比，Cu金属上石墨烯的生长更接近于表面催化过程，包括碳氢化合物的分解和表面扩散，具体如下：①碳氢化合物在Cu上吸附与脱附；②碳氢化合物分解生成碳原子；③碳原子在Cu表面聚集形成多个石墨烯成核中心；④碳原子扩散到石墨烯成核中心周围并化学键连形成石墨烯膜。

(3)二元合金催化剂生长石墨烯

在二元合金催化剂中，一种元素可以有效地催化分解碳源，并使碳原子重构形成石墨烯；另一种元素与溶入合金体相的碳原子生成稳定的金属碳化物，固定体相中的碳原子，有效抑制碳的析出过程，使石墨烯的生长局限为一个表面过程。当表面覆盖了一层完整的石墨烯后，金属不再继续催化碳源分解，从而实现了比铜箔表面生长更为彻底的自限制单层石墨烯生长。以金属 Mo 作为偏析抑制元素，与催化元素 Ni、Co 和 Fe 分别构成 Ni-Mo、Co-Mo 和 Fe-Mo 合金体系；或者以 Ni 为固定的催化元素，将偏析抑制元素换成 W、V 等金属，构成 Ni-W、Ni-V 二元合金体系，均能够实现均匀单层石墨烯的生长。

2. 等离子体增强 CVD(PECVD)技术及无金属催化剂合成方法

无须特殊的表面处理和沉积金属催化剂便可以在多种基底上合成石墨烯，基底包括 Si、W、Mo、Zr、Ti、Hf、Nb、Ta、Cr、不锈钢、SiO_2 以及 Al_2O_3。反应过程中使用 5%～100%的 CH_4 和 H_2 混合气，总气压为 12 Pa，基底温度为 680℃。生长的石墨烯厚度小于 1 nm 并且垂直于基底表面。这种方法虽然过程简单但是效果极佳，因此引起了科研人员极大的兴趣，很多研究小组开始使用相似的技术合成石墨烯。有的研究者研究了 PECVD 的生长机理，他们认为，单原子层厚度的石墨烯的合成是通过控制含碳物种在表面的迁移聚集与氢原子刻蚀之间的反应速率平衡来实现的。由该方法生长的石墨烯片在等离子电场的导向作用下垂直生长于基底上。

有研究者采用一种改进的 PECVD——微波辅助等离子增强 CVD (MW-PECVD)在 Si 基底上合成了石墨烯纳米片多层膜。该方法制备的石墨烯具有高度石墨化的刀锋结构，尖锐的边缘有 2～3 nm 厚，石墨烯膜垂直于 Si 基底生长，对于多巴胺具有很好的生物传感功能。该法生长石墨烯的速度很快，比其他方法快约 10 倍，可以达到 1.6 $\mu m \cdot min^{-1}$。还有学者用 MW-PECVD 法在 Ni 包裹的 Si 衬底上生长出了 20 nm 厚的石墨烯，并研究了微波功率对石墨烯形貌的影响。研究发现，微波功率越大，石墨烯片越小，但密度越大(石墨烯片中含有较多的 Ni 元素)。

第3章　碳纳米材料的表征

碳纳米材料具有特殊的微观结构，从而造就了材料具有各种优异的物理和化学性能。为了深入认识和发现材料的结构与性质之间的关系，需要对材料的化学组成、内部组织结构、材料的基本特性以及各类原子排列情况等进行分析，我们将此类分析技术和手段称作材料的表征。

3.1　碳纳米材料的表征分析

3.1.1　碳纳米材料表征的重要性

材料的制备和应用要求对材料的组织、结构、形态、缺陷、成分以及对材料的物理、化学、力学、电学等特性进行分析和评价，这些评价涵盖了材料的元素组成、物相结构、化学价态、微观形貌以材料的功能化、掺杂和复合情况。碳纳米材料的结构、组成、价态以及形态发生变化后，材料的性能也会随之发生改变，有些情况下甚至会出现很大的反差，为了解释这些现象，很有必要对材料从元素组成、物相结构、化学价态、微观形貌以及材料的功能化、掺杂和复合等角度给予定性和定量的分析与评价。下面以碳纳米纤维、碳纳米管、介孔碳和石墨烯等常见的碳纳米材料为例来说明对碳纳米材料进行表征的重要性。

1. 碳纳米材料的元素分析与评价

对于本征碳纳米材料而言，主要针对材料中的碳、氧等元素进行定性和定量评价。特定元素掺杂后的碳纳米材料往往会使原有材料的性质得到显著的改良甚至产生一些新的性质，例如氮、硼、硫、磷等掺杂的碳纳米、介孔碳和石墨烯等功能化改性材料，对这些功能化改性材料进行必要的元素分析有助于理解材料的各种性能。如碳纳米管可以表现为金属性或半导体性，其电学性能与纳米管的螺旋性、形态、层数、直径及缺陷有关。因此，碳纳米管的电学性能存在很大的不确定性。尽管目前碳纳米管的可控制生长研究已有进展，但制备具有特定电学性能的碳纳米管材料仍然存在很多困难，而元素掺杂是控制碳纳米管电学性能的一种有效途径方法。人们发现，如果在纯碳纳米管中掺杂其他元素，则可改变碳纳米管的晶体结构和电子结构，从而产生优于纯碳纳米管的物理性质。其他元素掺杂后的碳纳米管往往具有特异的形态，如竹节状、镶嵌状以及盘绕状等，且其化学成分随制备工艺的不同会有所变化。再如氮掺杂介孔碳等材料所具有的独特机械、电子、储能等性能使其在电子、电池、催化、生物传感器等领域中显示出广阔的前景。随着人们对氮掺杂碳材料的结构、组成及其表面化学性质的逐步了解，人们发现元素掺杂(如 B、S、P 等)也可显著改善材料的电化学性能。可见，掺杂、改性等功能化碳纳米材料在结构和性能上存在一定的特殊性，为进一步阐释这些改性材料的结构与性能之间的“构效”关系，对材料进行元素分析很有必要。

2. 碳纳米材料的结构分析与评价

除元素组成外，材料的组织结构也是决定其性能的一个基本因素，为此需要对材料的成分、物相结构以及元素存在状态等进行科学分析与评价，帮助人们更好地认识与掌握材料的结构及性能，更加有效地将材料应用在各个领域。例如，石墨烯具有完美的二维晶体结构，是一种由碳原子构成的单层片状结构，是由 sp^2 杂化轨道组成的六角形蜂巢晶格状的平面薄膜，但是这种单层石墨烯薄膜并不是完全平整的，呈现出微观上的不平整，在平面方向上有小角度的弯曲。由于其特殊的结构赋予了石墨烯优异的力学和物理化学性质，而功能化的石墨烯具有一系列晶格缺陷和官能团，这些结构上的改变使得功能化石墨烯又具有一些新的性能，比如为一些反应提供有效的接触面和媒介，将其作为修饰电极或是制备传感器件，都有比较优越的性能。二维平面上大的共轭 π 电子结构又使得石墨烯片层之间相互吸引，不仅极易团聚，而且很难均匀分散在溶剂和介质中，即所谓的不亲水也不亲油。上述这些缺点导致石墨烯的应用受到了很大的限制。通过各种方式得到的氧化石墨烯，其结构中含有大量的活性基团(如—COOH、—OH、—C—O—C—、—C=O)，这些活性基团的存在，可以很好地提高石墨烯的分散性和稳定性。此外，活性基团的引入还可以促进石墨烯与其他含有活性位点的物质发生化学反应，从而制备各种改性及功能化的石墨烯材料。这些已经成熟的理论和实验方法的认识离不开材料的结构表征和分析。换言之，正是利用了材料的结构、成分以及其他一些表征分析手段，才使人们对材料的结构演变和性能开发有了更为深入的认识。

又如，介孔碳材料由于其有序的长程及介观水平结构、窄的孔径分布和高的比表面积等结构特点，在吸附和分离、环境、电催化、电化学传感器、锂离子电池、超级电容器、光电器件等方面都得到广泛的应用。介孔碳材料的结构对其性能有较为明显的影响，在材料的合成、修饰改性等过程中都需要对材料的详细结构信息进行必要的分析和评价，诸如孔径、孔径分布、孔形态及孔通道特性等方面，从而方便人们对材料进行可控合成与设计应用。此外，在吸附应用领域，需要设计合成具有和目标物大小匹配的有序介孔碳，对材料结构的表征是一项非常重要的步骤。另外，碳纳米管可以看作单层或多层石墨片卷曲而成的无缝中空管状结构。多壁碳纳米管具有层间孔隙，而单壁碳纳米管具有管间孔隙。与单壁碳纳米管相比，多壁碳纳米管的多层结构会使电子更加离域化，电子在层间的运动减少了电荷再复合的概率，使之成为更好的电子受体；与单壁碳纳米管相比，多壁碳纳米管不易聚集，有利于增强分子的溶解性。这些结构上的微弱差别，在性能上会带来很大的反差，为了认识各种碳纳米材料结构与性能之间的关系，阐释材料的应用机制等关键问题，需要对这些本征和功能化碳纳米材料通过各种结构分析手段进行结构的表征。

3. 碳纳米材料的形貌分析与评价

纳米材料重要的微观特征包括整体形貌、晶界及相界面的本质和形貌、晶粒尺寸及其分布、晶体的完整性、晶间缺陷的性质、跨晶粒和跨晶界的组成分布、微晶及晶界中杂质的剖析等。纳米材料的尺度测量包括形貌、粒径、分散状况及物相和晶体结构。例如，对于纳米管和纳米线的测量包括直径、端面结构、长度、纳米薄膜厚度、纳米尺度的多层膜中的单层厚度等。可见，纳米材料的形貌不但是材料的微观特征，也是材料量测的一项基本任务。

对于纳米材料而言，其性能不仅与材料颗粒大小还与材料的形貌有重要关系。如颗粒状纳米材料与纳米线和纳米管状材料的物理化学性能就存在很大的差异。碳纳米材料因其具有较好的生物相容性，被广泛应用于生物分子的固定、电化学生物传感及生命过程机制等的研究。碳纳米材料的形貌跟生物效应之间也有着密切的关系。纳米颗粒的形状可能会影响其在体内的沉积和代谢，即使是同种元素构成的不同物质，如单壁碳纳米管与多壁碳纳米管的生物效应差别也很大。作为材料分析的重要组成部分和重要内容，材料形貌特征决定了其许多重要的物理和化学性质。例如，纳米材料的颗粒尺寸大小对纳米材料有着重要的影响，如何快速准确地测量纳米材料的颗粒尺寸一直是纳米材料研究中最为关心的问题。纳米颗粒具有小尺寸效应、量子尺寸效应、表面效应和宏观量子隧道效应等许多常规材料所不具备的特性。而纳米材料的粒度大小、分布、在介质中的分散性能以及二次粒子的聚集形态等对纳米材料的性能具有重要影响。若将无机纳米粒子均匀分散到石墨烯纳米片表面制成石墨烯基无机纳米复合材料，复合材料不但具有石墨烯和无机纳米粒子的双重功能性质，而且可能会产生一些新颖的协同效应。一些贵金属等功能性金属纳米粒子修饰石墨烯，这不仅可以克服石墨烯层间巨大的范德华力，防止石墨烯片的团聚，使单层石墨烯的独特性质得以保留。同时，得到的复合材料其许多性能比金属本身更为优越，显示出潜在应用价值。为了深入研究这些金属纳米粒子对石墨烯分散性能的影响，以及考察复合材料的各种性能，对复合材料进行形貌表征与分析是不可或缺的一种手段。

总之，碳纳米材料的形貌分析通过对本征材料和功能化复合材料的几何形貌、材料的颗粒度、颗粒度的分布以及形貌微区的成分和物相结构等的评价，为人们更好地研究材料的结构和性能提供了科学的依据。

3.1.2 碳纳米材料表征的特点

前已述及，材料的表征与分析主要是指对材料的化学组成、内部组织结构以及各类原子排列的情况等基本特性进行的分析，是材料发挥作用的前提和基础研究任务。碳纳米材料由于其特殊的结构特征，造就了其独特的物理、化学、电子学等特性。此外，碳材料形式多样、千姿百态，其变幻多端的形态、丰富多彩的性质和优良独特的功能在材料大家庭中独具魅力。无论是金刚石、石墨等传统碳材料，还是碳纳米管、介孔碳和石墨烯等新型碳纳米材料，人们对其认识、利用和发展都经历了一个漫长的时期。在这个过程中，一直伴随着材料的表征与分析，从早期的简单表征分析手段到目前的集形貌、力学、热学、光学、磁学、电学、化学、生物学等复杂多样化的仪器表征，已成为该领域深入发展的一个重要组成部分。

碳纳米材料表征技术的发展与其蓬勃兴起的应用是分不开的，各种表征分析方法被广泛应用于此类材料的分析。当然，由于碳纳米材料的组成和结构特殊性，从其表征和分析目的而言也有自身的一些特点，已初步形成了一个相对完整的体系。这些特点主要包括了以下几个方面。

1. *表面与界面信息分析的必要性*

碳纳米材料的制备和应用中由于自身内在的一些结构和性能缺陷，使其进一步应用受到了很大的限制，为此需要对材料的结构进行一些功能化设计，以丰富材料的表面和界面组成。而对这些微区的表征与分析无论从制备还是应用角度来看，都显得尤其重要。例如，碳纳米材料由于极大的表面能，易发生团聚，其分散性和稳定性相对金属等纳米材料较差，为此需要采用表面的改性和功能化等处理，在提高材料的分散性和稳定性的同时，为材料的进一步复合提供了可能。对无机和有机掺杂、聚合物和生物分子功能化和异质材料复合化等多样性的材料表面和界面进行 X 射线光电子能谱(X-ray photoelectron spectroscopy，XPS)、红外光谱(infrared spectroscopy，IR)、固体核磁(nuclear magnetic resonance spectroscopy，NMR)、紫外-可见(ultraviolet-visible absorption spectrometry，UV-VIS)光谱、拉曼光谱(raman spectra)和 X 射线电子衍射(X-ray diffraction，XRD)等的分析表征，以尽可能地获得材料的表面、界面信息，为材料的设计、制备和应用提供帮助。

2. 微区与空间显微分析的细致性

目前，碳纳米材料的表征已从微米尺度深入纳米甚至分子、原子的层次。现在人们可以借助一系列高分辨的电子显微镜直接观察和操纵单个原子，为碳纳米材料的微区分析提供了可能。碳纳米材料许多重要的物理化学性能与其形貌，特别是微区形貌有着直接的联系。如作为催化剂载体的碳纳米材料，负载的催化剂的颗粒大小、均一程度、分散性和物相结构等直接决定了催化剂的性能。此外，基体材料的管状、孔状还是层状等微区结构也会对材料的整体催化性能产生重要影响，因此需要借助多种手段对其微区空间进行精细的成分与结构表征分析。常见的分析方法包括扫描电子显微镜(scanning electron microscope，SEM)、投射电子显微电镜(transmission electron microscope，TEM)、扫描隧道显微镜(scanning tunneling microscope，STM)和原子力显微镜(atomic force microscope，AFM)、低能电子衍射(low energy electron diffraction，LEED)、俄歇电子能谱(auger electron spectroscopy，AES)等。

3. 状态与结构维度分析的多样性

众所周知，从结构角度而言，石墨烯的碳基二维晶体是形成 sp^2 杂化碳质材料的基本单元。如果石墨烯的晶格中存在五元环，就会使得石墨烯片层卷曲，当有 12 个以上五元环晶格存在时就会形成富勒烯；同样，碳纳米管也可以看作卷成圆筒状的石墨烯。利用模板法制备的、具有规则孔结构的碳也可以看作大量扭曲的石墨烯片层构筑而成的三维结构。而这些材料经过一些有机基团、无机粒子、生物分子和聚合物等功能化后又会形成形形色色的碳基复合材料，对这些材料的结构状态等的分析要依据材料的类型和本身的特殊性加以评判。例如碳纳米管的结构和状态主要是六边形碳在轴向的取向性，这种取向性最终会使得碳纳米管产生不同的性能，就像三种取向不同的碳纳米管中，螺旋型的碳纳米管具有手性，而锯齿型和扶手椅型碳纳米管没有手性。另外，大量光电子能谱分析表明，单壁碳纳米管具有较高的化学惰性，其表面要纯净一些，而多壁碳纳米管表面基团的存在使其要活泼得多；二维晶体结构的石墨烯能够稳定存在，其主要原因是石墨烯片的三维褶皱形貌结构，而这一特点也正是石墨烯具有高电子迁移率的因素；有序介孔碳的表征除了要关注其三维结构形貌的特点外，还要对其规则的孔道结构和均一的孔径特点等进行表征分析。

3.1.3　碳纳米材料表征的内容

从研究对象来看，碳纳米材料的表征主要分为本征碳纳米材料和复合碳纳米材料两大类；从研究目的来看，碳纳米材料的表征主要分为元素成分分析、化学和物相结构分析、表面形貌分析、物理化学性能和表/界面分析等的分析。下面就碳纳米材料常见的表征分析内容进行简单的介绍。

1. 元素成分分析与评价

材料的元素成分分析主要是指材料中各种元素的组成分析，即检测材料中的元素种类及其相对含量。常见的表征分析方法有原子吸收、原子发射、质谱以及 X 射线荧光与衍射分析等。原子吸收、原子发射和质谱等表征方法一般需要对样品溶解后再进行测定，因此属于破坏性样品分析方法。而 X 射线荧光与衍射分析方法可以直接对固体样品进行测定，因此又称为非破坏性元素分析方法。对于碳纳米材料而言，因为材料的主体元素是碳，对其进行元素分析大多是对掺杂及其功能化材料的考察。例如，对于存储器件中常用到的功能化层状碳纳米管材料，为了实现交叉点结构的存储功能，通常往碳纳米管中掺杂一定量的硼和氮，掺杂后材料的电学转换行为与掺杂元素的种类以及用量有关，而制备过程中的元素分析就显得尤为重要；再如将石墨烯氮掺杂后，可得到具有较好光学和电学性能的 N 型半导体材料，为了进行功能化材料的可控制备，也需要对材料掺杂前后的氮、氧元素进行准确的表征分析。此外，对各种功能化碳纳米材料进行元素分析，也可评价各种官能团修饰的程度和方法的可靠性，例如对于一些生物分子功能化的碳纳米材料，常采用安装在电镜上的电子能谱分析仪（energy dispersive X-ray，EDX)进行元素的定性和定量分析。对于一些金属和非金属元素功能化的碳纳米材料还可借助 X 射线光电子能谱，对不同种原子的特征能量进行分析，进而获得元素的组成及其含量，这种表征技术在碳纳米材料的表面修饰中已得到了广泛的应用。

2. 化学和物相结构分析与评价

材料的化学结构和物相结构分析包括定性分析和定量分析两部分，包括材料中化学基团以及化学键的性质(如键的振动转动状态)、材料中分子结构、官能团等信息的分析，一般采用红外光谱、紫外-可见光谱和拉曼光谱对碳纳米材料进行表征分析，从而为材料的功能化设计提供分析依据。例如，利用红外光谱对有机、生物功能基团等修饰的碳纳米材料进行表征，可对功能化基团给出定性的评价；通过拉曼光谱中特征频率的分析，可以提供材料中各种功能基团的结构信息，进而对材料中的无机、有机和聚合物等组分给出定性的评价。由于拉曼光谱的形状、宽度和位置与其测试的物体的层数有关，利用拉曼光谱还可以分析石墨烯的层数，是一种高效率、无破坏的表征石墨烯的有效手段。此外，红外光谱和拉曼光谱还可以对材料的动态物理及化学行为进行研究，为材料的性能分析提供了一定的帮助。

碳纳米材料的物相结构、组织成分、原子排列等对其性能的影响较为重要，常采用的结构分析方法有 X 射线电子衍射、选区电子衍射(selective area electron diffraction，SAED)。X 射线之所以能用于物相结构分析是因为可以通过材料各衍射峰的角度位置来确定样品固有特性的晶面间距以及它们的相对强度。每种物质都有特定的晶格类型和晶胞尺寸，而这些又都与衍射角和衍射强度有着对应关系，所以可以像根据指纹来辨识人一样，用衍射图像来鉴别晶体物质，需要将未知物相的衍射花样与已知物相的衍射花样相互参照即可。选区电子衍射可从微观特征(各相的形貌、尺寸及相互关系等)对材料给出全面可靠的评价。例如，介孔碳材料的固态结构可通过有效的 X 射线晶体衍射的方法(包括小角 X 射线衍射和大角 X 射线衍射)，其中小角 X 射线衍射可以确定是否有 Womlike 孔结构和孔道排列的规则程度，大角 X 射线衍射可以确定试样是晶态物质还是无定形物质。

3. 表面形貌分析

材料的表面形貌分析是材料分析的重要组成部分，材料的很多重要物理化学性能都与其形貌特征相关。形貌分析的主要内容包括材料的几何形貌、材料的颗粒度分布、形貌微区的成分和物相结构等方面。碳纳米材料常见的形貌表征技术有扫描电子显微镜、透射电子显微电镜、扫描隧道显微镜、原子力显微镜、低能电子衍射、俄歇电子能谱。扫描电镜具有很高的空间分辨能力，特别适合于粉体材料的形貌分析，不仅可以获得样品的表面形貌、颗粒大小、分布，还可以获得特定区域的元素组成及物相结构信息。对于分辨率要求很高的多孔碳材料的表征，如纳米孔（微孔、介孔等）材料，则需要用场发射扫描电子显微镜（field emission scanning electronic microscopy，FESEM），又称为高倍扫描电镜，它可以实现高分辨率的观察。透射电镜比较适合纳米粉体样品的形貌分析，从材料的晶体缺陷、组织结构等角度对材料的结构完整性等给出科学的评价，结合选区电子衍射（selected area electron diffraction，SAED）花样图，可以分析样品的晶体性质以及每个衍射环所对应的衍射晶面。对于含金属组分的功能化碳纳米管、介孔碳以及石墨烯基复合材料，通过 TEM 技术可以给出材料中功能化粒子的粒径、单分散性和形貌等信息，为复合材料在应用中表现出的各种优良性能提供结构依据；也可在一些制备过程中，对纳米粒子的生长、演化等机理过程的考察提供动态的形貌、结构等信息证据，为材料的可控合成、机理阐释等提供可靠的数据。原子力显微镜可以对纳米薄膜进行形貌分析，分辨率可以达到几十纳米，对于石墨烯而言，其厚度和层数的分析常采用 AFM 进行。作为最直接、最有力的表征手段，AFM 可以清晰、准确地反映出石墨烯的面积、厚度等基本信息。扫描隧道显微镜主要针对一些特殊导电固体样品的形貌分析，可以达到原子量级的分辨率，仅适用于具有导电性的薄膜材料的形貌分析和表面原子结构的分布分析。上述各种形貌表征也可应用于材料制备过程中各个阶段材料表面结构和形貌变化等的动态监测，为优化、筛选材料的制备工艺提供帮助。

4. 物理化学性能分析

对于碳纳米材料，除了上述元素分析、结构分析和形貌分析之外，人们还很注重对材料的一些物理及化学性能的表征，方便对材料的可控制备、功能化设计及其应用拓展提供可靠的依据。这些物理化学性能表征主要包含光学性能、电学性能、热学性能、磁学性能、光电性质、催化性能等。例如，通过对碳纳米管、介孔碳等的热重分析可以考察材料的热稳定性；对材料的石墨化程度、结晶性、无序缺陷等进行可靠的定性评价；通过对金属功能化介孔碳、石墨烯和碳纳米管等复合材料的充放电等电学性能测试，可以对复合材料的放电容量和循环稳定性等给出准确的判断；借助 Zeta 电位仪对有机功能化碳纳米材料的表面电位进行分析，进而对材料表面有机功能化基团的含量和材料的分散性能等进行评价；通过探针分子在碳纳米材料修饰电极上的循环伏安行为（CV）和交流阻抗（EIS）等分析，对碳纳米材料的导电性能、电子转移能力以及电极界面结构和动力学等信息进行合理的评判；通过对磁性金属及氧化物修饰碳纳米材料的磁性表征，借助饱和磁化强度参数可以对复合材料中磁性组分的负载量、尺寸和形貌等进行评价；通过对量子点/碳纳米材料复合材料的荧光谱的分析，可以对量子点与基底碳纳米材料的结合位置、复合结构以及复合程度等进行有效的评判；通过氮气吸附-脱附实验，可以计算出介孔材料相应的孔径、比表面积、孔容等信息，进而对材料的骨架缺陷和孔道的规则性等进行评价。

3.2 碳纳米材料的形貌分析技术

对于纳米材料，其性能不仅与材料颗粒的大小，还与材料的形貌有着非常重要的关系。碳纳米材料的诸多物理化学性能是由其形貌特征所决定的。因此，形貌分析是碳纳米材料的重要研究内容。形貌分析主要包含分析材料的几何形貌、材料的颗粒度大小、颗粒的分布以及形貌微区的成分和物相结构等。

3.2.1 扫描电子显微镜

1965 年，世界上第一台商用扫描电子显微镜诞生。SEM 作为一种有效的显微结构分析工具，既可用于直接观察试样的表面形貌，又可以对试样表面进行成分分析。SEM 可与 X 射线谱仪配接，在观察形貌的同时进行阴极荧光光谱分析以及观察不同环境下的相变和形态变化的特点。

SEM 基本上是由电子光学系统（即镜筒）、扫描收集系统、信号光处理系统、显示记录系统、电源系统以及真空系统等部分组成，其结构如图 3-1 所示。电子枪发射的电子经聚光镜聚焦后形成微细电子束，受扫描系统的控制，在测试样品表面进行逐行扫描，电子束所到之处，每个物点会产生信号（二次电子、背散射电子、X 射线、俄歇电子等），其中最主要的二次电子成像信号被探测器接收放大后用于调制像点的亮度，得到反映样品表面形貌的信息。

扫描电子显微镜具有如下特点：

①分辨率高。基于钨灯丝电子枪的 SEM 的分辨率为 3～6 nm，基于 LaB_6 的约为 3 nm，基于场发射冷阴极的 SEM 的分辨率最好可达到约 0.5 nm，能观测到样品表面 6 nm 左右的区域，放大倍数大范围可调（从几十倍到 20 万倍）。

②景深大，立体感强。当放大倍数为 100 倍时，景深最大约为 1000

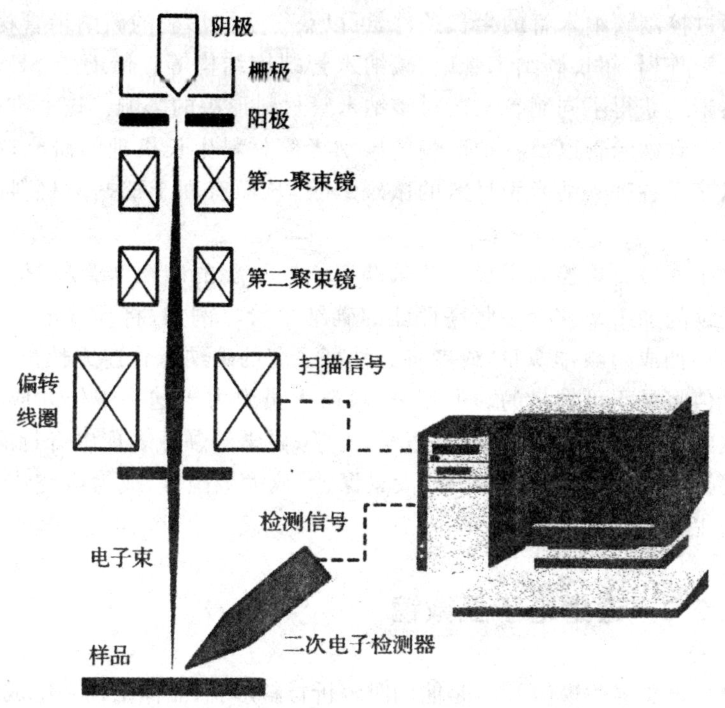

图 3-1　扫描电子显微镜的结构示意图

μm，当放大倍数为 1000 倍时，景深约为 100 μm，远高于光学显微镜。因此，SEM 特别适用于对粗糙起伏样品的观察和成像。

③实现综合分析。SEM 除了能再现样品的一般表面形貌外，通过与其他分析仪器联合（如能谱仪、波谱仪），可实现对样品微区表面的化学元素、电、磁性质的同步表征与成像。

此外，SEM 的分析测试具有制样简单、导电试样可直接观察、可观察大试样、不会破坏试样表面和分析简单等特点，是进行试样表面形貌分析的有效工具。利于 SEM 技术可以实现对微观纳米结构的形貌放大，从而可以真实地再现肉眼及光学显微镜不能获得的奇特微观世界。碳纳米管团聚在一起，在肉眼观测下为深色的粉末。然而在 SEM 观测下，碳纳米管是一种具有特殊结构（径向尺寸为纳米量级，轴向尺寸为微米量级，管子两端基本上都封口）的一维量子材料。

尽管 SEM 的分辨率不足以准确检测一根碳纳米管束中的碳纳米管特性，如单壁、双壁及多壁碳纳米管的数量。但是通过 SEM 可以方便地分析样品中存在的与碳纳米管生长相关的无定形碳、金属催化剂等杂质，有利于对碳纳米管生长过程的调控和样品的后续提纯。

通过控制碳纳米管的生长条件，可以获得不同形貌的碳纳米管材料，如碳纳米管阵列、超长碳纳米管束、碳纳米管螺旋结构等。借助于 SEM 技术可以清晰地获得不同制备工艺对碳纳米管材料形貌的影响。这一方面有助于对单一碳纳米管以及各种形貌的碳纳米管材料生长机理的研究；另一方面可以获得各种碳纳米管材料的微观形貌，从而有利于挖掘该材料的潜在应用。

除了通过直接控制生长工艺来获得不同形貌的碳纳米管材料，也可以通过后续的加工来获得一些高性能的碳纳米管。例如，将高导电性的碳纳米管阵列抽成超顺排薄膜，或者将这种高强度的碳纳米管连成长长的绳，其应用价值将是不可估量的。近年来，科研人员致力于这一工作并成功地纺出了碳纳米管纤维，可以使其在电学、力学、磁学等领域表现出奇特的性能。SEM 测试技术基于其高分辨率、大景深、大放大范围等，成为研究该材料的最有力工具。

3.2.2 透射电子显微镜

透射电子显微镜(TEM)是能同时解析材料形貌、晶体结构和组成成分的分析仪器，也是在实验进行中唯一能看到分析物的实像和判断观察晶相的一种技术。常用的透射电子显微镜以 20 万伏电压为主，其分辨率为 0.1～0.3 nm，用于分析数十个纳米乃至数个纳米量级的材料。

透射电子显微镜的基本构造可分为四部分。①电子枪：分为钨丝、LaB6、场发射式三种(与扫描电子显微镜相似)。三种电子源的亮度比大致为钨丝∶LaB_6∶场发射枪＝1∶10∶10，故场发射源为最佳的电子源。②电磁透镜系统：包括聚光镜、物镜、中间镜(intermediate len)和投影镜(projective len)。③试片室：试片基座(specimen holder)可分侧面置入(side entry)和上方置入(top entry)两类，若需做原位实验则还需要配备可加热、可冷却、可加电压或电流、可施应力或可变换工作气氛的特殊设计基座。④影像侦测及记录系统：ZnS/CdS 涂布的荧光幕或照相底片。目前仪器大多配备有 CCD 系统(charge coupled device)，以取代旧式照相底片，影像可直接由档案输出。透射电子显微镜的成像原理与光学显微镜相似，但电子束具有比可见光更短的波长。因此与光学显微镜相比，透射电子显微镜有极高的穿透能力及高分辨率。根据电子与物质作用产生的信号来看，透射电子显微镜主要分析的信号为利用穿透电子或是弹性散射电子(elastic scattering electron)成像，其电子衍射(diffraction pattern，DP)图可作精细组织和晶体结构分析。透射电子显微镜的分辨率主要与电子的加速电压和像差有关,加速电压越高,波长越短,分辨率也越佳。

利用 TEM 可以很直观地获得碳纳米管的直径、管壁层数,甚至是碳纳米管中的缺陷结构。

基于 TEM 可以研究碳纳米管的一些新结构,如单壁碳纳米管豆荚、分支结构碳纳米管、超长碳纳米管等。单壁碳纳米管豆荚采用一种气相扩散方法将 C_{60} 分子填充到单壁碳纳米管中,做出了相当"充实"的豆荚形纳米材料,填充率达到了 80%以上。在传统的化学气相沉积法制备碳纳米管的过程中引入一个外加磁场,可以制备出分支结构及填充结构的碳纳米管。这一发现有助于增加人们对磁场作用下化学气相沉积法的认识,并且提供了一种简单有效地制备分支结构及填充结构碳纳米管的方法,为纳米电路的研究提供了材料基础。

除了对碳纳米管进行直观的形貌表征外,TEM 的另一个优势是通过与其他测试手段联合使用,可以在纳米尺度范围内使用电子衍射、X 射线光电子能谱以及能量损失谱等探测手段对碳纳米管进行深入分析。

碳纳米管随着其结构的变化,既可呈金属性,也可呈半导体性。这一结构、性能的可调性使如何在实验上确定、控制碳纳米管的原子结构(或螺旋指数)变成碳纳米管研究的一个基本及中心问题。电子衍射方法最早被应用于确定碳纳米管的螺旋结构特征,并且也迅速用于测定碳纳米管的螺旋指数。

电子能量损失能谱是利用入射电子束在试样中发生非弹性散射,电子损失的能量直接反映了发生散射的机制、试样的化学组成以及厚度等信息,因而能够对薄试样微区的元素组成、化学键及电子结构等进行分析。由于低原子序数元素的非弹性散射概率相当大,因此该技术特别适用于薄试样低原子序数元素(如碳、氮、氧、硼等)的分析。它的特点是:①分析的空间分辨率高,仅取决于入射电子束与试样的互作用体积;②直接分析入射电子与试样非弹性散射互作用的结果而不是二次过程,探测效率高。

借助于 TEM 除了可以对碳纳米管的形貌、结构进行表征外,TEM 所具有的高能电子束还可以对碳纳米管进行加工,即对碳碳键进行一定程度上的破坏或形成。例如,利用高能电子束可以将重叠的碳纳米管焊接起来。

透射电子显微镜在材料学特别是晶体缺陷研究中做出了巨大的贡献,在碳纳米材料的分析中可提供分辨率更高的图像,为碳纳米复合材料的结构表征和性能研究提供了科学的依据。有的研究者在碳纳米管表面生长少于 10 层的石墨烯,通过不同倍率下的透射电子显微镜可以观察到碳纳米管表面生长的石墨烯,而且可以看到石墨烯的厚度只有 0.38 nm。

3.2.3 原子力显微镜

在碳纳米管研究中还有一种不可或缺的显微技术，即原子力显微镜(AFM)。这种技术为研究碳纳米管的结构和性质提供了重要的技术手段。

AFM以物理学为基础，是一种用来表征包含绝缘材料在内的固体表面的形貌与结构的分析测试仪器。样品表面的高低起伏是通过微细探针原子团和样品原子团间的相互作用力进行检测的。其工作原理为将对微弱力敏感度极强的微悬臂的一端固定，使另一端的微小针尖靠近样品表面，当扫描样品时，由于针尖与样品表面具有一定的相互作用力(吸引力或排斥力)，微悬臂探测到相互作用力时将发生形变或运动状态发生改变。利用高精密度传感器检测这些微小变化，从而得到作用力的详细分布信息。反馈系统根据检测结果不断调整针尖(或样品)在垂直方向上的位置，保证在扫描过程中该作用力不变。通过测量高度随扫描位置的变化，最后可以获得具有纳米级分辨率的样品表面的结构信息。

相对于SEM，AFM具有许多优点：①不同于SEM只能提供二维图像，AFM提供真正的三维表面图；②AFM不需要对样品进行任何特殊处理，如镀铜或碳，这种处理对样品会造成不可逆转的伤害；③SEM需要运行在高真空条件下，AFM在常压下甚至在液体环境下都可以良好地工作。因此，AFM可用于研究生物宏观分子，甚至活的生物组织。AFM与扫描隧道显微镜相比，由于能观测非导电样品，因此具有更为广泛的适用性。当前在科学研究和工业界广泛使用的扫描力显微镜，其基础就是原子力显微镜。

然而，和SEM相比，AFM的缺点在于成像范围太小、速度慢、受探头的影响太大。对于AFM测试，要求样品表面平整，因此对于采用CVD方法直接生长于Si表面的非定向碳纳米管，或者经过溶液处理并分散于Si表面的碳纳米管样品，AFM都可以高质量地完成碳纳米管的成像。尽管AFM的分辨率不如TEM，但是在分析单根碳纳米管的直径、长度等信息方面具有独特的优势。对于分散的大面积碳纳米管样品，使用AFM可以方便地给出其长度、直径分布信息。

除了采用AFM对碳纳米管进行直接的形貌表征外，利用AFM精确的机械与力学控制特性还可以对碳纳米管进行力学性能测试。例如，利用AFM测量了多壁碳纳米管的弯曲力，从而可以拟合出碳纳米管的弹性模量；采用AFM侧向力模式在单壁碳纳米管管束上进行横向加载，得出了碳纳米管的拉伸强度为45 GPa。

3.2.4　扫描隧道显微镜

扫描隧道显微镜(STM)是 GerdBinnig 等人于 1983 年发明的一种新型表面测试分析仪器。与扫描电子显微镜、透射电子显微镜和场离子显微镜相比,STM 具有结构简单、分辨率高等特点,可在真空、大气或液体环境下,在实时空间内原位动态观察试样表面的原子组态,并可直接用于观察试样表面发生的物理或化学反应的动态过程以及反应中原子的迁移过程等。STM 除具有一定的横向分辨率外,还具有极优异的纵向分辨率。STM 的横向分辨率达 0.1 nm,在与试样垂直方向分辨率高达 0.01 nm。由此可见,STM 具有极优异的分辨率,可有效地填补扫描电子显微镜、透射电子显微镜和场离子显微镜的不足。

与 AFM 类似,扫描隧道显微镜不采用任何光学或电子透镜成像,而是当尖锐金属探针在样品表面扫描时,利用针尖与样品之间的纳米间隙的量子隧道效应引起隧道电流与间隙大小呈指数关系,从而获得原子级样品表面形貌特征的图像。隧道电流对针尖和样品表面间的距离变化是非常敏感的,其对样品表面的微观起伏也特别敏感。

根据针尖与样品间相对运动方式的不同,STM 有两种工作模式:一种是恒流模式;另一种是横高模式。恒流模式是针尖在样品表面进行扫描时,在偏压不变的情况下始终保持隧道电流恒定,并通过控制针尖与样品之间间距的几乎恒定来使位置电流不变。恒高模式是始终控制针尖在样品表面某一水平高度上进行扫描,随着样品的高低起伏,隧道电流不断变化。从隧道电流信息可以获得样品表面的原子图像。无论对于哪一种模式,所得到的 STM 图像不仅构画出样品表面的几何形貌,而且可以反映样品表面原子的电子结构特征,即 STM 图像是样品表面原子几何结构和电子结构中和效应的结果。

与 SEM、TEM、AFM 等显微技术相比,STM 具有以下特点:①STM 的结构更为简单,对实验环境要求低:在大气、真空或液体环境中均可以进行测量,且工作温度范围较宽(从绝对零度到上千摄氏度);②STM 分辨率高,STM 的水平和垂直分辨率分别可以达到 0.1 nm 和 0.01 nm,因此有利于材料表面原子的三维成像;③在观测材料表面形貌的同时,可以得到材料表面的扫描隧道谱,从而可以研究材料表面的化学结构和电子状态。

STM 已在材料、物理、化学、生命等科学领域进行了广泛应用。特别地,该技术在对碳纳米管晶格进行原子级成像的同时,可进行电子态密度的直接测量。这对于研究碳纳米管的缺陷、表面功能化、螺旋度测量以及其他方面的研究都具有重要价值。

STM 显微成像技术可以在获得碳纳米管结构信息的同时，提供相关的基本性质信息。然而其存在一定的局限性。例如，生长于石英或 Si 表面的碳纳米管不能采用 STM 进行直接表征，因为 STM 的测试样品必须分散于导电基底表面。

3.3 碳纳米材料的成分、结构、价键分析技术

3.3.1 碳纳米材料成分分析技术

X 射线能谱常作为电子显微镜（扫描电镜、透射电镜）的重要配套分析技术。它作为一种快速无损并可同时对多种元素进行检测的分析方法，不仅可以在微米尺度上获得样品的形貌特征，同时还可以获得微区成分的组成信息。在科学研究和工业生产等领域，尤其在碳纳米材料成分分析中已成为重要的分析手段和工具。

1. X 射线能谱基本原理

X 射线能谱仪的结构如图 3-2 所示。由于入射电子激发原子内壳层电子产生特征 X 射线，当 X 射线入射到 Si(Li)探测器时，探测器中的固体电离室中产生与这个 X 射线能量成正比的电荷。之后，电荷在场效应管（field effect transistor，FET）中聚集，产生一个波峰值比例于电荷量的脉冲电压。用多道脉冲高度分析器来测定波峰值和脉冲数，可得到以 X 射线能量为横轴、X 射线光子数为纵轴的 X 射线能谱图。根据纵轴的能量数值可以确定元素的种类，而且通过谱图的峰强度分析可以确定其含量。

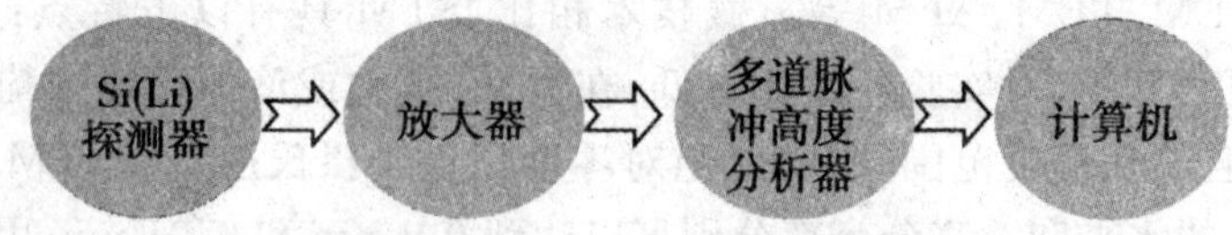

图 3-2　X 射线能谱仪的结构图

2. X 射线能谱测试过程

X 能谱仪主要是用来分析材料表面微区的成分，其特点是分析速度快，作为电子显微镜的辅助工具可在不影响图像分辨率的前提下进行成分分析。

定量分析的试样应满足以下要求：①在真空和电子束轰击下试样保持稳定；②试样分析面平整，一般要求分析面垂直于入射电子束；③X 射线扩展范围小于试样尺寸；④有良好的导电和导热性能；⑤试样为均质且无污染。

由于 X 射线能谱仪常与电子显微镜联用，当得到 X 射线能谱图后，X 射线能谱仪一般都配备有自动定性分析程序，运行此程序可在谱图上显示出相应的元素符号，但由于能谱的谱峰可能存在重叠干扰现象，自动识别有时并不精确，还需要手动对识别错误的元素进行修改。

3. X 射线能谱表征应用

配备 X 射线能谱仪的电子探针和扫描电镜已广泛地应用于分析领域，对于碳纳米材料，X 射线能谱分析方法具有成分分析功能和分辨率高等优点。有研究者研究了 Pt 纳米功能化的石墨烯对硝基芳香化合物的电化学检测，利用 X 射线能谱对 Pt 纳米是否成功地复合在 PyTS/rGO 复合材料上进行了表征分析，其 X 射线能谱如图 3-3 所示，结果表明 Pt 纳米颗粒已成功复合在石墨烯表面，且具有均一的分散性能。同样，在碳纳米管和介孔碳复合材料的成分分析中，也常常用到 X 射线能谱。还有人研究了金属纳米颗粒与介孔碳的复合材料的电化学免疫分析性能，他们利用 X 射线能谱分别研究了 OMC、OMC-Zn、OMC-Cd 等三种材料各自的元素分布。从 X 射线能谱图中（图 3-4）可以看出，OMC 材料中出现了 C 和 O 的信号峰，OMC 的两种复合材料中也出现了 Zn 和 Cd 的特征信号峰，并且根据峰高比例，计算出 1.0 g 的 OMC 中复合 18.7 mg 的 Zn 纳米颗粒，或复合 15.6 mg 的 Cd 纳米颗粒，从而实现了定量分析。

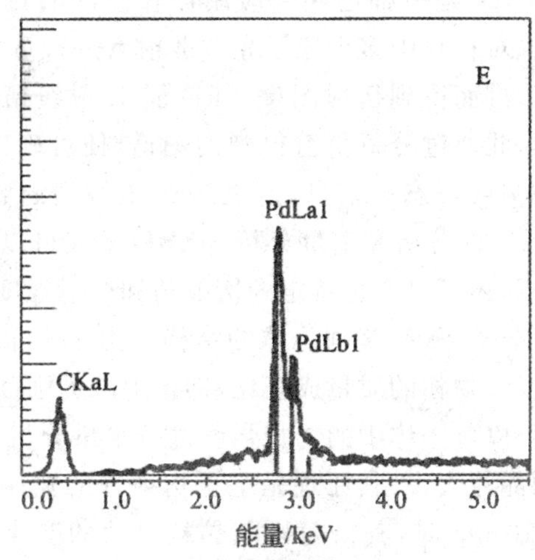

图 3-3　Pt-PyTS/rGO 复合材料的 X 射线能谱图

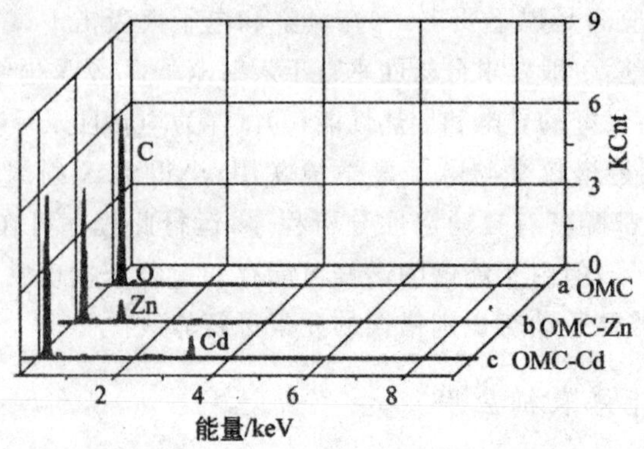

图 3-4 OMC、OMC-Zn 和 OMC-Cd 的 X 射线能谱三维图示

3.3.2 碳纳米材料结构分析技术

碳纳米材料的性质不仅取决于材料的分子化学组成，还与材料中原子空间结合的结构形式有密切的关系。因此，通过不同的仪器手段技术，对碳纳米材料的体相结构、表面相结构、原子排列、物相等进行分析，可以确定材料的晶体结构和表面结构等，为深入了解和掌握材料的结构和性能之间的"构效"关系提供基础，也对拓展碳纳米材料电化学及生物传感器的实际应用具有一定的指导意义。

1. X 射线衍射法基本原理

X 射线衍射(XRD)是一种近年来应用比较广泛的材料微观相结构表征的分析方法，通过对材料中多个原子光波散射后进行重叠、相互干涉后产生强度最大的光束，进而得到衍射图谱，其特征 X 射线衍射图谱不受其他物质的混聚影响，因此通过分析衍射得到的图谱，便可确定材料的成分、内部原子或分子的结构或形态等信息，这也是 X 射线衍射物相分析的依据。XRD 物相分析包括定性分析和定量分析。XRD 不仅可以进行纳米晶体的物相鉴定、晶化分析，还可以通过特定的衍射角和衍射强度对物质的晶体结构和晶体尺度进行分析，从而鉴别晶体的结构。由于每个物质都有特征衍射峰，衍射线的强度和物相的质量成正比，即衍射峰的强度随着该相含量的增加而增加，因此可以对固体中的物相强度进行定量分析。XRD 还可以测定纳米材料的平均晶粒大小，其原理是基于衍射峰的宽度和材料晶粒大小有关，当晶粒小于 10 nm 时，其衍射峰随晶粒尺寸的变小而显著变宽。晶粒大小一般可采用 Scherrer 公式进行计算

$$D=\frac{k\gamma}{\beta\cos\theta}$$

式中，k 为 Scherrer 常数；D 为晶粒垂直于晶面方向的平均厚度；β 为实测样品衍射峰半高宽度；θ 为衍射角；γ 为 X 射线波长。此外，XRD 还可以测量离子间距、键长以及进行原位纳米材料结构相变的分析。

2. X 射线衍射法测试过程

X 射线衍射法使用的仪器是 X 射线衍射仪，它主要包括 X 射线发生器(即 X 衍射管)、X 射线测角仪、辐射探测器、测量与记录系统、衍射图库。X 衍射发生器主要包括高强度的阳极 X 射线发生器、电子同步加速辐射、高压脉冲 X 射线源，现代 X 射线衍射仪还配有控制操作和运行软件的计算机系统。X 射线衍射仪的成像原理与聚集法相同，即底片与样品处于同一圆周上，具有较大发散度的单色 X 射线照射在样品的较大区域，由于同一圆周上的同弧圆周角相等，使得多晶样品中的等同晶面的衍射线在底片上聚焦成一点或一条线，但记录方式及相应获得的衍射花样不同。衍射仪采用具有一定发散度的入射线，也用“同一圆周上的同弧圆周角相等”的原理聚焦，不同的是其聚焦圆半径随 2θ 的变化而变化。X 射线衍射仪的基本功能是通过测定几千甚至上万条衍射线的方向和强度，确定晶体结构在三维空间的晶胞参数和晶胞中每个原子的三维坐标，从而可以准确地测定样品的分子和晶体结构。当样品经过研磨后，压成平片，放在测角器的底座上。特征 X 射线照射多晶体样品时，辐射探测器就可以记录衍射信息。计算管始终对准中心，绕中心旋转。样品每转 θ，计算管转 2θ，计算机记录系统逐渐将各衍射线记录下来。在记录得到的衍射图中，一个坐标表示衍射 2θ，另一个表示衍射强度的相对大小。XRD 常用的公式为布拉格方程：

$$2d\sin\theta=n\lambda$$

式中，λ 为 X 射线的波长；θ 为衍射角；d 为结晶面间隔；n 为整数。应用已知波长的 X 射线来测量角，从而计算出晶面间距 d，常用于 X 射线结构分析；另一个是应用已知 d 的晶体来测量角，从而计算出特征 X 射线的波长，进而可在已有资料中查出试样中所含的元素。该公式是联系 X 射线的入射方向、衍射方向、波长和点阵常数的关系式，表达了 X 射线在反射方向上产生衍射的条件，即单色射线只能满足布拉格方程的特殊入射角下有衍射，衍射来自晶体表面以下整个受照区域中所有原子的散射贡献。在 XRD 技术中，最基本的分析法有三种：粉末法、劳厄法和转晶法。其中，最为常用的是粉末法，其原因是粉末法所需样品是粉末晶体，容易制备，并且衍射花样可以提供更多的材料的信息。而劳厄法和转晶法用的是单晶体样品，应用很少。X射线衍射法具有方便、快捷、准确和可以自动进行数据处理等优点，已成为晶体结构分析的主要方法。

3. X射线衍射法表征应用

X射线衍射法在碳材料中的应用较为广泛，它不但可以确定测试样品的物相、晶体结构、局部结构、缺陷、键型等，而且还可以判断颗粒尺寸大小，尤其在双组分碳纳米复合材料的结构表征中具有非常重要的作用。例如，Li等通过控制氧化石墨烯的还原制备了二氧化锰修饰的石墨烯复合材料，并发现该复合材料在超级电容器具有显著的催化效果。图3-5分别是氧化石墨烯GO、冷冻干燥1 h和8 h后的还原氧化石墨烯(1 h RGO、8 h RGO)以及冷冻干燥8 h后的还原氧化石墨烯/MnO_2的复合物(8 h RGM)的XRD衍射图。研究发现，图3-5中a(001)处$2\theta=10.24°$的尖峰对应于氧化石墨烯片的衍射叠加图，层间距是(0.87 nm)，远远高于石墨的层间距(0.34 nm)，表明在石墨烯片层上含有含氧基团，使得层间距增加。图3-5中b和c在$2\theta=23°$(002)处有个宽的衍射峰，分别代表化学还原的1 h RGO和8 h RGO的特征衍射峰，这是由于去除了石墨间层中的含氧基团，还有少量的氧化石墨烯。在还原石墨烯上修饰MnO_2后，图3-5中d(002)处石墨的衍射峰完全消失，表明RGO的表面很好地覆盖有MnO_2，并且衍射峰还表明此复合材料(8 h RGM)是正方形系的α-MnO_2。Ren等人制备了活性碳纤维与介孔碳的复合材料作为电极材料，该材料表现出了优异的电极性能。图3-6是制备的不同孔隙尺寸介孔碳的纳米复合材料(ACF@OMC)，其中，分别记为：ACF@OMC-5.4、ACF@OMC-3.7和ACF@

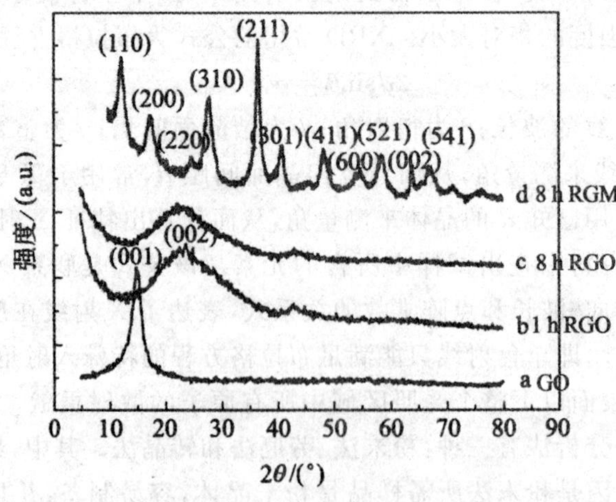

图3-5 GO、1 h RGO、8 h RGO和8 h RGM的XRD图

OMC-2.6。两个材料 ACF@OMC-5.4、ACF@OMC-3.7 在 $2\theta=0.5^{\circ}\sim1^{\circ}$ 处有特征衍射峰，表示为六边形系结构{100}的碳衍射峰。它们在 $2\theta=0.96^{\circ}$处特殊的衍射峰表明它们的结构非常有序。并且 ACF@OMC-5.4 的峰强度明显高于 ACF@OMC-3.7，表明了制备材料的过程中加入的硼酸不仅可以有效促进孔隙大小的扩张，而且可以控制材料的有序结构。

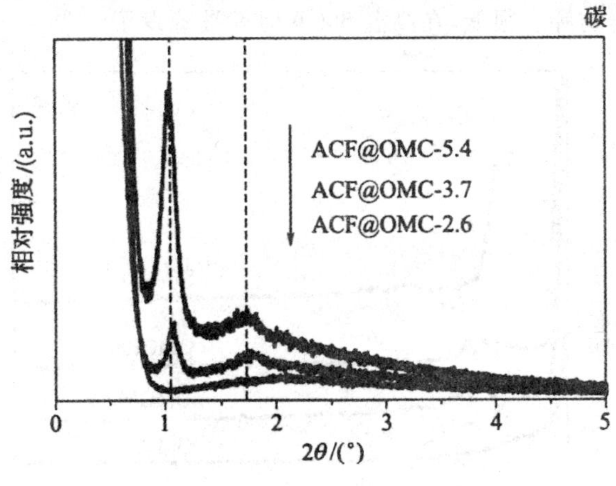

图 3-6　阴极材料的 XRD 图

XRD 方法在多组分碳纳米复合材料的结构表征中也具有一定的结构分析优势。Chang 等人通过控制形貌制备了氮、硫双元金属介孔碳复合材料，该材料能更好地催化甲醇氧化反应。为了说明材料的结构和催化性能之间的关系，他们通过 XRD 表征了不同分子筛和介孔碳的物相结构，图 3-7 分别是分子筛 SBA-15 和含有不同质量分数的丙烯腈调聚物的介孔碳(分别记为 OMC100、OCM66 和 OCM33)的 XRD 衍射图。图 3-7 中 $2\theta=25^{\circ}$(002)处的宽峰和 $2\theta=43^{\circ}$(101) 处的尖峰，代表了石墨在不同温度下碳化后的样品的衍射峰，通过增加的 2θ 值就可以看出高的温度可以使得材料的碳化程度增加。Lee 等人制备了氮沉积的碳纳米管/二氧化钛(NCNT/TiO_2)核壳结构的复合材料，该材料以碳纳米管为核心，二氧化钛将其均匀包覆，且该材料的制备过程简单，同时可以有效地用于光催化反应。图 3-8 是该材料的 XRD 表征图，矿化物 TiO_2壳的结晶度较低，具有热稳定性的 CNT 可以耐高温，甚至达到 1000℃。在材料热处理温度为 500℃时，主要为锐钛矿相，当材料热处理温度达到 1000℃则形成更加稳定的金红石相，使得核壳结构的纳米线更加稳定。Zou 等人制备了新型石墨烯-锡@碳纳米管复合材料，该复合材料被广泛应用于锂离子电池，具有很强的循环性能和较高的比容量。图 3-9 是二硫化锡(SnS_2)、氧化石墨烯(GO)、石墨烯纳米片-二硫化锡(GNS-SnS_2)、石墨烯-锡@碳纳米管复合材料(GNS-Sn@CNT)的 XRD 衍射图，在

$2\theta=23.7°$可以观察到 GNS-SnS_2中石墨的特征衍射峰(002),对应的层间距是 0.374 nm,稍大于标准的石墨层间距(0.335 nm),其他的峰可归为 SnS_2 的特征衍射峰。对于 GNS-Sn@CNT 复合物,在 $2\theta=24.2°$有一个宽峰,相应的层间距为 0.367 nm 的峰,归因为碳纳米管和石墨烯片的复合,其余的峰可归为金属 Sn。然而在复合材料中没有观察到 S 的峰,是因为 SnS_2 被 C_2H_2 还原成 Sn 和 CS_2,CS_2的沸点很低,在高温 550℃时就被蒸发了。

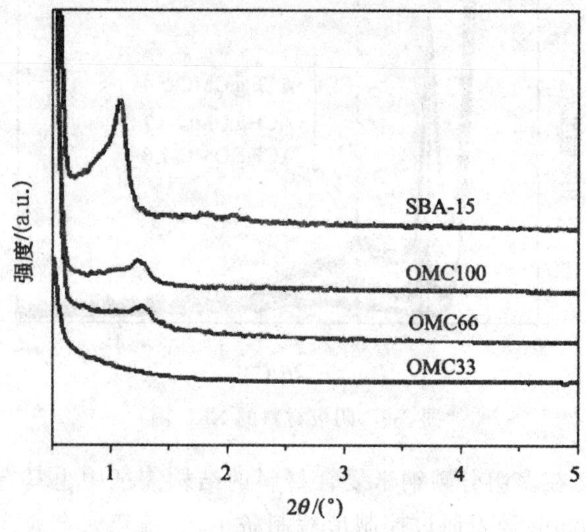

图 3-7　SBA-15、OMC100、OMC66 和 OMC33 的 XRD 图

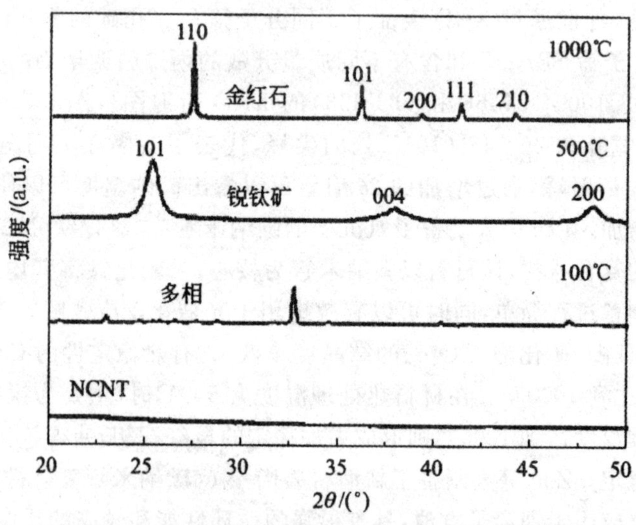

图 3-8　不同温度下煅烧的 NCNT/TiO_2核壳结构的碳纳米线,温度分别是 100℃、500℃、和 1000℃的 XRD 图

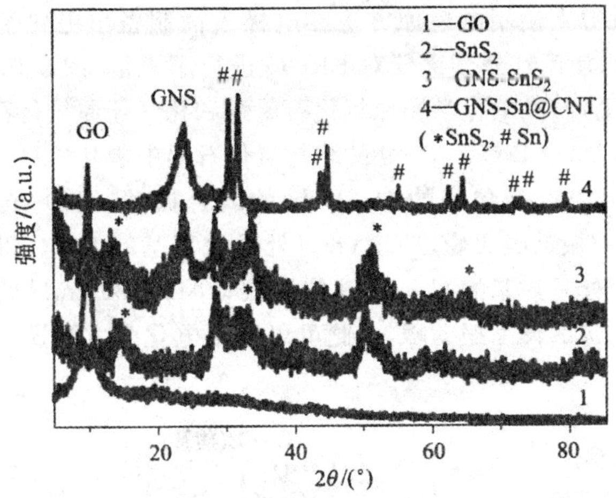

图 3-9 SnS_2、GO、GNS-SnS_2 和 GNS-Sn@CNT 的 XRD 图

3.3.3 碳纳米材料价键分析技术

碳纳米材料的性质不但与材料的元素、结构、价态等因素有关，还与材料的价键有重要的关系。由于材料的价键与分子的结构有关，因此，借助仪器手段，通过红外、拉曼等表征技术，对组成材料的内部化学键的振动、转动等状态进行分析，有助于人们研究材料的结构和性能之间的"构效"关系，对于开发新型碳纳米复合材料以及构筑基于此类材料的电化学及其生物传感器具有十分重要的意义。

1. 红外光谱表征技术

当样品受到频率连续变化的红外光照射时，样品分子选择性吸收某些频率的辐射，会引起偶极矩的变化，产生分子振动和转动能级从基态到激发态的跃迁，使相应的透射光强度减弱。记录红外线的百分透射比与波数或波长的关系曲线，就得到红外光谱。红外光谱属于分子振动和转动光谱，主要涉及分子的结构信息。红外光谱中吸收带的频率、数目以及强度与分子结构相关，每种官能团的结构一定，因此具有特定的吸收频率，可用来对未知物质的分子结构和化学基团进行鉴定。除了单原子分子以及同核双原子分子外，分子振动时伴随有偶极矩变化的无机物、有机物均可用红外光谱进行研究。

对于功能化和复合碳纳米材料而言，红外光谱可以提供引入的各种组分的一些价键信息，有助于对碳纳米材料的功能化和复合的效果进行合理的评价。Guo 等人使用电还原方法在电极表面制备出电化学还原氧化石墨烯(ERGO),使用红外光谱仪对 ERGO 进行了表征,图 3-10 所示分别为石墨、氧化石墨烯片、电化学还原氧化石墨烯和化学还原氧化石墨烯的红外光谱图。图 3-10 中 1395 cm^{-1}处的峰是氧化石墨中羧基的 O—H 键的吸收峰,在 3200 cm^{-1}处为羧酸的 O—H 键的偶合振动,3440 cm^{-1}处为水的 O—H键的伸缩振动吸收峰,1059 cm^{-1}处是烷氧基的 C—O 键伸缩振动产生,1740 cm^{-1}处是羧基的 C ═O 键伸缩振动峰,1620 cm^{-1}处是未氧化的石墨中 C ═C 键的伸缩振动峰,由此可以看出电化学方法还原的石墨烯纯度较高。

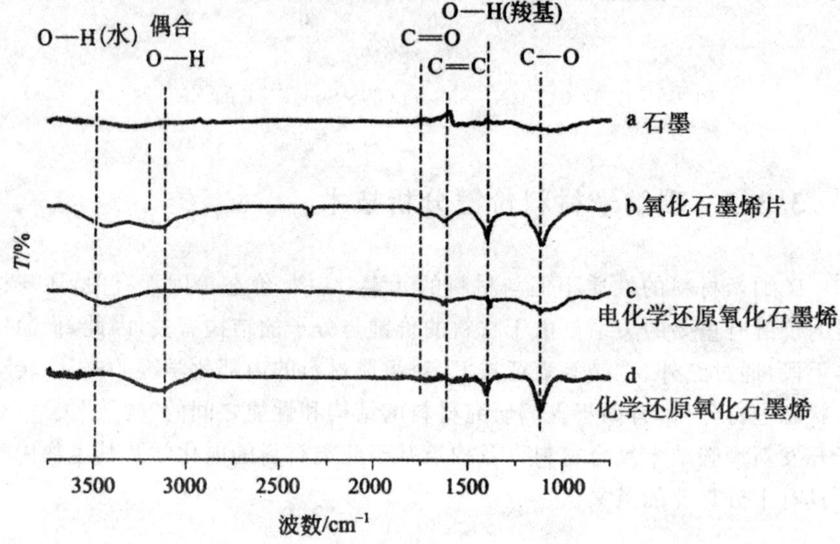

图 3-10　红外光谱图

对于简单的二元组分复合材料,红外光谱能提供非常直观的价键信息。如 Yan 等人使用溶液混凝法,制备了聚苯乙烯/碳纳米管(PS/SWCNT)复合材料,并且对其进行了红外表征,如图 3-11 所示。从图 3-11 中可以看到 PS 中亚甲基基团在 2924 cm^{-1}、2850 cm^{-1}、1371 cm^{-1}处的振动吸收峰,与之相比,P/SWCNT 复合材料中亚甲基的吸收峰并未发生任何改变,可以看出亚甲基材料中的碳氢键相互作用力较弱,PS/SWCNT 界面较强的相互作用力是功能化碳纳米管表面的羧基等官能团提供的。除二元复合材料的表征外,红外光谱还被广泛应用于含无机-有机组分的多元复合材料的表征中。Gao 等人将海藻酸钠(SA) 和四氧化三铁混合然后修饰到多壁碳纳米管上,制备了 SA-Fe_3O_4@CNT 复合材料,图 3-12 是 Fe_3O_4、CNT 和

Fe_3O_4@CNT的红外光谱图，从多壁碳纳米管的红外光谱图中可以看到1714 cm^{-1}、1198 cm^{-1}处的特征吸收峰由多壁碳纳米管的 C—O 和 C—OH 基团产生；在引入碳纳米管之后这两个峰的强度明显下降或消失，这是由于Fe_3O_4和碳纳米管的羧基之间强的相互作用力；Fe_3O_4和Fe_3O_4@CNT 红外谱图的 559 cm^{-1}处的峰是由Fe_3O_4中 Fe—O 键的伸缩振动产生的。Han 等人先将氧化石墨烯(GO)嫁接到碳纤维(CF)，再与 SiBCN 陶瓷前驱体原位聚合，制备了 CF—g—GO/SiBCN 复合材料。图 3-13 为材料的红外光谱图，图 3-13 中 a 曲线的 3451 cm^{-1}和 3140 cm^{-1}处是—OH 的伸缩振动吸收峰，在 1391 cm^{-1}处是 C—H 的弯曲振动吸收峰；图 3-13 中 b 曲线在 2933 cm^{-1}和 2857 cm^{-1}处是环氧偶联剂的亚甲基振动产生的吸收峰，表明环氧树脂与碳纤维已经复合；图 3-13 中 c 曲线在 3610 cm^{-1}和 1744 cm^{-1}处是 N—H 振动产生的吸收峰，说明通过开环反应将胺接枝到碳纤维上；图 3-13 中 d 曲线可看到 N—H 键和 Si—H 键在 1164 cm^{-1}和 2144 cm^{-1}处有明显的吸收峰，C—H 键和 Si—C 键在 2951 cm^{-1}和 2894 cm^{-1}处出峰，而在 835 cm^{-1}处的峰是由 Si—N 基团对 C 原子的吸引产生的，在 928 cm^{-1}处的峰则是因为 Si—N—Si 键之间的相互作用。

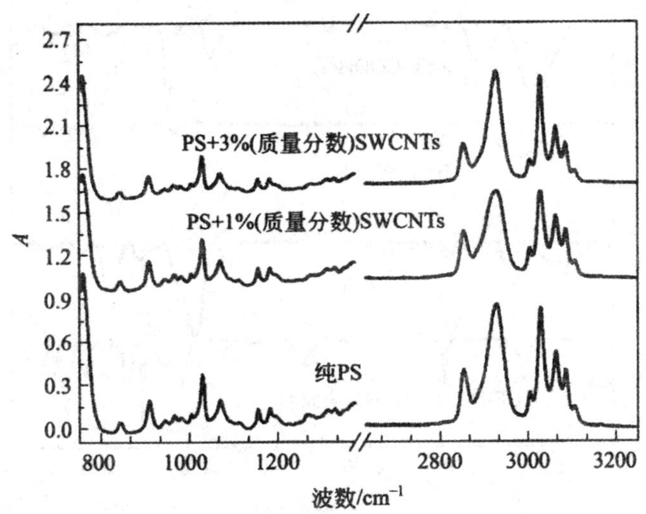

图 3-11　聚苯乙烯和聚苯乙烯/碳纳米管复合材料的红外光谱图

此外，还可以通过红外对碳纳米材料制备中提供的结构信息进行研究，帮助研究者优化材料的制备条件。如 Kim 等人分别在 600℃、850℃和 1100℃下通过热分解蔗糖制备出三种介孔碳(OMC-600、OMC-850、OMC-1100)，分别对三种介孔碳进行红外表征，如图 3-14 所示。OMC 600 红外

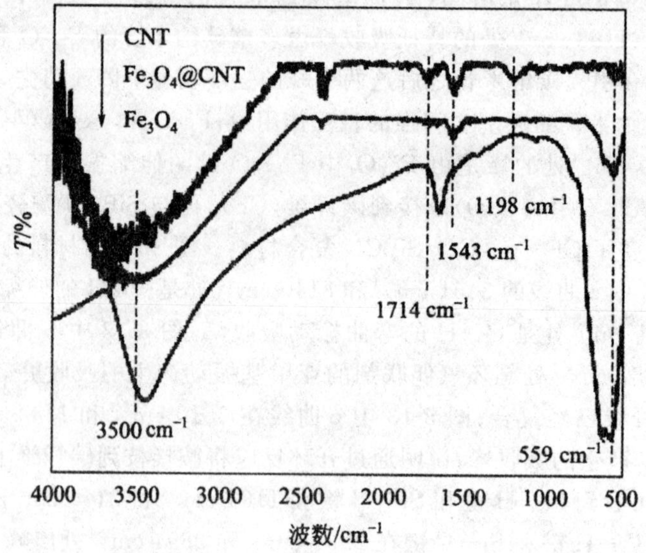

图 3-12 Fe_3O_4、CNT 和 Fe_3O_4@CNT 的红外光谱图

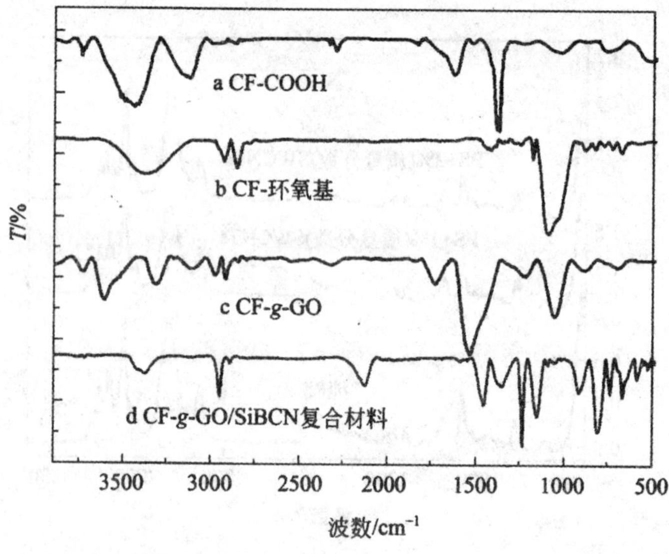

图 3-13 红外光谱图

光谱图中 765 cm^{-1}、833 cm^{-1}、890 cm^{-1} 处为 C—H 键的振动峰，1621 cm^{-1} 处为 C═C 键的振动峰，1718 cm^{-1} 处为羰基的 C═O 键振动峰，1384 cm^{-1}、1465 cm^{-1} 叫处由甲基或亚甲基产生，1172 cm^{-1}、1268 cm^{-1} 处是酚

羟基、羧基的C—O—C伸缩振动峰，1103 cm^{-1}处是羧基的O—H键振动产生的；与OMC-600相比，OMC-850的表面结构发生改变，1621 cm^{-1}处的峰蓝移到1598 cm^{-1}；765 cm^{-1}、833 cm^{-1}和890 cm^{-1}的峰强度降低。OMC-1100中C=C键蓝移到1595 cm^{-1}。对三种介孔碳材料的红外光谱图对比可知，随着温度的升高，材料的芳香结构也随之增多。

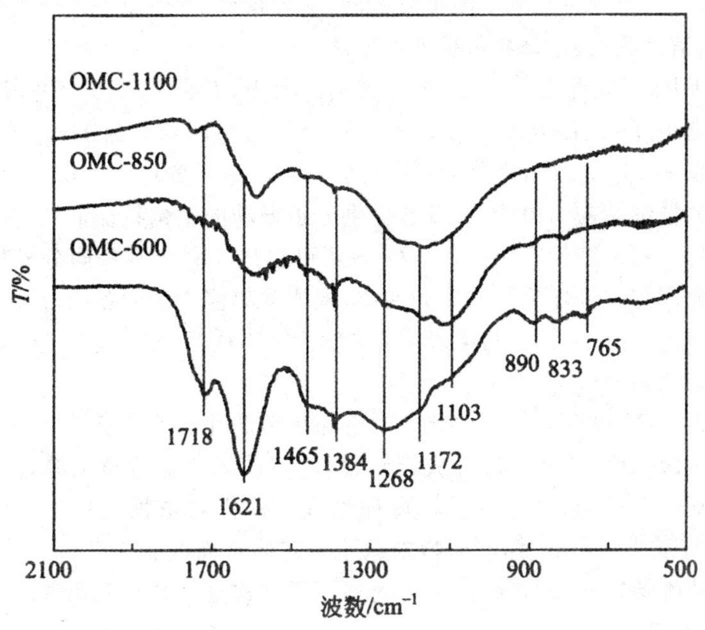

图 3-14 OMC-600、OMC-850、OMC-1100的红外光谱图

2. 电子结构分析——紫外光电子能谱

紫外光电子能谱(ultraviolet photoelectron spectrometer，UPS)是以紫外线为激发光源的光电子能谱。激发光源的光子能量较低，该光子产生于激发原子或离子的退激阶段，最常用的低能光子源为氦Ⅰ和氦Ⅱ。紫外光电子能谱主要用于考察气相原子、分子以及吸附分子的价电子结构。

紫外光电子能谱(UPS)的入射辐射属于真空紫外能量范围，击出的是原子或分子的价电子，可以在高分辨率水平上探测价电子的能量分布，进行电子结构的研究。对于气态样品，能够测定从分子中各个被占分子轨道上激发电子所需要的能量，提供分子轨道能级高低的直接图像，为分子轨道理论提供坚实的实验基础。

紫外光电子能谱的基本原理是光电效应。它是利用能量为16～41 eV的真空紫外光子照射被测样品，测量由此引起的光电子能量分布的一种谱学方法。忽略分子、离子的平动与转动能，紫外光激发的光电子能量满足如下公式：

$$h\nu = E_b + E_k + E_r$$

式中，E_b 为电子结合能；E_k 为电子动能；E_r 为原子的反冲能量。

紫外光电子能谱分析仪的结构主要包括以下几个主要部分：单色紫外光源($h\nu$=21.21 eV)、电子能量分析器、真空系统、溅射离子枪源或电子源、样品室、信息放大、记录和数据处理系统。

在 UPS 的能量分辨率下，分子转动能太小，不必考虑；分子振动能可达到数百毫电子伏特(0.05～0.5 eV)，且分子振动周期约为 10^{-13} s，而光离过程发生在 10^{-16} s 内，因此分子的(高分辨率)紫外光电子能谱可以显示振动状态的精细结构。由于 UPS 能提供分子振动的结构特征信息，因而可用于一些化合物的结构定性分析。UPS 还可以用于鉴定某些同分异构体、确定取代作用和配位作用的程序和性质、检测简单混合物中各组分等。此外，UPS 能够精确测量物质的电离电位，对于气体样品，电离电位近似对应于分子轨道能量。

因为 UPS 可以进行有关分子轨道和化学键性质的分析工作，如测定分子轨道能级顺序(高低)，区分成键轨道、反键轨道与非键轨道等，因而为分析或解释分子结构、经验分子轨道理论等工作提供依据。对于固体样品，UPS 具有最小逸出深度，因而特别适用于固体表面的状态分析。其可应用于表面能带结构分析、表面原子排列与原子结构分析及表面化学研究(表面吸附、表面催化)等方面。

碳纳米管的价带源于碳的 2s 和 2p 原子轨道，在结合能的 3 eV 和 8 eV 附近表现出特征峰，分别对应于 π 峰和 σ 峰，如图 3-15(a)所示。当对碳纳米管进行改性时，通过检测该两特征峰的强度和宽度，可以推出该材料的原子级变化。例如，π 峰强度的下降可能与碳原子 sp^2 结构的破坏相关。该现象的发生往往是由对碳纳米管进行表面修饰或切割造成的。

图 3-15(b)为生长于 Si(100)面的单壁碳纳米管的价带发射谱，测试过程中采用四种能量的紫外线。由图 3-15(b)可知，所获得的图谱较宽且部分重叠，碳纳米管的特征峰(π 峰和 σ 峰)以肩峰的形式存在于该价带发射谱峰中。碳纳米管的 UPS 峰对紫外激发光的强度和入射光角度并不敏感。

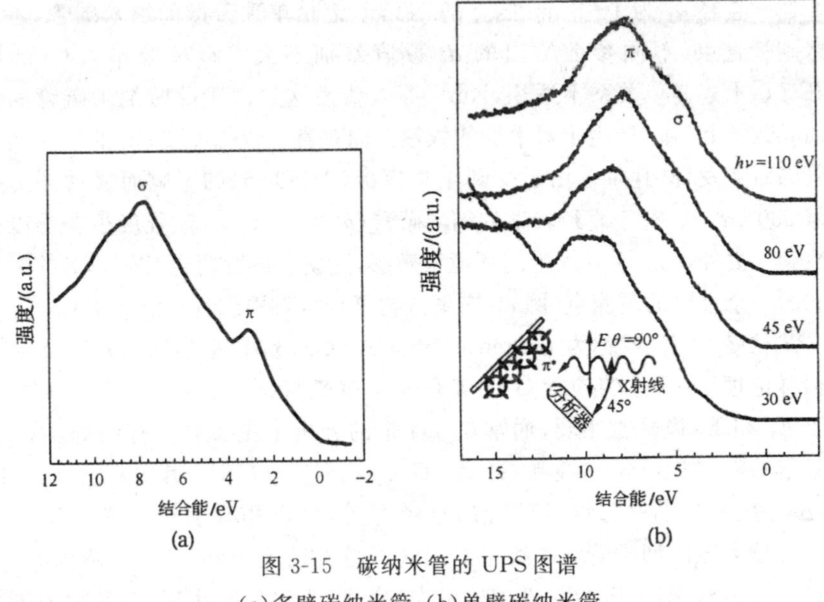

图 3-15　碳纳米管的 UPS 图谱

(a)多壁碳纳米管；(b)单壁碳纳米管

单壁碳纳米管具有和石墨烯完全不同的三维结构，其本质是由石墨烯卷曲形成的。即便如此，碳纳米管的价电子束缚能与石墨布里渊区 Γ 点附近的 π 和 σ 能级吻合。单壁碳纳米管的宽价带特征及对光子能量的相对不敏感特征表明碳纳米管的谱峰可以理解为石墨谱峰的角集成。这是因为，碳纳米管是由石墨烯片纳米尺度的卷曲而形成的，光子同时从垂直和切线方向入射该材料，且同时被探测到。研究表明，该现象也同时存在于多壁碳纳米管中。此外，也有其他一些因素造成碳纳米管谱峰的扩展。首先，碳纳米管的手性分布杂乱。尽管每根碳纳米管的态密度具有范霍夫奇点，该杂乱性导致这些奇点的随机分布。其次，碳纳米管之间的相互作用会展宽态密度。总之，具有多手性的单壁碳纳米管形成的管束的态密度会大致与石墨烯的态密度一致。

3. 拉曼光谱表征技术

1996 年 Rice 大学的 Smalley 研究组发展了一种可以得到较高纯度的 SWCNT 的方法(激光烧蚀法)，这极大地推动了用拉曼光谱研究纳米碳管的发展。SWCNT 的拉曼光谱具有以下几个非常典型的特征峰。

①低波数的“呼吸振动峰”(RBM)，一般出现在 150～350 cm^{-1}。这个区域最重要的特点是其振动模式的能量(波数)只与 SWCNT 的直径相关(其关系式为 $\omega_{RBM}=A/d_t+B$)，与其如何卷成圆柱形无关，也就是与碳管的手性没有关系。对于不同的管子，或者不同的环境，所选取的 A 和 B 的数值有所差

别。通常直径 d_t 为 1～2 nm 的 SWCNT，不论是单独分散的纳米碳管，还是纳米碳管管束，不同参数给出的 d_t 数值差别不大。而对于 $d_t<1$ nm 的 SWCNT，上述简单关系不适用，Kurti 等人认为这是由于此时纳米碳管晶格扭曲导致了其 ω_{RBM} 产生了对手性的依赖。而对直径仅为 0.4 nm 的最小纳米碳管的研究发现，其 ω_{RBM} 由于受到生长模板（$AlPO_4$-5）的影响而移动到高频区域 530 cm^{-1}。对于直径较大的纳米碳管（$d_t>2$ nm），ω_{RBM} 强度很弱难以被观察到。另外，ω_{RBM} 对其周围的环境很敏感，这使它成为研究 SWCNT 的聚集状态的一个重要的观测点（例如，在聚合物复合材料中或者在溶液中）。

②拉曼 G 带（或称为 tangential mode，TG），频率为 1450～1630 cm^{-1}。根据群论理论，手性的碳管 G 带应有 6 个拉曼特征峰：$2A_{1g}+2E_{1g}+2E_{2g}$。由于 E_1 和 E_2 模式都很弱，通常在 TG 带的分析中主要看对称的 A_1 模式，通常指 G^+（1591 cm^{-1}）线和 G^- 线，而 $\omega_{G^-}=\omega_{G^+}-C/d_t^2$，其中 $C_M>C_s$。因此，$\Delta\omega_G=\omega_{G^+}-\omega_{G^-}$ 与纳米碳管的直径有关，可以用来表征纳米碳管的直径。对于半导体型碳管，G^+ 线主要归属于与直径无关的 A_1^{LO}（沿圆周方向）模式，而 G^- 线是属于 A_1^{TO}（沿碳管轴向）模式，为洛伦兹线型；离散纳米碳管的 G^- 线宽通常为 5～15 cm^{-1}，其线宽与纳米碳管的直径分布有关。而金属型碳管的情况要复杂得多。金属型纳米碳管的 G^- 线形很宽，这种线宽作用被认为与纳米碳管中金属特性的自由电子的存在有关；考虑到离散声子和导电电子连续态之间的耦合作用，可以用 Breit-Wigner-Fano（BWF）线型来拟合。根据研究发现，BWF 峰的线宽依赖于纳米碳管的直径，对于直径大于 2 nm 的金属型碳管（离散的），其 G^- 的线宽与半导体型纳米碳管相似，类似于洛伦兹线型，说明 BWF 效应的强度较小；而随着直径的减小，BWF 效应增强，G^- 的线宽甚至可达 70 cm^{-1} 以上。Stefano 等人认为金属型碳管的 G^+ 为 TO（沿圆周方向），而 G^- 为 LO（沿碳管轴向）的模式，与半导体型的正好相反。根据上述理论研究的结果，我们可以依据纳米碳管的拉曼光谱来计算纳米碳管的 d_t（但是没有上述 ω_{RBM} 的结果精确），并且还可以分辨金属型和半导体型纳米碳管。这是拉曼光谱作为一种研究纳米碳管的表征手段所具有的一个特殊优势。由于纳米碳管的手性结构与其物理性质——半导体性或金属性直接相关，这使拉曼光谱成为判断纳米碳管性质最便捷的方法。在碳管的制备、分离和化学修饰过程中，研究者通常用拉曼光谱来监控所制备或分离的碳管手性以及化学反应对碳管手性的选择性。

③每一手性不同的（n，m）SWCNT 都具有不同的价带和导带 van Hove 奇点，以及不同价带（$E_{v\mu}$）和导带（$E_{c\mu}$）van Hove 奇点之间的电子跃迁能量。碳管的拉曼光谱是一种共振谱，即如果入射的激光能量或者光散射与样品所允许的电子跃迁的能量一致，碳管的拉曼光谱信号会被极大地增强。

因此当利用拉曼光谱来表征 SWCNT 时，使用不同能量的激光来激发会得到不同的谱图。Pimenta 等人首次报道了金属型纳米碳管的这种特征 G 带随激发能量的变化。Kataura 等人画出了沿纳米碳管轴向的偏振光中光学允许的能级跃迁能量为 $E_{\mu\mu}$ 相对于纳米碳管直径 d_t 的关系图，这个关系图可以用来指导 SWCNT 的拉曼光谱分析。在实验中研究者发现随着激光能量的逐渐增加，所研究的纳米碳管 G 带拉曼谱峰出现连续地从“金属型”线形变化到“半导体型”线形。金属型纳米碳管的 G 带较宽且峰形不对称。Maultzsch 等人深入研究了这个现象后提出了“双共振”的观点。他们认为由于“双共振”，半导体型拉曼光谱也许来自半导体型纳米碳管，也许是来自激发能量远远高于参与光学跃迁的能量最小值时的金属型纳米碳管；而金属型的光谱则单纯显示了一个金属型的纳米碳管。

④拉曼 D 带（1300～1400 cm^{-1}），结构缺陷导致的一种拉曼振动模式。因此一般用 D/G 强度之比来评价纳米碳管的品质。高纯样品，如一些 CVD 法和激光烧蚀法生长的纳米碳管，其 D/G 一般比较低。由于不同的纳米碳管具有不同的共振能量，因此对于不同的激光能量其 D 带的位置不是固定的。另外，无定形碳的 D 带是一个较宽的峰（约为 100 cm^{-1}），而纳米碳管的峰宽一般为 10～20 cm^{-1}。

⑤G′模式，高频双声子模式。这是在高定向热解石墨中观察到的一个拉曼特征结构，可为 SWCNT 的振动方式和电子结构提供非常多的信息，它的位置是 D 带的倍频模，在 2700 cm^{-1} 附近。而当激光的频率改变时，G′表现出很强的频率色散行为 $\Delta\omega_{G'}/\Delta E_{laser}=10^6\ cm^{-1}\cdot eV^{-1}$。

⑥中间频率模式（IFM），出现在呼吸模和 D/G 谱带之间（600～1100 cm^{-1}），这一模式的频率与激发光能量有直接的关系。

单壁碳纳米管的典型拉曼光谱图如图 3-16 所示。该光谱主要包括以下几个特征峰：位于 1500～1600 cm^{-1} 的 G 峰，这是由完美的石墨晶格振动造成的；位于～1300 cm^{-1} 的 D 峰，这是由碳纳米管中拓扑结构的破坏造成的；位于～2600 cm^{-1} 的 G′峰，即 D 峰的二次谐波；一系列位于 400～1200 cm^{-1} 的小峰，这些峰对应于中频声子模式（IFM）和光学-声学结合模式（iTOLA）。除了这些与平面石墨烯类似的模式外，碳纳米管的拉曼光谱还具有径向呼吸模式（RBMs），该模式对于单壁碳纳米管和双壁碳纳米管尤为显著。位于～1750 cm^{-1} 的 M 峰是 RBMs 和 G 峰的结合。

单壁碳纳米管和双壁碳纳米管的 RBMs 一般发生在～200 cm^{-1}，和碳纳米管的径向运动相关。碳纳米管的 RBMs 频率具有显著的管径依赖关系，因此可以有效地用于研究单壁碳纳米管和双壁碳纳米管的直径。

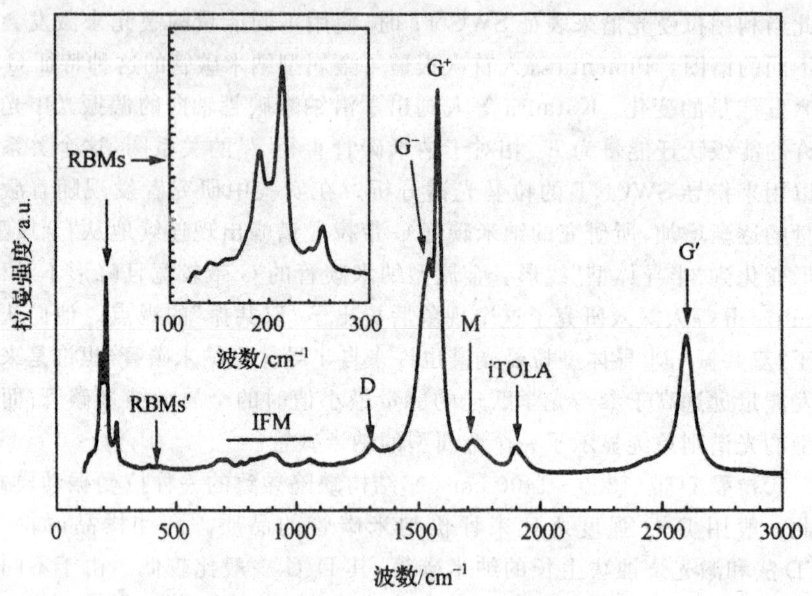

图 3-16 单壁碳纳米管的典型拉曼光谱图

D 峰与杂乱或缺陷的石墨结构有关，即石墨的长程有序和对称结构被破坏（如缺陷、非六元环等），因此往往可以利用该特征检验碳纳米管的质量。尽管如此，采用 D 峰和 G 峰的比例来研究碳纳米管的质量却仅当不同碳纳米管样品具有相似的结构（层数、直径等）和相似的测试条件时才能使用。这是因为该比例依赖于共振散射过程和激发能量。对于单壁碳纳米管，G 峰分裂为两个峰，即 G^- 峰和 G^+ 峰，这与圆周方向和轴向的原子取代有关。因此，本质上 G^- 峰取决于碳纳米管的直径，而 G^+ 则没有该特征。然而，如果存在掺杂物（如碱金属等），G^+ 峰会发生位移。

Gao 等人制备了海藻酸钠/四氧化三铁/碳纳米管复合材料，并对其进行了拉曼表征，如图 3-17 所示。从图 3-17 中可以明显地观察到 MWCNT 和 Fe_3O_4@CNT 的 D 带和 G 带的峰，1570 cm^{-1} 处为 G 带对应的碳纳米管中 sp^2 杂化的结晶碳的出峰，1350 cm^{-1} 处为 D 带对应的无序石墨、无定形碳或碳纳米管的管壁缺陷，在修饰了 Fe_3O_4 后，碳纳米管的 D 带和 G 带的比值从 1.1 增加到了 1.3，这是由 Fe_3O_4 纳米粒子的引入对碳纳米管的损坏造成的。Pan 等人分别制备了二氧化钛纳米粒子修饰的石墨烯（TiO_2 NPs/RGO）和二氧化钛纳米线修饰的石墨烯（TiO_2 NWs/RGO），并对该材料进行拉曼光谱表征，如图 3-18 所示。从图 3-18 中可以看到 TiO_2 NPs/RGO（GNP）和 TiO_2 NWs/RGO（GNW）都出现了石墨烯的 D 带（1340 cm^{-1}）和 G 带（1581 cm^{-1}）特征峰，在 2780 cm^{-1} 处的 2D 峰是一个对称的峰，而非石墨的双峰，这说明石墨烯成功剥落并且制成石墨烯复合材料；和二氧化钛纳米粒子(NP)、二氧化钛纳米线(NW)拉曼图相比，复合材料也出现了 TiO_2 的 E_g、B_{1g}、A_{1g}、B_{1g} 特征峰。Sun 等人使用硬模板法制备出介孔碳，再与还原氧化石墨烯(RGO)复合制出介孔碳/石墨烯复合材料(G@OMC)，对其拉曼表征结果如图 3-19 所示。介孔碳材料拉曼光谱包含石墨边缘缺陷的 D_1 带(1350 cm^{-1})、理想石墨的 G 带(1580 cm^{-1})和石墨表面缺陷的 D_2 带(1620 cm^{-1})；单纯介孔碳和 G@OMC 复合材料的拉曼光谱图都有 D_1 带和 G 带峰，OMC 的 G 带与 D_1 带比值(I_G/I_{D_1})为 1.13，而 G@OMC 复合材料的 I_G/I_{D_1} 为 1.24，说明复合材料具有优异的导电性和催化性。

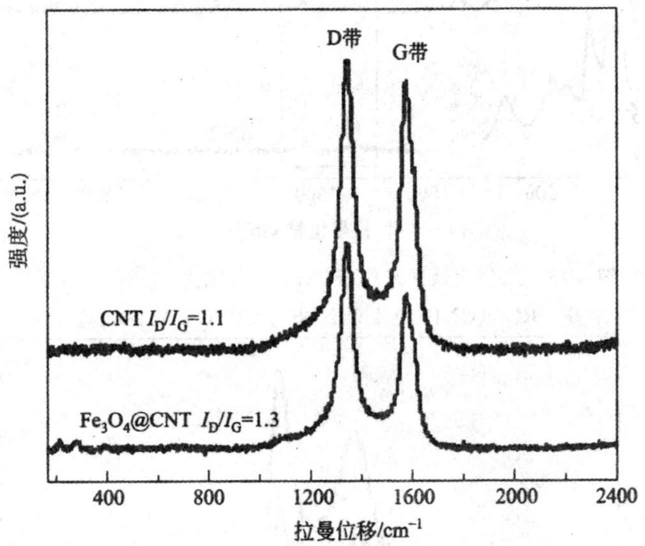

图 3-17　碳纳米管 Fe_3O_4@CNT 复合材料的拉曼光谱图

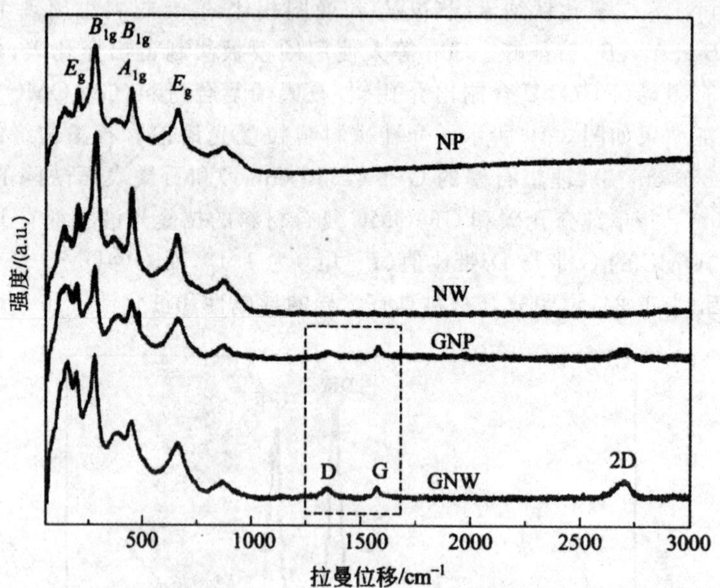

图 3-18　二氧化钛纳米粒子(NP)、二氧化钛纳米线(NW)、TiO_2 NPs/RGO(GNP)和 TiO_2 NWs/RGO(GNW)的拉曼光谱图

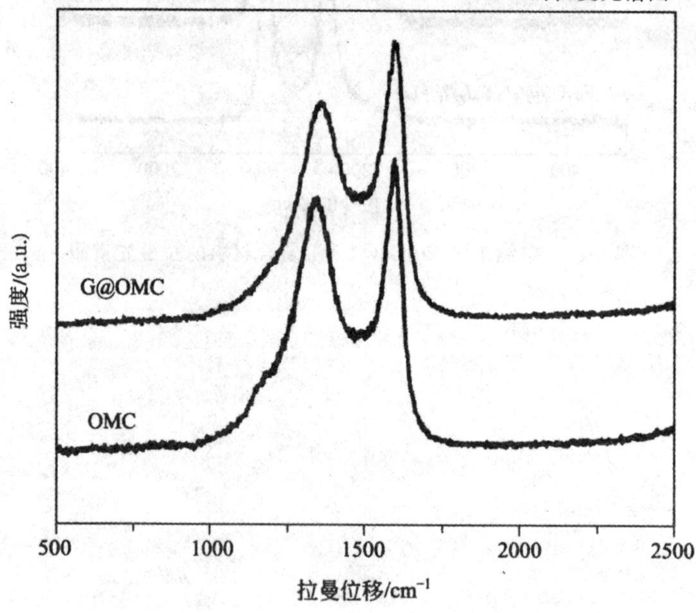

图 3-19　OMC 和 G@OMC 复合材料的拉曼光谱图

3.4　碳纳米材料的表面分析技术

碳纳米材料的物理和化学性能与其元素成分有着极为密切的关系，要对碳纳米材料的各种性能进行深入研究，首先要对其元素成分进行分析。此外，材料中的微量元素的改变就有可能导致材料性能上的巨大改变，例如，石墨烯中 C/O 元素的比值变化会带来材料溶解性、导电性等一系列的变化。另外，通过改变元素的含量（如元素掺杂、表面改性等方式）也为人们提供了一种调控材料性能的途径。因此，对于材料的制备、应用等研究而言，对其进行成分分析具有十分重要的意义。

3.4.1　X 射线光电子能谱基本原理

X 射线光电子能谱是基于光电原理的一种电子能谱技术。当具有一定能量的入射光子同样品中原子或分子等相互作用时，单个光子把它的全部能量转移给原子或分子中某个轨道上的一个束缚电子，其中一部分能量用来克服结合能（E_B），余下的部分构成了所发射出的光电子的动能（E_k），即 $E_k = h\nu - E_B - \varphi$（$h\nu$ 为激发光子的能量，φ 为功函），由于轨道上电子的能量是量子化的，因此各个轨道上发射光电子的动能是不连续的。可以通过能量分析器，将不同动能（E_k）的光电子分别计数 $N_{(E_k)}$，作 $N_{(E_k)}$-E_k 图，得到分立的谱峰，即为光电子能谱图。对于固体样品，由于光电子在固体内部无碰撞能量损失的平均自由程很短，因此所获得的信息仅仅来自表面，X 射线光电子能谱的采样深度一般小于 10 nm，表面灵敏度高，因此就成为表面分析的有力工具。

3.4.2　电子能谱测试过程

由于光电子能谱是一种表面技术，样品室处于高真空，具体的测试过程可分为以下几个阶段。

（1）准备阶段

利用仪器自身的预抽泵系统，并将大小合适的样品送入快速进样室。

（2）装样及进样阶段

关闭低真空阀，开启高真空阀，使快速进样室与分析室连通，把样品送到分析室内的样品架上，关闭高真空阀。

(3)仪器硬件调整

调整倾角和样品台位置,设定掠射角,调整真空度后,选择和启动 X 枪光源并调整至所需功率。

(4)仪器参数设置和数据采集和定性分析的参数设置

根据样品的性质设置扫面的能量范围、步长值、扫描时间等具体参数。

XPS 之所以成为材料研究中不可缺少的一种工具,是因为它具有如下一些综合的优点。

①XPS 所检测到的绝大部分信号来自材料表面不到 10 nm 的薄层,所以用 XPS 来研究材料的表面现象相对准确。

②XPS 可用来分析元素的化学价态,对于材料的定性分析尤其有用。

③XPS 可用于导体,也可用于非导体。

④XPS 可分析除 H 和 He 之外所有的元素。

⑤XPS 是一种无损的分析手段。

3.4.3 电子能谱表征应用

分子中各个原子的内层轨道在成键形成分子轨道时,基本保持了原子轨道的特征,因此 XPS 作为常规的元素定性分析非常有效,谱图简单,指纹特征很强。但是对于体相的检出极限较差(>0.1%),在纳米碳管材料的表征中,XPS 通常用来指认经过不同化学处理的纳米碳管表面上所带有的官能团,也就是进行化合态及化学结构的鉴定。尤其最常用的是碳的 C1s 的结合能,在不同官能团取代的环境下,会出现明显的结合能位移。

对于碳纳米材料的定性分析,首先可以做全谱扫描,检出全部或大部分元素。具体过程为:首先,鉴别出总是存在的元素的谱线,尤其是 C 和 O 的谱线;其次,可以鉴别出样品中主要元素的强谱线和有关的次强谱线;最后,再鉴别剩余的弱谱线。如图 3-20 所示,硫化锌棒和石墨烯-硫化锌棒的锌元素的光电子能谱峰,硫化锌 Zn $2p_{3/2}$ 和 Zn $2p_{1/2}$ 的电子结合能分别为 1021.28 eV 和 1044.28 eV,而形成石墨烯-硫化锌棒后,Zn $2p_{3/2}$ 和 Zn $2p_{1/2}$ 的电子结合能分别偏移到 1021.98 eV 和 1044.98 eV,显然与硫化锌棒相比,制备的复合催化剂中 Zn $2p_{3/2}$,Zn $2p_{1/2}$ 的电子结合能有所增大,这表明 Zn^{2+} 与石墨烯表面上的含氧中心存在相互作用。由于氧是一种高电负性元素,它能从石墨烯-硫化锌棒复合物中夺取电子,导致锌原子的电子结合能增大。Xue 等人利用一锅法合成氮掺杂的介孔碳搭载银纳米粒子复合材料,如图 3-21 所示。图 3-21(a)是 AgNPs/ N-OMC 的全谱,从图 3-21(a)中可以看到出现 C、N、Ag、O、Si、F 等元素的峰,其中的 C、N、Ag 可以归属于

AgNPs/N-OMC 中的 C 元素、N 元素和 Ag 元素的出峰，而氧和硅是利用硬质模板法合成材料时的洗脱残留，导致 Si 元素和 O 元素的出峰。图 3-21(c)是 AgNPs/N-OMC 中 Ag 元素的 XPS 图谱，其中的出峰的位置对应于 Ag 元素的 Ag $3d_{5/2}$(367.5 eV)和 Ag $3d_{3/2}$(373.8 eV)这两种键能。与 Ag $3d_{3/2}$所给出的信号相比，图 3-21(b)中反映了 AgNPs/N-OMC 中的 N 元素所给出的信号值比较弱，并分裂成两个峰，高强度的峰值集中在 400.1 eV 和低强度的峰值集中在 397.33 eV。因此，AgNPs/N-OMC 中石墨碳层内掺入的 N 是在碳层的边缘。

电子能谱也可应用于定量分析，其中大多以能谱中各峰强度的比率为基础，把所观测到的信号强度转变成元素的含量，即将谱峰面积转变成相应元素的含量。Zhou 等人研究了不同 MWCNTs 样品及二氧化硅/MWCNTs 杂化材料，在对材料的光电子能谱中可以观察到酸化碳纳米管在 284.4 eV 处有石墨 C 1s 峰，在 532.2 eV 处存在 O—H 中氧元素的峰，相对 O/C 原子比率大约为 0.110，如图 3-22 中 a 谱线所示。在 b 谱线中，在 PAA 接枝到酸化碳纳米管后，发现没有新峰的出现，但是相对 O/C 原子比率增加为 0.123。对比图 3-22 中的 c 和 b 谱线，有两个新峰出现，分别为 Si 2p 和 N 1s 的峰值。如 d 谱线所示，出现了 Si 2p、C 1s、N 1s 和 O 1s 的特征峰值。

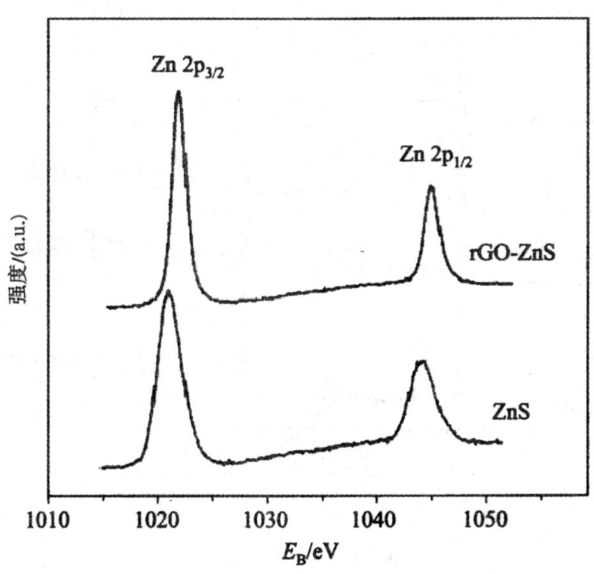

图 3-20 硫化锌和石墨烯-硫化锌棒的 Zn 2p 窄扫描谱图

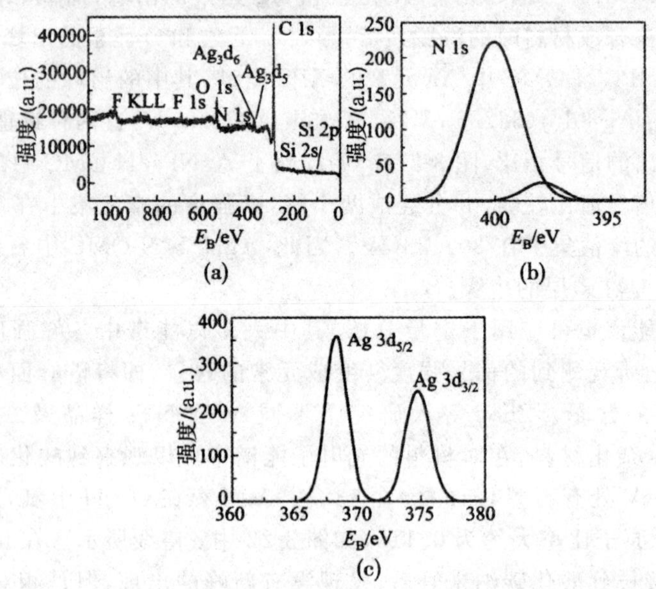

图 3-21　一锅法合成氮掺杂的介孔碳搭载银纳米粒子复合材料图谱
(a)AgNPs/N-OMC 的全谱;(b)AgNPs/N-OMC 中 N 元素的 XPS 图谱;
(c)AgNPs/N-OMC 中 Ag 元素的 XPS 图谱

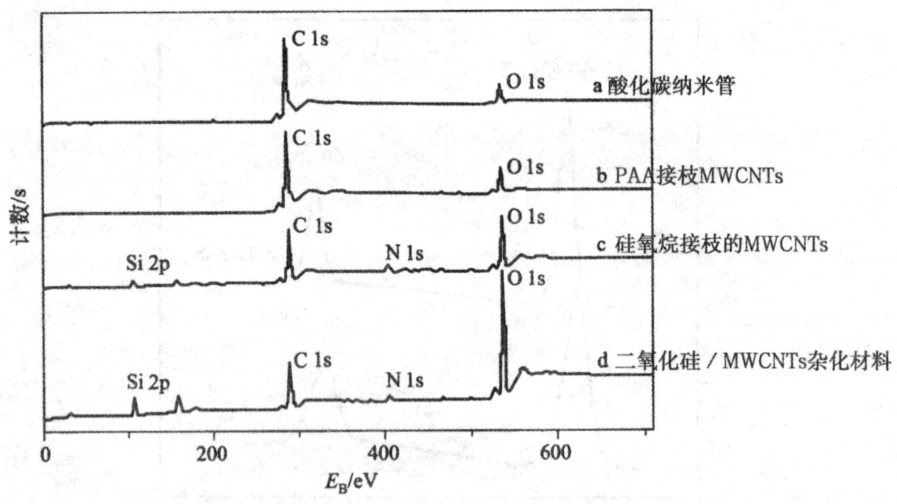

图 3-22　XPS 图谱

另外,XPS 也可以用来鉴定样品中的杂质种类及其所属状态,为下一步有针对性地去除杂质奠定基础,甚至对于纳米碳管的制备过程的认识也有帮助。例如，有研究者用 XPS 与拉曼光谱结合的方法来研究经过不同气氛（N_2、Ar 和 H_2）下热处理的 Fe_2O_3 上生长 SWCNT 的过程。他们通过 XPS 的表征发现，N_2 气氛下 Fe_2O_3 还原为 Fe，并且稳定性好，由此生长的 SWCNT 具有很窄的直径分布（为 0.8～1.1 nm）。

第4章　碳纳米材料的光电器件应用

新材料的应用往往会推动其他相关领域的快速发展,因此碳纳米功能材料在力学、磁学、光学、电学等领域的应用得到了极大关注,也取得了很大的进展。光电器件是在微电子技术的基础上发展起来的一种实现光与电之间互相转换的器件,这一类电子器件在广泛的社会生产实践中发挥出越来越大的作用。例如,在光伏发电、发光与照明、信息传输等领域都可以见到光电器件的身影。将碳纳米功能材料与光电器件相结合,有望突破目前光电器件的技术瓶颈,并为光电产业的发展带来强劲的驱动力。

4.1　碳纳米材料的场致发射

碳纳米管最早的应用之一就是将垂直排列的碳纳米管作为电子枪的场发射电子源。碳纳米管的这一应用推动了一系列科学上和工业上的探索热潮,包括真空电子元件、冷阴极、电子显微镜、场发射显示技术,以及医用X射线源等。事实上,任何需要电子源的设备都有潜力使用纳米管来制备电子器件。人们通过在纳米管的尖端施加足够高的电压来实现电子的场发射。碳纳米管具有细长但坚固的结构,同时也具有较高的热导和化学稳定性,这些都是一个场发射材料所需要的理想条件。此外,碳纳米管的另一个优点在于其较小的直径可以承受较高的场增强系数。碳纳米管可以通过化学气相沉积法垂直生长在一个导电的基底上,并通过刻蚀的方式制备成所需尺寸的场发射元件。通过在阳极(通常是位于碳纳米管上方一定距离的金属片)和阴极(碳纳米管导电基底)之间施加足够的电场(通常是在高真空条件下),就可以得到连续的电子发射。

材料的电子发射理论通常可以用 Fowler-Nordheim 隧穿机制或其衍生理论来解释。在常温下,电子是无法从材料表面逸出的,除非通过某种途径增加材料中的电子能量。例如,可以通过加热、光照、电子或离子轰击以及电场加速等途径,使其得到足够的能量克服材料的表面势垒,使电子发射到真空中。由于外加强电场使表面势垒高度降低、宽度变窄,削弱阻碍电子逸出力，因此电子穿透势垒的概率增加。由动力学原理可知，电子可以经材料的表面势垒逸出而形成发射电流，这种电子发射的隧道效应由图 4-1 表示。

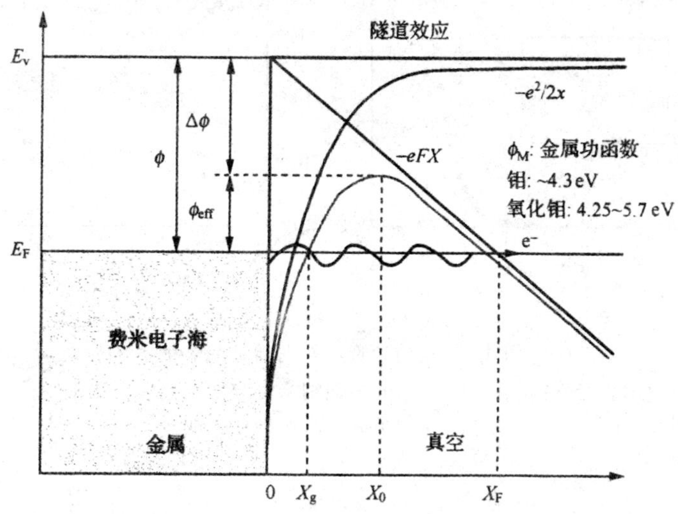

图 4-1 金属表面在加速场下势能的变化曲线

E_F—费米能级；E_v—价带顶；X_0—电势能极大值的位置即势垒峰离开表面的距离；X_g 与 X_F 为电子的总能小于势能的区域分界点；X_F 为势垒边界

Fowler 和 Nordheim 利用量子力学隧道效应概念推导出 Fowler-Nordheim 场发射方程，如式(4-1)所示。

$$J_0 = 1.54 \times 10^{-6}\,\frac{\varepsilon^2}{\varphi}\exp\left[-\frac{6.83 \times 10^7 \varphi^{\frac{3}{2}}}{\varepsilon}\theta\left(3.79 \times 10^{-4}\frac{\sqrt{\varepsilon}}{\varphi}\right)\right] \tag{4-1}$$

式中，J_0 为场发射电流密度（A/cm^2）；ϕ 为材料的表面逸出功（eV）；ε 为发射面的电场强度（V/cm）。且 $\varepsilon=\beta U$，U 为加速电压，β 为场增强因子，与发射体的形状和极间距离有关。由式(4-1)可知，降低材料表面逸出功或通过改变发射体形状可增大阴极表面的场增强因子，以此增大场发射电流密度。

最初人们猜测碳纳米管的电子发射过程与金属尖端的相应过程类似，现在这一假设已经被许多实验所证实。图 4-2(a)给出了一个高性能碳纳米管场发射器件的电流密度，其可以在低阈值电压 2 $V \cdot \mu m^{-1}$ 下实现 10 $mA \cdot cm^{-2}$ 的电流密度，并在不超过 3 $V \cdot \mu m^{-1}$ 的电场下实现大于 1 $A \cdot cm^{-2}$ 的电流密度，这一结果与传统场发射器件相比具有相当大的竞争力。图 4-2(d)给出了 Fowler-Nordheim 对数线性曲线，其直线性特性正是 Fowler-Nordheim 隧穿机制的特征。除了低阈值电场和高电流密度以外，长程电流稳定性也是实际电子发射器件的一个重要参数，在这一方面，碳纳米管也具有良好的表现。总之,以纳米管作为场发射器件已经展现出广阔的应用前景。

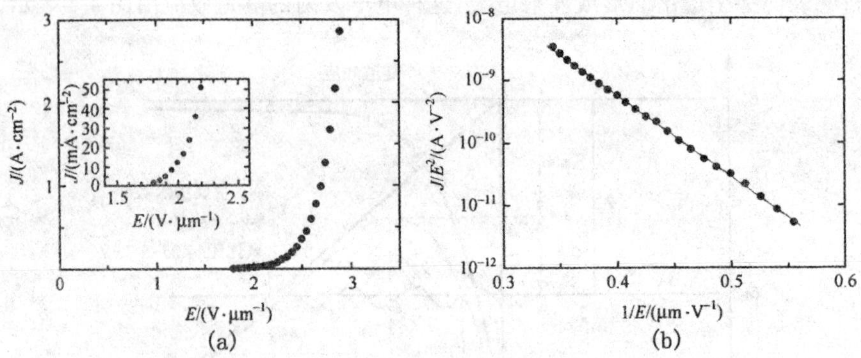

图 4-2　碳纳米管场发射器件的表征

(a)直径 50 μm、高度 70 μm 的碳纳米管束的场发射电流密度;

(b) Fowler-Nordheim 对数线性曲线

4.2　储氢、储锂碳纳米材料

科技高速发展的当今社会,人类面临的紧迫问题之一就是寻找石油的后续能源。最有希望替代石油燃料的便是氢气与甲烷。作为交通工具、生产生活的再生能源,二者皆比石油燃料更加清洁,且可以再生循环。1997 年,关于纳米碳管储氢的研究被首次报道,随后人们开始以极大的热情对碳纳米管的储氢行为进行了广泛而深入的研究。目前,公认的纳米碳管储氢的化学原理是基于超临界气体的物理吸附,碳纳米管对氢的吸附量受比表面积和吸附温度的制约。低比表面积不可能产生高的吸附量,常温下的吸附量必然比低温下的吸附量低。

Dillon 等人的开创性工作为将纳米管用于氢存储带来了一线曙光。对于储氢功能,单壁碳纳米管是一个十分吸引人的介质,因为其具有很小的质量和完全暴露于环境的原子结构,这也就意味着每一个碳原子都可以参与吸收氢原子。此外,其内部也可以作为氢原子的纳米容器。图 4-3 显示出氢原子存储于碳纳米管内壁和外壁的几种典型方式,纳米管通常会扩张来适应氢原子。人们将归一化的质量分数定义为储氢能力 CH 的度量标准:

$$C_H = \frac{\theta A_H}{\theta A_H + A_C}\text{(质量分数)}$$

其中,A_H 和 A_C 是氢和碳的原子质量(相对摩尔质量),分别为 1g 和 12g,θ 是氢原子和碳原子的比例。对于外壁吸附单层氢原子的情况,最大的吸附能力是 7.7%，通常写作 7.7%（质量分数），这一值的意义在于其超过了 U. S. DOE 的终极质量存储目标。事实上，实验室中已经实现了在室温条件下超过 7%（质量分数）的稳定存储能力。在理论上，纳米管内部稳定储氢的最大能量大约为 $\theta=2.0$，相当于 14.3%（质量分数）。这就意味着将单壁碳纳米管用于储氢应用具有光明的前景。然而，这一设想在实际系统中要满足 U. S. DOE 提出的体积容积要求还面临着严峻的挑战。正是这些未来道路上的广阔前景支持人们持续不断地研究下去。

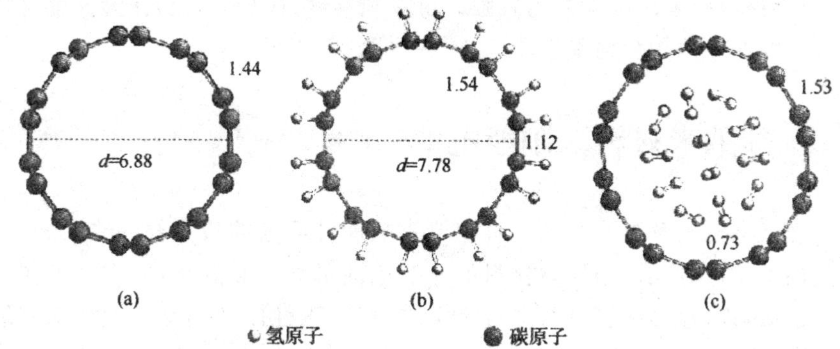

图 4-3　吸附在(5,5)单壁碳纳米管上的氢原子（键长和直径的单位为 Å）
(a)原始纯碳管；(b)氢原子吸附于碳管外表面($\theta=1$)；
(c)氢原子吸附于碳管内表面($\theta=1.2$)

与氢能相比，甲烷更有可能在短期内减轻石油需求的压力。降低甲烷的存储压力，不但增加了安全性，也同时降低了燃料成本，因此国内外学者一直未停止关于甲烷存储技术的研究。而碳纳米管和介孔炭在甲烷的存储等领域也有较为广泛的应用。

Qin 等人将碳纳米管作为氢镍电池的负极，对其在碱性溶液中的储氢容量进行了检测，储氢容量在 200 mA·h·g^{-1}时电容达到 200 mA·h·g^{-1}。Gao 等人将镍镁合金和碳纳米管进行混合球磨 60 min 后得到二者的复合材料，研究发现该复合材料储氢能力高于碳纳米管，储氢容量由 400 mA·h·g^{-1}提高到 480 mA·h·g^{-1}。Yin 等人将碳纳米管和银、铁、锡混合球磨，制备了纳米复合材料，并对该材料进行储锂容量试验，第二次循环时容量达到 530 mA·h·g^{-1}，该材料具有优良的稳定性，300 次循环后容量为 420 mA·h·g^{-1}。Matsuo 等人通过在金属镍板上沉积，得到氧化石墨烯，将该氧化石墨烯用作工作电极，对其进行的电化学储氢测试表明氧化石墨烯的放电容量达到了 52 mA·h·g^{-1}。此外，Matsuo 等人将含有醋酸铜的聚氧乙烯/氧化石墨复合材料进行热解处理，得到了含铜元素的无定形碳，该材料中铜的氧化物及铜单质的尺寸均小于 30 nm，因而使得制备出的复合物对电化学储氢的催化活性较高。石墨烯片之间松散无序，有利于 Li^+ 的插入石墨烯片层之间，Li^+ 则储存在片层两面，形成 Li_2C_6 结构，理论容量为 744 mA · h · g^{-1}。Wang 等人利用三元有序自组装技术，表面活性剂作为分子模板，在石墨烯表面定向生长了纳米粒子，制备了纳米金属氧化物与石墨烯交替堆叠的氧化锡/石墨烯复合材料，该复合电极的比电容接近理论能量密度达到 760 mA · h · g^{-1}，在 120 个循环后容量损失较少。Thomas 等人制备了镍掺杂的活性介孔碳，并对该材料的电化学储氢性能进行了研究，相比纯的介孔碳，复合材料对氢的吸附能力较强。可以观察到，该复合材料作为储锂材料有较好的循环性能和倍率性能。

4.3 碳纳米材料太阳能电池

光伏电池是解决当今世界日益严重的能源问题的最重要的途径之一。传统的基于硅等无机半导体材料的光伏电池虽然已商品化，但生产工艺复杂、成本过高，加之无机材料具有不可降解性、毒性以及不易柔性加工等缺陷，使其应用受到了很大的限制。有机光伏（OPV）电池以其成本低、加工性能好、材料结构可控、质轻、性柔、可大面积成膜等优点受到人们的青睐。有机光伏电池的研究在近十几年中迅猛发展，到目前为止，已经取得了巨大的进展，光电转化率达 8%以上，已非常接近实用化目标。透明电极是有机光伏电池的重要组成部分，常规 ITO 透明电极成本较高、质脆，不适宜用于柔性器件制备，与有机光伏电池低成本、柔性的发展思路相悖。寻找可替代 ITO 的适合有机光伏电池发展方向的透明电极十分必要。如前所述，石墨烯以其优良的性能引起人们的广泛关注，基于石墨烯的透明电极研究已经成为光电材料领域研究的一大热点。接下来，我们将介绍基于石墨烯透明电极的有机光伏电池的研究进展。

基于溶液处理的氧化石墨烯还原制备的透明电极，具有操作简便、成本低等优点。笔者研究组利用氧化石墨烯水溶液，通过溶液旋涂的方法，制备基于氧化石墨烯的薄膜，然后采用水合肼蒸气还原与热还原相结合的方法恢复石墨烯的导电性，得到透光性为 69%（550 nm 处）、电导率为 22.3 S · cm^{-1} 的透明电极。如图 4-4(a)和图 4-4(b)所示，将该电极取代 ITO，以 P3HT 和 PCBM 共混物为活性层制备本体异质结构有机太阳能电池，器件结构为石墨烯/PEDOT:PSS/P3HT:PCBM/LiF/Al。在 AM 1.5 G，100 mW · cm^{-2} 模拟太阳光条件下，测得器件最佳结果为短路电流（J_{sc}）1.18 mA · cm^{-2}，开路电压（V_{oc}）为 0.46 V，填充因子（FF）为 0.25，光电转化效率(PCE)为 0.13%。低的效率主要是由于石墨烯膜较低的导电性与石墨烯膜的疏水性,因为疏水性很难得到均匀的 PEDOT:PSS 层,从而影响活性层的形貌。

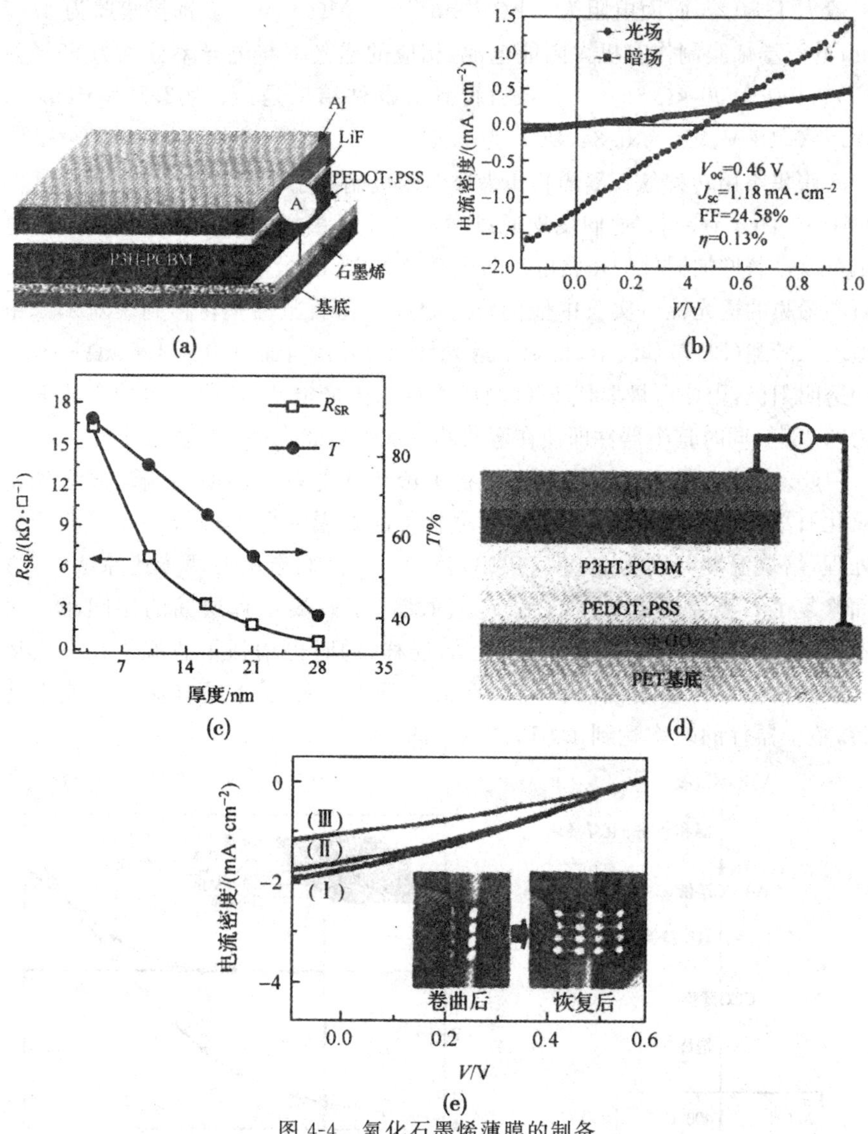

图 4-4 氧化石墨烯薄膜的制备

(a)基于溶液处理的氧化石墨烯还原透明电极的有机太阳能电池器件结构图;(b)器件电流电压曲线;(c)不同厚度的氧化石墨烯还原后电极的面电阻和透光性;(d)基于柔性基底石墨烯透明电极的器件结构示意图;(e)弯曲实验后器件的电流电压曲线

类似地，Wu 等人用还原的氧化石墨烯膜作为有机双层小分子太阳能电池的透明电极。石墨烯透明电极通过真空焙烧或结合水合肼处理于氩气条件下 400℃焙烧氧化石墨烯膜得到。石墨烯薄膜厚度小于 20 nm，透光性一般大于 80%，而面电阻为 5 $k\Omega \cdot cm^{-1}$～1 $M\Omega \cdot cm^{-1}$。选择膜厚为 4～7 nm 的石墨烯膜制作有机太阳能电池，相应的透光率与电导率分别为 95%～98%，100～500 $k\Omega \cdot cm^{-1}$。最后得到的器件结果是：J_{sc} 为 2.1 $A \cdot cm^{-1}$，V_{oc} 为 0.48 V，FF 为 0.34，PCE 为 0.4%。

张华组用转移的石墨烯膜作为透明阳极制备了柔性有机太阳能电池[图 4-4(c)～图 4-4(e)]。他们发现通过增加还原石墨烯膜厚度来降低膜的面电阻可以显著增加器件的短路电流乃至整体的 PCE，虽然这种处理方法会降低石墨烯膜的透光性。实验中他们将还原的氧化石墨烯膜转移到聚对苯二甲酸乙二醇酯(PET)基底上，得到了透光性为 55%，而面电阻为 1.6 $k\Omega \cdot cm^{-1}$ 的透明阳极，用该电极取代 ITO 制成柔性太阳能电池，最终测得的电池 PCE 为 0.78%，同时整个器件即使在弯曲的情况下也能保持极佳的稳定性。

Geng 等人采用两步还原法制备了透明导电石墨烯薄膜。该方法先将氧化石墨烯水溶液进行还原，然后对制备的石墨烯薄膜进行不同温度焙烧处理，焙烧温度分别为 200℃、400℃、800℃。他们指出该两步还原法，一方面修复了石墨烯的 sp^2 结构，另一方面减小了石墨烯片层间的层间距。这不仅增强了载流子在石墨烯片层上的迁移，同时也增强了载流子在石墨烯片层间的迁移。而用该法得到的石墨烯透明电极制作成有机太阳能电池后，整个器件的效率达到 1.01%左右(图 4-5)。

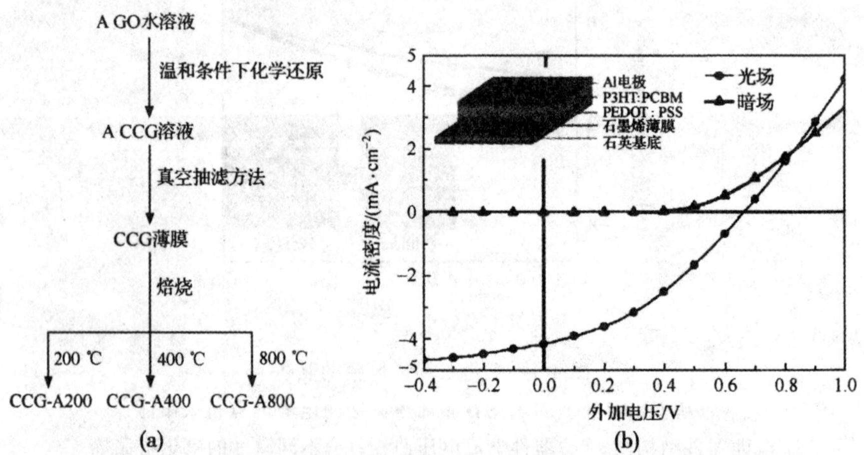

图 4-5　石墨烯透明电极的制备及其有机光伏器件电流电压曲线

(a)两步法制备石墨烯透明电极示意图；(b)基于氧化石墨烯还原透明电极的有机光伏器件电流电压曲线(插图为器件结构示意图)

较高的面电阻是限制基于石墨烯光伏器件性能的一个重要因素。Yang 等人利用上述碳纳米管掺杂的石墨烯作为透明电极制备了基于 P3HT:PCBM 活性层的有机光伏器件，如图 4-6 所示，得到的器件 PCE 为 0.85%，J_{sc}为 3.47 mA · cm^{-2}，V_{oc}为 0.58 V，FF 为 0.42。他们认为较低的短路电流和填充因子是由于活性层和聚合物间较差的接触引起的。

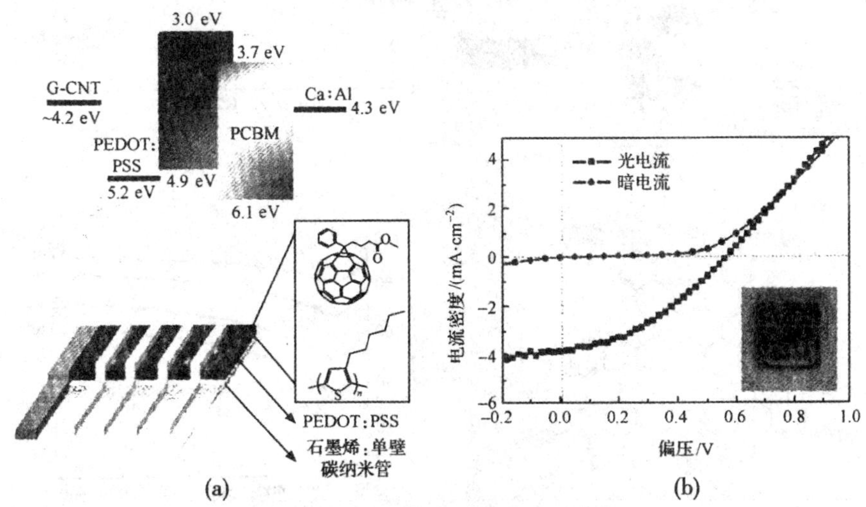

图 4-6　光伏器件及其电流电压曲线

(a)基于碳纳米管-石墨烯复合物透明电极的光伏器件能级及结构示意图；(b)器件的电流电压曲线

Su 等人报道了使用大型的芳香共轭化合物芘-1-磺酸的钠盐(PyS)和 3,4,9,10-苝酰亚胺(PDI)与氧化石墨烯复合，然后还原制备透明电极并将其应用于有机光伏器件。如图 4-7(a)所示，使用 PyS 和 PDI 共混修饰处理后的氧化石墨烯在还原后也能很好地分散在水溶液中，而且使用这种类似修复的复合方法制备的透明电极较没有复合的透明电极在同样的还原处理条件下导电性近乎提高了 1 倍。基于氧化石墨烯-PyS 复合还原后的透明电极制备的基于 P3HT:PCBM 活性层的有机太阳能光伏器件电池效率达到 1.12%，而使用没有复合的氧化石墨烯还原后透明电极制备的光伏器件电池效率为 0.78%[图 4-7(b)]。

Wang 等人报道了一种“自下而上”的方法制备石墨烯透明电极。如图 4-7(c)所示，该方法制备出的石墨烯透明导电膜的厚度分别为 4 nm、12 nm、22 nm 和 30 nm，相应的透光性如图 4-7(d)所示。用上述石墨烯透明导电膜作电极，制备出以 P3HT:PCBM 为活性层的本体异质结太阳能电池，单色光的波长在 510 nm 以下，太阳能电池的 PCE 为 1.53%，这与 ITO 基电池(1.5%)几乎相同。然而，模拟太阳能光照下，PCE 为 0.29%，低于 ITO 基电池(1.17%)。

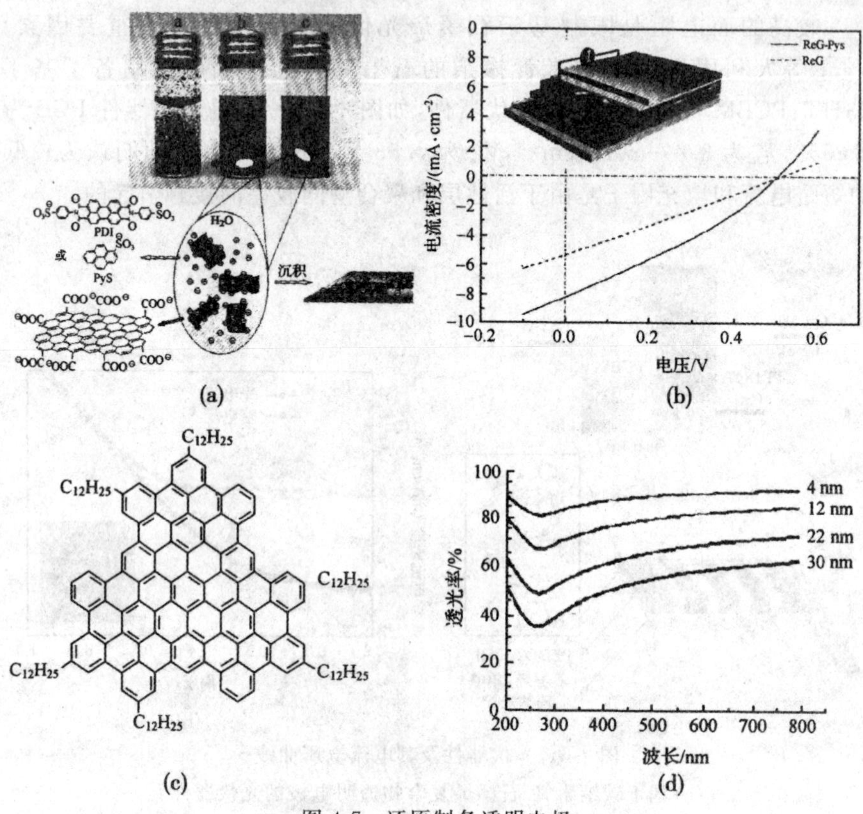

图 4-7 还原制备透明电极

(a)氧化石墨烯和 PyS、PDI 复合后的氧化石墨烯还原后在水中的分散示意图;(b)基于还原后氧化石墨(ReG)和复合 PyS 的氧化石墨烯还原后透明电极的有机光伏器件,J-V 曲线(插图是太阳能电池的示意图);(c)"自下而上"方法合成的石墨烯分子 TGFs 的结构;(d)不同厚度 TGFs 的透光性

如前所述,相对于氧化石墨烯还原法,CVD 方法可获得较高质量的石墨烯透明导电薄膜。基于 CVD 制备的石墨烯透明电极在有机光伏器件中的应用引起越来越多的关注。Wang 等人用 CVD 制备出了大片的石墨烯膜,并用该膜为透明电极制作有机太阳能电池(图 4-8)。制备出的石墨烯膜厚为 6～30 nm,平均面电阻为 1350～210 Ω·cm^{-1},而对应的透光性为 91%～72%,然后用最佳的石墨烯膜作电极制成太阳能电池,J_{sc} 为 2.39 A·cm^{-2},V_{oc} 为 0.32 V,FF 为 0.27,PCE 为 0.21%。考虑到太阳能电池的低效率主要是由于石墨烯膜的疏水性,使 PEDOT: PSS 层难以在石墨烯膜上形成均匀的膜,因此可以通过 UV 光处理石墨烯膜来提高它的浸润性,从而使光电转化效率提高到 0.74%。效率没有得到大幅度提升的主要原因是 UV 处理石墨烯薄膜表面,虽然增加了 PEDOT:PSS 在其表面的浸润性,但同时也

破坏了石墨烯的本征结构，使其导电性下降。值得注意的是，他们在石墨烯表面修饰了一层 PBASE 后，器件的效率有了大幅度的提高，得到了 1.71% 的光电转化效率，作为对比的 ITO 的光电转化效率为 3.10%。

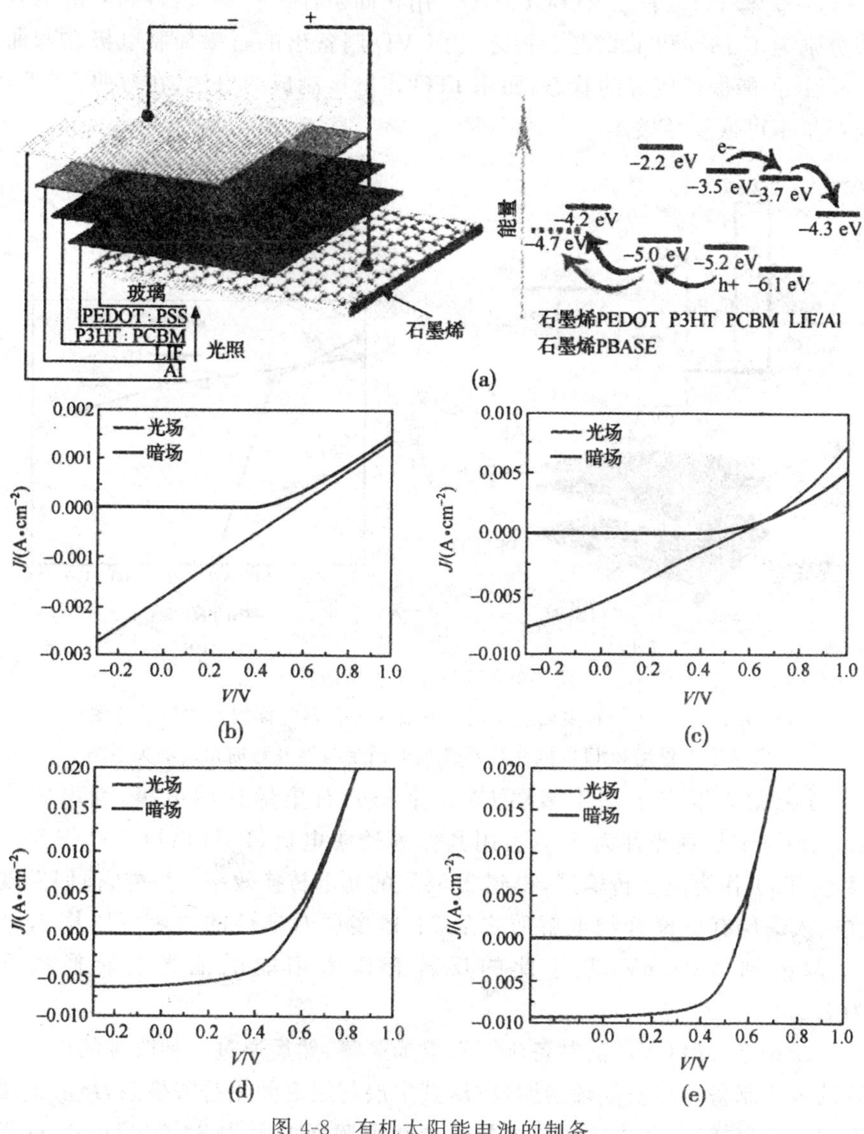

图 4-8　有机太阳能电池的制备

(a)基于石墨烯透明电极的器件结构以及能级示意图；(b)基于石墨烯透明电极光伏器件的 J-V 曲线；(c)基于 UV 光处理后石墨烯透明电极光伏器件的 J-V 曲线；(d)基于 PBASE 修饰的石墨烯透明电极的光伏器件的 J-V 曲线；(e)作为对比的基于 ITO 的光伏器件的 J-V 曲线

Acro 等人用 CVD 制备出了面电阻为 230 Ω·cm^{-1},550 nm 波长处透光性为 72%的石墨烯膜(图 4-9)。用该法制备的石墨烯膜和 ITO 分别作太阳能电池的阳极,器件结构为 PEDOT:PSS/酞菁铜(CuPc)/C_{60}/2,9-二甲基-4,7-联苯-1,10-邻二氮(BCP)/Al。用相同条件进行测试,得到的电池效率分别为 1.18%和 1.27%。但是,用 CVD 制备出的石墨烯膜电极在弯曲 138°后,仍能保持较好的状态,而用 ITO 作电极制成的电池,在弯曲 60°后,便产生不可恢复性破坏。

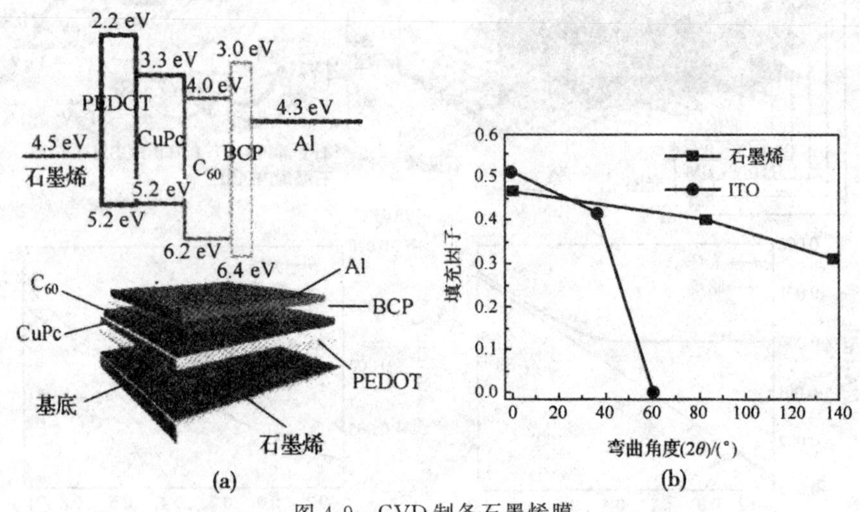

图 4-9 CVD 制备石墨烯膜

(a)基于 CVD 生长石墨烯透明电极的有机光伏器件能级及结构示意图;

(b)基于石墨烯和 ITO 的光伏器件填充因子与器件弯曲角度的关系图

Lee 等人报道了基于多层 CVD 生长的石墨烯透明电极,面电阻为 606 Ω·cm^{-1},透光性为 72%。用其作为透明电极,P3HT:PCBM 作为活性层,TiO_x 作为电子传输层,得到 2.58%的光电转换效率。另外,他们发现在引入一层有机聚合物电解质之后,上述多层石墨烯的功函可以从 4.58 eV 调整到 4.25 eV,基于此的反转有机太阳能电池光电转换效率为 2.23%。

Loh 等人用 CVD 法制备出了石墨烯薄膜,然后通过一种改进的层层转移的方法制备多层石墨烯透明电极,其中层与层之间用盐酸掺杂,最后上层石墨用硝酸掺杂,其中 4 层厚度的石墨烯薄膜面电阻为 80 Ω·cm^{-1},透光性为 90%。在石墨烯透明电极上蒸镀一层 20 nm 厚的 MoO_3,不仅可以改善石墨烯的功函,而且可以提高 PDEOT:PSS 在石墨烯层上的成膜性。器件结构为石墨烯/ MoO_3/P3HT:PCBM/LiF/Al,电池光电转化效率达到 2.5%,而同样条件下基于 ITO 的器件效率为 3%。这一结果显示,基于 CVD

石墨烯透明电极的有机光伏器件具有与基于ITO的光伏器件相当的效率。

Kong等人报道了使用$AuCl_3$掺杂CVD生长的石墨烯薄膜，不仅可以改善石墨烯表面与PEDOT:PSS间的浸润性，使之在石墨烯表面形成均匀薄膜，而且有助于提高石墨烯薄膜的导电性并改变其功函，使之更适合于有机光伏器件。基于结构石墨烯/PEDOT:PSS/CuPc/C_{60}/BCP/Ag有机光伏器件光电转换效率达到1.63%，而同样条件下基于ITO的器件效率为1.77%。

石墨烯透明导电膜作为有机太阳能电池阳极的研究已经取得了较大的进展，但是仍有很多需要改进的地方：①透光性和导电性的平衡，到目前为止，高的面电阻仍然严重影响太阳能电池的效率，而高的面电阻主要是由石墨烯膜的缺陷造成的，因此应该在不牺牲石墨烯膜透光性的前提下，采用各种方法尽可能地恢复石墨烯的本征结构，提高石墨烯膜的导电性。②石墨烯膜的疏水性，石墨烯膜的疏水性导致很难在其表面形成均匀的PEDOT:PSS空穴传输层，因而需要对石墨烯膜的表面进行改性，以提高其表面的亲水性。③低成本、大规模制备石墨烯膜，最简便的大规模制备方法是工业上常用的卷对卷方法，而该法只适用于液态物质处理，因而只能用水溶性或者可有机分散的石墨烯做原料，所以仍需进一步改善条件，以使石墨烯适用于这种大规模制备透明导电膜的方法。

4.4 碳纳米材料在燃料电池中的应用

燃料电池最早由英国科学家于1839年报道，随着能源与环境问题日益严峻，燃料电池清洁、高效以及可靠的能量转化特点使其脱颖而出，受到了研究者的极大关注。燃料电池的种类相当丰富，大多碳纳米材料具有独特的性能，如高比表面积、快速电子传递能力以及良好的化学稳定性等，都非常适合于开发新型高效的电极材料，以提高电池的性能。碳纳米管由于其独特的电子结构和丰富的离域π电子赋予了CNT显著的电子传导特性，且电阻很小，这些都为其作为燃料电池电极材料奠定了基础。例如，CNT可用来催化氧还原反应（oxygen re-duction reaction，ORR），在碱性溶液中可以使得ORR向着四电子转移方向反应，Li等人采用高纯石墨电弧放电法制备出多壁碳纳米管作为载体，利用调变的乙二醇法制备出均匀高分散的Pt/CNT阴极催化剂，燃料电池性能比以XC-72为载体的催化剂的电池性能提高了43%。石墨烯作为一种新型的碳材料，有着较高的比表面积和特异的电子传导能力，因此有望作为金属催化剂的载体应用于燃料电池领域。Li等人也制得了Pt/Graphene纳米复合物，用于催化甲醇氧化反应时也表现出了优异的电催化活性。同样地，介孔碳及其复合材料也可以作为燃料电池的新型电极材料。Wang 等人通过在 SBA-15 孔道中原位沉积 Pt 及葡萄糖聚合反应，将微孔碳膜包裹 Pt 纳米颗粒均匀分散在 OMC 材料中，该纳米尺寸的复合材料对甲醇-O_2电还原反应表现出了优异的催化活性。

除此之外，碳凝胶、碳纳米纤维（GNF）和碳纳米盘（CNC）等也是研究得较多的一类新型碳材料。相对于传统而经典的炭黑材料，这些材料也有一定的应用。碳凝胶是一种具有可控孔结构的新型碳材料，有许多优异的特性。如曲折的开环结构、超细粒子和孔尺寸、高比表面积（400～1000 $m \cdot g^{-1}$）和良好的导电性。这些特性使得它也可作为催化剂载体。Du 等人发现以碳气凝胶为载体的 DMFC 阳极催化剂，具有比商品催化剂更好的甲醇扩散性能。Bessel 等人用浸渍法制备了不同形貌的碳纳米纤维负载 Pt 催化剂。在半池反应中，5％Pt 负载量的该催化剂与 VulcanXC-72 负载 30％Pt 的催化剂的甲醇氧化活性相当。

4.5　碳纳米材料在有机发光二极管的应用

有机发光二极管（OLED）是一种在电场驱动下，通过载流子注入和复合导致有机材料发光的显示器件。与其他显示和照明技术相比，有机发光二极管具有成本低、全固态、主动发光、光度效率高、对比度高、视角宽、响应速度快、超轻薄、低电压直流驱动、功耗低、工作温度范围宽、抗震能力强、易实现大尺寸和柔屏显示等一系列的优点，目前已经在显示、照明、通信、传感器等众多领域得到了广泛应用。随着 OLED 的大量应用，对透明电极的商业需求也在不断攀升。和有机光伏器件一样，目前使用最多的还是基于 ITO 的透明电极，发展可替代 ITO 的透明电极不仅具有较大的研究意义，还具有十分重要的商业应用价值。基于石墨烯透明电极的 OLED 研究也引起了较大的关注，下面介绍此方面的一些重要研究进展。

斯坦福大学 Bao 研究组利用氧化石墨烯水溶液，通过溶液旋涂的方法，制备基于氧化石墨烯的薄膜，然后利用高温热还原的方法恢复石墨烯的导电性，得到透光性为 82％（550 nm 处），面电阻约 800 $\Omega \cdot cm^{-1}$，厚度约 7 nm 的透明电极。以上述石墨烯透明电极制备结构为石墨烯/PEDOT/NPD/Alq_3/LiF/Al 的 OLED，并与使用 ITO 的器件进行比较。如图 4-10(a)所示，在小于 10 $mA \cdot cm^{-2}$的电流密度下，使用石墨烯透明电极的器件与使用 ITO 的器件具有相当的发光强度。当电流密度大于 10 $mA \cdot cm^{-2}$时，由于石墨烯较高的面电阻，导致发光强度较使用 ITO 器件减弱。如图4-10(b)所示，尽管具有较高的面电阻和不同的功函，使用石墨烯的 LED 器件的外量子效率（EQE）和光功率效率（LPE）只是稍低于使用 ITO 的器件。以上结果显示了石墨烯作为透明电极在 OLED 器件中具有很好的应用前景。

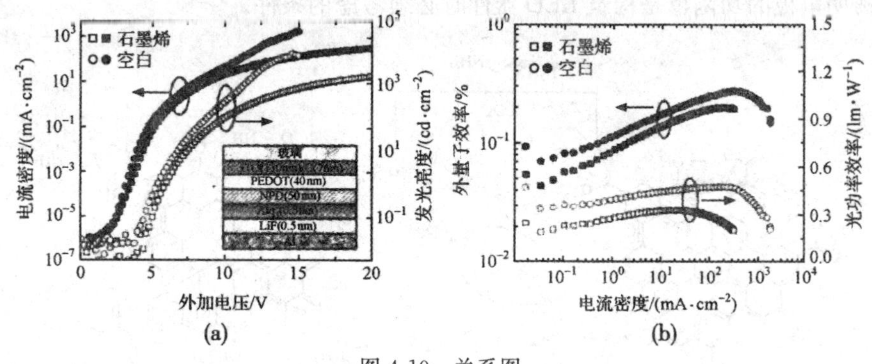

图 4-10　关系图

(a)基于石墨烯和 ITO 透明电极的 LED 器件的电流密度和发光亮度与电压关系图，器件结构为阳极/PEDOT:PSS/NPD(50 nm)/Alq_3(50 nm)/LiF/Al；(b)基于石墨烯和 ITO 透明电极的 LED 器件的外量子效率和光功率效率与电流密度关系图

除了可以利用旋涂的方法制备氧化石墨烯薄膜，还原得到透明导电膜，还可以通过层-层自组装的方法制备氧化石墨烯片，然后还原制备透明电极。Lee 等人报道了这样一种方法，如图 4-11 所示，氧化石墨烯与乙二胺通过 EDC 缩合得到正电荷的功能化氧化石墨烯，与负电荷氧化石墨层-层组装可以得到层数可控的氧化石墨烯片。在 H_2 气氛下，1000℃还原，通过自组装层数不同可以得到不同透光率和方阻的薄膜。使用上述还原后的导电膜制备结构为 r-GO/PEDOT:PSS/MEH-PPV/Ba/Al 的 LED 器件，在 18 V 时发光亮度约 70 $cd \cdot m^{-2}$，且亮度随电压增大而增大，最大光度效率 0.10 $cd \cdot A^{-1}$。而使用 ITO 的相同器件 6 V 时发光亮度约 7800 $cd \cdot m^{-2}$，最大光度效率 0.38 $cd \cdot A^{-1}$。较高的面电阻是造成基于石墨烯透明电极 LED 器件效率不高的主要原因。

Hwang 等人报道了以 N-掺杂的还原氧化石墨烯作为透明电极，制备反转的聚合物发光二极管(iPLED)。首先在玻璃基底上旋涂一层氧化石墨烯，然后用水合肼蒸气还原，最后在 H_2/NH_3 混合气下 750℃焙烧，得到的 N-掺杂的石墨烯透明电极透光性为 80%(550 nm 处)，面电阻约 300 $\Omega \cdot cm^{-1}$。利用该石墨烯透明电极制备的反转 PLED 器件作为对比，他们还制备了 FTO 和未掺杂的还原氧化石墨烯作为透明电极的相同器件，他们认为 N-掺杂后，石墨烯透明电极的功函进一步降低，同时导电性提高，有利于降低载流子的注入势垒，从而使得器件性能得到提高。器件参数见表 4-1，从表 4-1 可以看出，基于 N-掺杂石墨烯透明电极的器件具有较低的启动电压以及与基于 FTO 透明电极器件相当的光度效率和发光亮度，而且所有器件参数均比未掺杂石墨烯的透明电极高。可见在保证透光性的前提下，除了面电阻需要降低，石墨烯透明电极的功函也是构筑 LED 器件时必须考虑的条件。

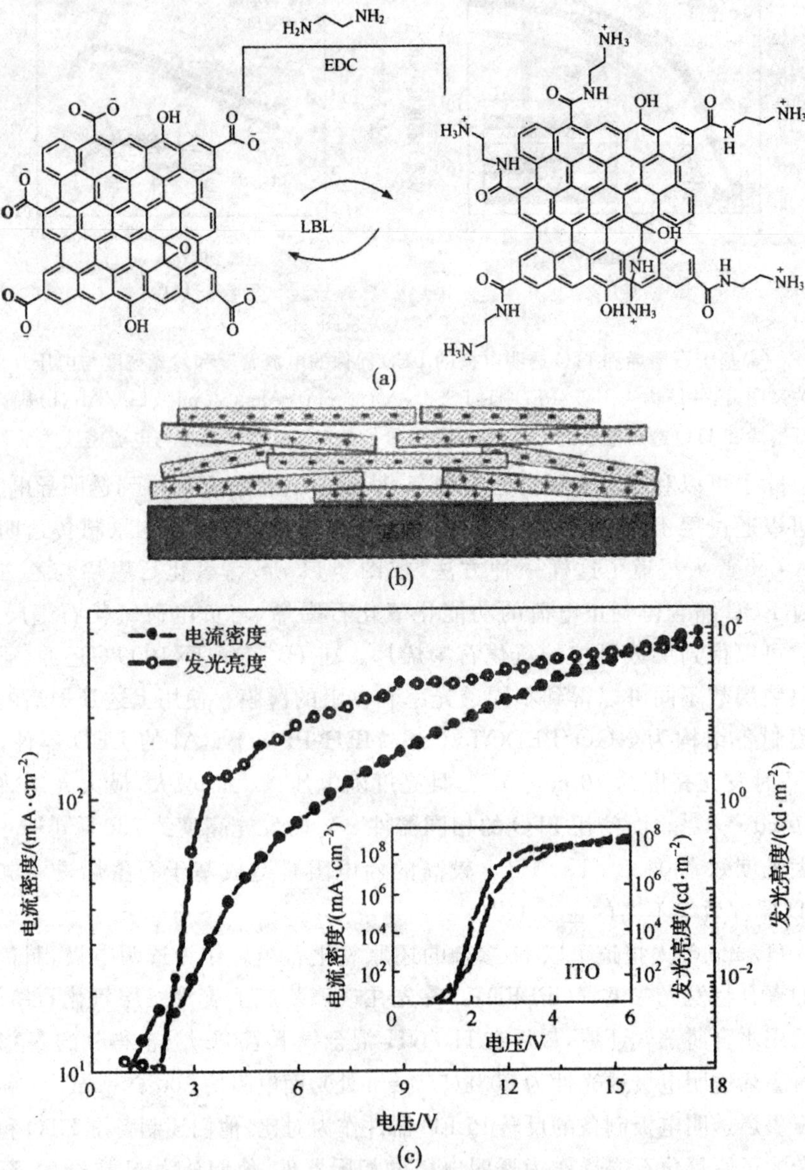

图 4-11　层-层自组装法制备氧化石墨烯片

(a)层-层自组装方法制备多层石墨烯薄膜示意图；(b)效果图；

(c)基于石墨烯透明电极的 OLED 器件电流密度-电压-发光亮度曲线

(插图为基于 ITO 的相同器件)

表 4-1　基于 FTO、还原石墨烯以及 N-掺杂的还原石墨烯透明电极的 LED 器件参数

器件结构	最大光度亮度 /($cd \cdot m^{-2}$)（偏压）	最大光度效率 /($cd \cdot A^{-1}$)（偏压）	最大光功效率 /($lm \cdot W^{-1}$)（偏压）	开关电压 /V
FTO/ZnO/Cs_2CO_3/F8BT/MoO_3/Au	84540(10.8 V)	5.2(10.6 V)	2.26(10.6V)	5.2
还原石墨烯/ZnO/Cs_2CO_3/F8BT/MoO_3/Au	7620(34.0 V)	4.0(32.8 V)	0.4(28.8 V)	8.2
N-掺杂还原石墨烯/ZnO/Cs_2CO_3/F8BT/MoO_3/Au	19020(27.0 V)	7.0(24.2 V)	0.9(23.0 V)	4.8

透光性、导电性和功函是石墨烯电极在光电器件应用中必须综合考虑的因素。Han 等人最近报道了基于 CVD 生长的石墨烯透明电极柔性 LED 器件。为了提高导电性，他首先采用硝酸或 $AuCl_3$ 对石墨电极进行掺杂，使其表面电阻达到 30 $\Omega \cdot cm^{-1}$，然后采用 PEDOT:PSS 和全氟离子聚合物(PFI)、全氟磺酸(Nation)共混物修饰石墨烯透明电极，使其表面功函达到 5.95 eV，从而利于空穴的注入。首先，将 CVD 生长的石墨烯转移到柔性的 PET 基底；其次，通过氧等离子体刻蚀出图案；最后，旋涂或蒸镀有机层以及金属电极。他们制备了一系列 LED 器件，使用石墨烯透明电极的荧光 OLED 光功率效率为 37.2 $lm \cdot W^{-1}$，磷光 LED 光功率效率为 102.7 $lm \cdot W^{-1}$，而相应地使用 ITO 的器件光功率效率分别为 24 $lm \cdot W^{-1}$ 和 85.6 $lm \cdot W^{-1}$。他们还制备了基于石墨烯透明电极的白光器件，其启动电压和使用 ITO 的器件相当，而电流效率大于使用 ITO 的器件。弯曲实验显示，使用石墨烯透明电极的器件在弯曲 1000 次后，器件效率几乎未发生改变，而使用 ITO 的器件在弯曲 800 次后即完全损坏。

以上结果表明，石墨烯作为透明电极在 OLED 中具有极大的发展潜力和应用前景。通过进一步条件优化，综合考虑透光性、导电性以及功函等对器件的影响，相信石墨烯透明电极一定会在 LED 器件中取得较大的发展乃至最终实现商品化应用。

第5章　富勒烯的应用研究

富勒烯由于其奇特且新颖的结构，具有非常优异的物理化学特性。例如，掺杂的富勒烯具有超导特性，其导电性比常用的导线材料铜强，但是质量只有铜的1/6，是非常有潜力的导电材料。除此之外，富勒烯的硬度比金刚石强，延展性达到钢的数百倍，这些优异的机械性能是富勒烯广泛应用的基础。富勒烯优异的电磁学性能、光学性能等使其在信息、能源等领域有着巨大的应用前景。以信息产业为例，当硅半导体材料在电子器件等领域的发展受到尺寸和量子效应的限制时，纳米器件概念应运而生。富勒烯本身属于零维碳纳米材料，其独特的性能使其在纳米器件领域有巨大的应用潜力。目前，很多研究聚焦于富勒烯的理化性质的改善以及富勒烯表面修饰，对富勒烯的电子结构和电子传输方面的研究无疑加速了富勒烯的应用。富勒烯在材料、化学、超导与半导体物理、生物等学科和激光防护、催化剂、燃料、润滑剂、合成、化妆品、量子计算机等工程领域具有重要的研究价值和应用前景。

5.1　富勒烯的生物传感应用

5.1.1　对人体免疫缺陷病毒酶(HIVP)和细菌的抑制

由于C_{60}及其衍生物中C_{60}的部分主要是疏水性的，因而C_{60}和人体免疫缺陷病毒酶活性部位存在着一个强的疏水相互作用。这种相互作用使得C_{60}衍生物成为HIVP的抑制剂。动力学分析也支持了HIVP和C_{60}衍生物结合的驱动力是病毒酶中非极性活性表面和C_{60}表面的疏水相互作用。此外，通过引入独特的静电相互作用，可以增加两者的结合能。

一些研究人员认为在C_{60}衍生物作为人体免疫缺陷病毒酶抑制剂时，含肽的抑制剂比非肽抑制剂有更强的活性，前者在亚毫微摩尔范围有活性，后者在毫微摩尔范围有活性。Toniolo 等人报道了该富勒烯肽的生物活性，并评价了富勒烯-肽的 4-8 序列，通过 CD_4/T_4 抗原激活单核细胞趋药性和对 HIV-1 蛋白酶的活性抑制。结果表明，由于富勒烯肽是一个有效的单核细胞趋药性的兴奋剂，使得与肽相连的富勒烯也显示了高的向化特性。

5.1.2 自由基的清除

富勒醇具有中等电子亲和势和烯丙式羟基功能团，可用作生物系统中的自由基清除剂和水溶性抗氧化剂。例如，富勒醇可以清除胃癌病人血液中的自由基，可以还原 A7r5 细胞中一种导致糖尿病的化合物阿脲引发的 O_2^-；可以清除黄嘌呤和黄嘌呤氧化酶在水溶液中产生的超氧自由基。

5.1.3 DNA 切割

富勒烯衍生物具有专一性地切割 DNA 的能力，实验发现将衍生物 la 或 lc 分别与超螺旋的 pBR322 DNA 共同培养，经光照后，DNA 即被切断。衍生物 lc 切割 DNA 具有专一性，断裂常发生在鸟嘌呤碱基处。

5.2 富勒烯在光电领域的应用

5.2.1 在电子学领域的应用

1. 在微纳电子学领域的应用

(1)有机薄膜电致发光器件

有的研究者采用真空蒸发成膜方法，以富勒烯 C_{60} 作为空穴注入缓冲层，在结构为 $ITO/C_{60}/TPD/Alq_3/LiF/Al$ 的器件中，改善了器件的发光效率，研究了 C_{60} 厚度对器件发光特性的影响。结果表明，当 C_{60} 厚度为 1.6 nm 时，器件发光效率最高。在电流密度为 100 $mA \cdot cm^{-2}$ 时，该器件的效率比没有缓冲层的器件提高近一倍。

(2)富勒烯衍生物作为电子束抗蚀剂

纳米光刻对于纳米电子学的研究与发展具有非常重要的意义。分子尺寸为 0.7 nm 且可发生电子束诱导聚合的富勒烯，可以作为电子束抗蚀剂，用于电子束纳米光刻，制作纳米级精细图形。这类抗蚀剂主要有三种类型：纯 C_{60}、C_{60} 的衍生物及 C_{60} 与常用抗蚀剂形成的纳米复合抗蚀剂。

2. 富勒烯在电双稳器件中的应用

(1)富勒烯与聚甲基丙烯酸甲酯复合

聚甲基丙烯酸甲酯(polymethylmethacrylate，PMMA)俗称有机玻璃，是优异的固态透明塑料材料。PMMA 在三氯甲烷、氯苯、四氢呋喃等常见有机溶剂中都有很好的溶解性，具有良好的介电性能并有很好的成膜特性。将 C_{60} 和聚甲基丙烯酸甲酯复合后，通过简单的旋涂工艺可制备出 C_{60}：PMMA 复合体系的功能器件。

Yoo 等人采用 C_{60} 和 PMMA 混合形成了有机双稳器件纳米复合材料。旋涂法制备在玻璃/ITO 基底上进行，采用玻璃/ITO/C_{60}：PMMA/Al 结构，如图 5-1 所示，通过 C_{60} 嵌入在 PMMA 中制成的器件表现出的电双稳态包含低电导状态、过渡状态和高电导状态。

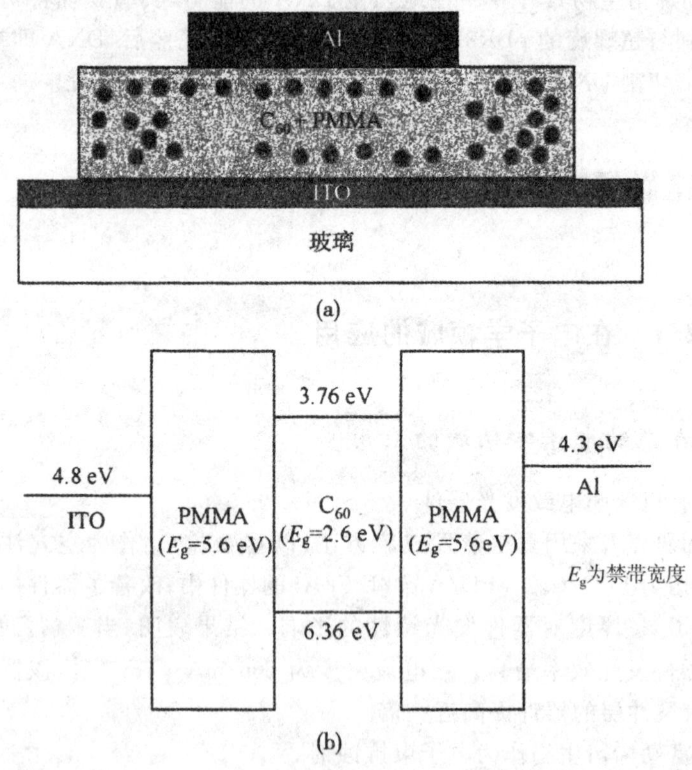

图 5-1　基于 C_{60}：PMMA 的存储器件结构图

该有机双稳器件的内部电场的空间电荷引起束缚电子密度的变化。包埋在 PMMA 层中的 C_{60} 纳米颗粒的载流子输运被认为是单极运输电子，有机层中的电子在最低未占分子轨道中运动并产生陷阱捕获。陷阱电荷被用作空间电荷，从而减小了有机双稳器件中的电流。器件的开关电流比是 10^3。低电导状态归因于扩散电流由于热产生的电子和漏电流（如隧道电流），由辅助陷阱隧穿过有机双稳器件的有源层而引起。

谢剑星等人研究了基于 C_{60}：PMMA 有机/无机复合体系的电双稳态器件。采用的器件结构为 ITO/PMMA：C_{60}/Ag，*I-V* 特性曲线的测试表明在室温下器件具有电双稳特性。利用经过编程的电压脉冲激励器件可实现稳定的“读-擦-读-写”的连续操作。在未达到阈值电压的偏压作用下，器件的高电导状态以及低电导状态均非常稳定。p-Si/PMMA：C_{60}/Ag 器件的 *C-V* 测试曲线（图 5-2）表明器件存在一个平带电压的偏移，此现象是由于存在 C_{60} 分子而使绝缘层中存在电荷存储效应造成的，而没有 C_{60} 分子器件的 *C-V* 特性曲线则没有出现这种磁滞现象。分析表明，电子在 Ag 电极的负偏压下隧穿注入 PMMA 薄膜，随后被 C_{60} 分子陷获。在器件内产生内建电场而引起平带电压的偏移现象。在 *I-V* 特性曲线中表现为电导从高导状态向低导状态转变，当反向电压来临时，陷获的电子被释放回 PMMA 薄膜，内建电场消除，器件电导返回原来的状态。这说明 C_{60} 分子在器件的工作过程中起到对载流子的捕获、存储以及释放的作用。

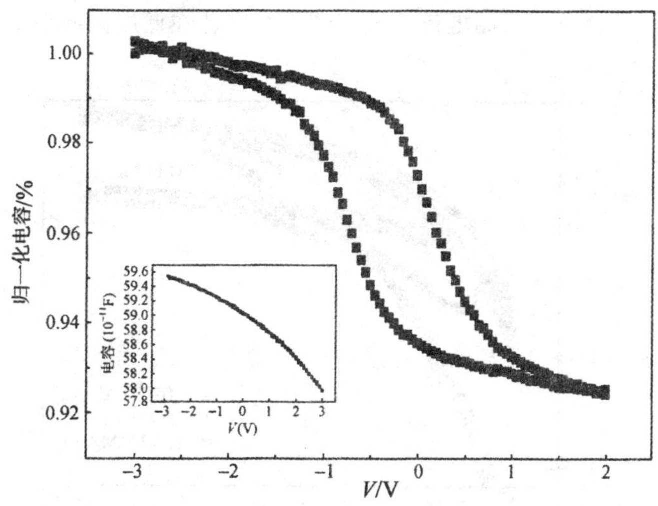

图 5-2　基于 C_{60}：PMMA 有机/无机复合体系的电双稳态器件的 *C-V* 曲线插图为没有 C_{60} 分子情况下的 *C-V* 曲线

张峰杰等人采用氯苯/三氯甲烷混合溶剂配制聚甲基丙烯酸甲酯（PM-

MA):富勒烯(C_{60})溶液,同样采用旋涂法制备 PMMA:C_{60} 薄膜,混合物薄膜的表面平整度和 C_{60} 分子的分散均匀性在 ITO 基底上明显优于玻璃基底。由于玻璃的成分中含有硅酸盐或其他极性分子,极性分子对 C_{60} 分子有较强的吸附作用,因此在薄膜的制备和溶剂蒸发过程中就会引起 C_{60} 分子的团聚。他们最终制备了 ITO/PMMA:C_{60}/Al 结构的表面平整致密的混合物薄膜作为功能层的有机双稳态器件,C_{60} 的含量大于 5%的器件才有电双稳态特性。研究表明氯苯/三氯甲烷溶剂的体积比与薄膜的粗糙度有关,当体积比为 1∶1 时,薄膜粗糙度较低,制备的器件的阈值电压为 5.4 V,高/低电阻态的电阻比值达到 32.1。器件表面的功能层薄膜的表面粗糙度和器件的阈值电压有关,器件的阈值电压随着表面粗糙度降低而减小。粗糙度越小,在 PMMA 中的 C_{60} 分子的分布就越均匀,由此相邻 C_{60} 分子间的平均间距就越小,电荷在 C_{60} 分子间的跃迁需要克服的势垒就越低,表现为阈值电压就越低。

在器件的 *I-V* 曲线(图 5-3)中,与不含 C_{60} 的器件相比,含有 C_{60} 的器件在小于 1V 的电压下出现电流随着电压的增大而减小的负微分电阻区域。这是由于分散在 PMMA 层中的 C_{60} 分子形成了电荷陷阱,电荷陷阱密度随着 C_{60} 含量的增加而增加。C_{60} 分子会捕获从电极注入有机层的电荷,低压时这些捕获的电荷在有机层中形成了空间限制电场并与电极注入电荷的方向相反,从而降低了电流,形成了负微分效应。电流拟合表明器件在"OFF"态时的电流符合空间限制电流模式(SCLC),因此在低压区域会出现负微分电阻效应。

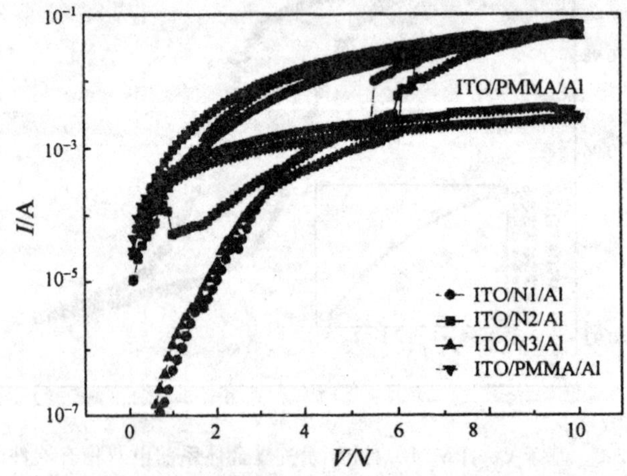

图 5-3 ITO/PMMA:C_{60}/Al 的电流-电压特性曲线

N1、N2、N3 分别指 PMMA:C_{60} 溶液在氯苯:二氯甲烷的体积比为 2∶5、1∶1、5∶2 的溶剂中

器件处于双稳态工作的低电导状态也就是“OFF”态是由于扫描刚开始时 C_{60} 分子捕获注入的电子部分会发射到 Al 电极上，从而造成电荷陷阱只有一部分被占据。随着电压的增加并超过阈值电压，电子完全占据 C_{60} 分子形成的电荷陷阱，而使器件呈“ON”态。扫描电压消失后电极中形成的 Al_2O_3 会阻止 C_{60} 捕获电荷的释放，而使器件稳定在“ON”态。外加反向的超过阈值的电压会使器件重新从“OFF”态转变为“ON”态。

Cho 等人采用了 Al/PMMA：C_{60}/Al 结构的有机器件（图 5-4），其具有电双稳态特性，C_{60} 具有存储电荷的能力，充当电子受体。随着嵌入在 PMMA 层中的 C_{60} 分子浓度的增加，器件的双稳态 *I-V* 曲线的变化增大。*I-V* 曲线中最大的开关比大于 3 个数量级。器件的维持时间超过 2.5×10^4 s，具有良好的稳定性；可进行 50000 次“写-读-擦”的循环。器件的双稳性能是由载流子传输机制引起的。

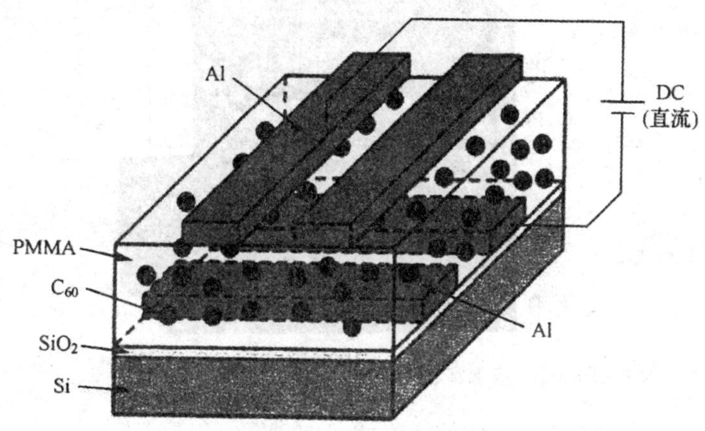

图 5-4　采用 Al/PMMA：C_{60}/Al 结构的有机双稳器件

（2）富勒烯和 PVK 复合

Ling 等人采用 ITO/PVK：C_{60}/Al 结构，阮晓琳采用钆金属化的富勒烯及 ITO/Gd@C_{82}：PVK/Al 结构，均获得了双稳态的特性。

富勒烯作为电子受体，PVK 作为电子给体，富勒烯和 PVK 构成良好电子给受体体系，并形成一个大 π 共轭体系，使 π 电子活动性增大，更容易激发。外加正反电场达到阈值时器件可实现从高阻态到低阻态的变化。存储机理是低压下富勒烯具有较低的 HOMO 能级，给受体体系中的空穴传输受到阻碍，器件处于高阻态（HRS），即“OFF”态。外加电场增加越过能垒，咔唑基团带电的 HOMO 轨道和富勒烯带电的 LUMO 轨道通过电荷的相互作用形成载流子传输通道，使器件呈低阻态（LRS），即“ON”态。由于富勒烯较强的吸电子能力和较高的 LUMO 能级，给受体体系具有很强的偶极矩并形成一个内部电场,使器件保持在高电导状态,反向电压超过阈值电压时,内部电场消失,器件回到低电导状态。

(3)由富勒烯构成的多层电双稳态器件

Li 等人采用了两层 30 nm 厚的 C_{60} 之间夹着聚酰亚胺包埋氧化锌纳米晶体的多层器件结构(玻璃/ITO/C_{60}/ZnO:PI/C_{60}/Al)(图 5-5),其在 300 K 下呈现出稳定的电流双稳态。多层器件可以提高电荷注入能力,增大存储器开关电流比,降低误读率。C_{60} 层作为电子传输层降低了器件中载流子的注入势垒,提高了电子注入效率和器件的存储容量,开关电流比未采用 C_{60} 夹层的器件提高了两个数量级,达到 4 个数量级。

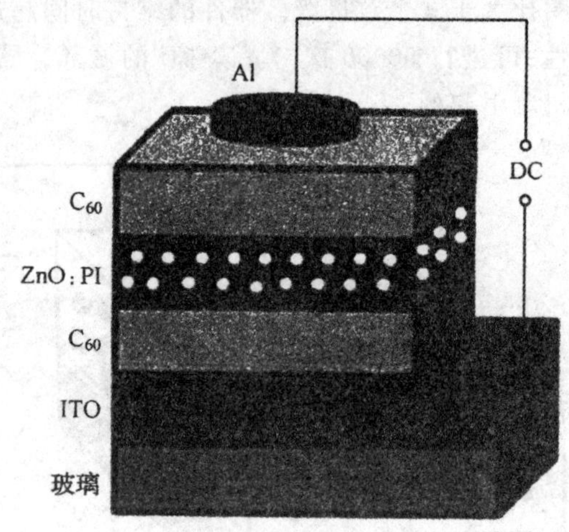

图 5-5 基于富勒烯的多层电双稳态器件示意图

(4)由富勒烯和聚合物构成的有机忆阻器

Dao 采用了富勒烯有机半导体和聚合物制造的可弯曲 256 位交叉复合阵列有机忆阻器。在 −4 V～4 V 的脉冲电压下,转换时间为 1 μs。工作机理是基于富勒烯能存储电荷。忆阻器在 0.5 V 的电压下有 5 个数量级的大开关电流比,表现出良好的器件稳定性。基于富勒烯的忆阻器可用于可弯曲的电子信息存储。

(5)C_{60}-TCNO 薄膜电双稳态

有人用 ICB(离化原子团束)沉积法做成的 C_{60}-TCNQ 薄膜具有电双稳态,可以作为高密度储存的分子器件。从图 5-6 可以看出,电压从 0～1.8 V 变化时电流几乎为 0,此薄膜表现为绝缘态(“0”),当电压高于 1.8 V 时,电流突然增大,表现为导体(“1”),导电时的电阻为 500 Ω。

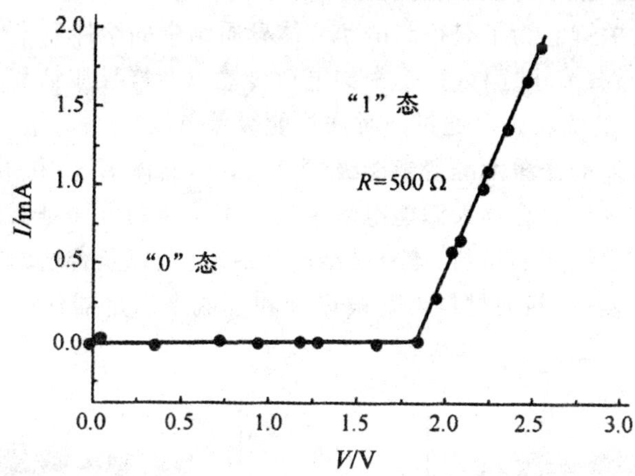

图 5-6　C_{60}-TCNQ 电双稳薄膜的电流-电压特性曲线

5.2.2　在太阳能电池领域的应用

功能型富勒烯不但可以保持富勒烯本身的特性(如高电子亲和势、低重组能和优异的电子传输能力),同时还可以满足所需的加工性能。例如,通过在富勒烯上添加合适的有机附加物,可以调节其溶解性、能级、分子间相互作用、固态时的取向以及它的表面能。这些优点使功能型富勒烯作为优秀的电子材料被用于有机太阳能电池中。

有机太阳能电池具有机械柔韧性好、质量轻以及容易制备等优点。在过去的 20 多年中,它作为低成本的可再生能源体系之一经历了快速发展。聚合物太阳能电池是有机太阳能电池中的一个主要研究方向。它采用了一种体异质结的结构,即将聚合物给体和富勒烯受体夹在一个透明电极(如 ITO)和一个金属电极之间。其结构可以是传统结构(ITO 做阳极)或反型结构(ITO 做阴极),如图 5-7 所示。器件工作的基本原理可以简要描述如下:在光激发有机半导体后,激发的激子扩散到给体和受体的界面,并在界面势能差 $\Delta E_{\mathrm{LUMO(D)-LUMO(A)}}$ 的作用下分离成电子和空穴。分离的电荷在不对称电极所产生电场的作用下作漂移运动,并最终被相应的电极收集。理想的能级结构如图 5-7 所示。

事实证明除了体异质结中给体和受体本身的性能,异质结和电极间的界面也同样重要,因为它们决定了器件的相关参数,如短路电流密度(J_{sc})、开路电压(V_{oc})和填充因子(FF),从而获得高的能量转换效率。太阳能电池中的串联电阻是由每个功能层的体电阻和它们之间的接触电阻所组成。

有机/电极界面的欧姆接触和有机半导体的高迁移率是减小串联电阻并提高填充因子的关键。为了获得高的 J_{sc}，体异质结中的给体和受体要有最优的电荷分离、高载流子迁移率、平衡的电荷传输以及体异质结和电极界面的欧姆接触。V_{oc} 的优化则可通过同时增加能级差 $\Delta E_{LUMO(D)-LUMO(A)}$ 以及分别匹配有机半导体的光激发准费米能级（受体 $E_{F,e}^{-}$，给体 $E_{F,h}^{+}$）和阴极、阳极的费米能级来实现。聚合物太阳能电池中另一个重要的方面是器件的长期稳定性。这就需要稳定的材料、体异质结的形貌、电极以及合适的封装。随着该领域的不断发展，新的材料需要被设计和合成来满足器件应用中的相应需求。

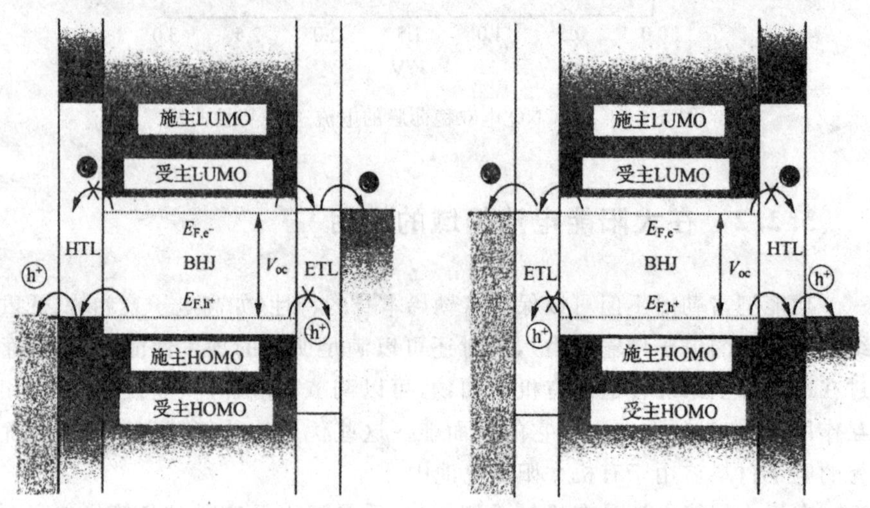

图 5-7 采用富勒烯材料的有机太阳能电池传统结构与反型结构示意图

LUMO：最低未占分子轨道；HOMO：最高已占分子轨道；

BHJ：体异质结；ETL：电子传输层；HTL：空穴传输层

1. 富勒烯受体

研制在体异质结中高效的富勒烯受体是获得高性能器件过程中一个极具挑战性的任务。理想的功能型富勒烯需要能在常规的有机溶剂（如氯仿、甲苯、氯苯以及二氯代苯）中有很好的溶解性。此外，它的能带需要调整到使能级差 $\Delta E_{LUMO(D)-LUMO(A)}$ 最大以获得高 V_{oc}，同时还要维持一定的 LUMO 偏移量（$\Delta E_{LUMO(D)-LUMO(A)}$）以促使激子分离。其他特性如高载流子迁移率、合适的表面能以及膜的形成质量等都需要考虑。

富勒烯 C_{60} 具有很好的对称结构并表现出良好的电子迁移率。众所周知，一个 C_{60} 分子可以接受四个电子。因此，C_{60} 及其衍生物可以被用作电子受体材料。1992年,Sariciftci等第一次采用 C_{60} 作为电子受体并发现其在光诱导下出现给体和受体间的超快电子转移。虽然 C_{60} 可以溶解于氯苯(CB)和二氧苯(DCB),但其在绝大部分常用有机溶剂中的溶解性不佳。为了改善其溶解性,同时避免给体和受体间严重的相分离,[6,6]-苯基-C_{61}-丁酸甲酯($PC_{61}BM$)被引入有机太阳能电池中。在过去的十几年中,$PC_{61}BM$ 及其相应的 C_{70} 衍生物 $PC_{71}BM$ 是有机太阳能电池受体材料的主要选择。$PC_{61}BM$ 是深棕色的晶体粉末,其在一些常用有机溶剂(如氯仿、甲苯、二氯苯)中表现出良好的溶解性。$PC_{61}BM$-氯苯共晶的结晶分析显示富勒烯中心之间具有低于10.13Å的很短的距离,这有助于密集相之间的电荷传输。同样值得注意的是PCBM的表面能为30.07 mN/m。它与P3HT(16.8 mN/m)和常见的有机材料的表面能不同,这有助于实现相分离。用有机薄膜晶体管结构可以测得 $PC_{61}BM$ 的迁移率为0.10 $cm^2/(V \cdot s)$。

与 $PC_{61}BM$ 相比,$PC_{71}BM$ 在可见光区表现出更强的光吸收,因而也在近期获得了更多关注。然而,C_{70} 复杂的提纯过程导致其成本比 C_{60} 高出许多,这限制了它的应用。$PC_{61}BM$ 和 $PC_{71}BM$ 的结构和合成路线如图5-8所示。富勒烯与重氮化合物在无水邻二氯苯中75℃下反应得到[5,6]-开环富勒烯同分异构体。通过回流冷却邻二氯苯或者用钠灯照射可以将[5,6]-开环的同分异构体转化为[6,6]-闭环的同分异构体,从而得到亚甲基富勒烯。由于酯基的极性,可以用硅胶层析的方法将PCBM与其多加合衍生物分离开来。

$PC_{61}BM$ 和 $PC_{71}BM$ 的吸收光谱如图5-9所示。从图5-9中可以看出,两种材料在200～400 nm的紫外区都表现出强烈的吸收,但 $PC_{71}BM$ 在可见光区表现出比 $PC_{61}BM$ 更强的吸收。因此,用 $PC_{71}BM$ 做受体材料的有机太阳能电池具有更好的光吸收,从而比采用 $PC_{61}BM$ 的相应器件表现出更大的短路电流密度 J_{sc} 和更好的光电转换效率(PCE)。

PCBM的最低未占轨道(LUMO)的能级在文献中的报道值为−4.3～−3.7 eV。其变化主要源于不同的测试技术、液态或固体的不同形式,以及采用不同的标准和公式来估算该值。为了避免报道的新富勒烯材料采用不同能级标准所带来的差别,可以将报道的新富勒烯受体的LUMO和HOMO的能级值与相同条件下测试的PCBM参考值相关联(将PCBM的能级设为公认的LUMO为−4.30 eV,HOMO为−6.00 eV),富勒烯的LUMO能级可以调节的范围超过0.8 eV。

2. 类PCBM的富勒烯衍生物

为了进一步提高PCBM的光伏性质,许多类似于PCBM结构的 C_{60} 衍生物被设计和合成。相对于 PCBM，这些类似于 PCBM 的 C_{60} 衍生物的结构，改变主要发生在 PCBM 的苯环、丁基链的长短、酯基的不同和末端甲基的改变。

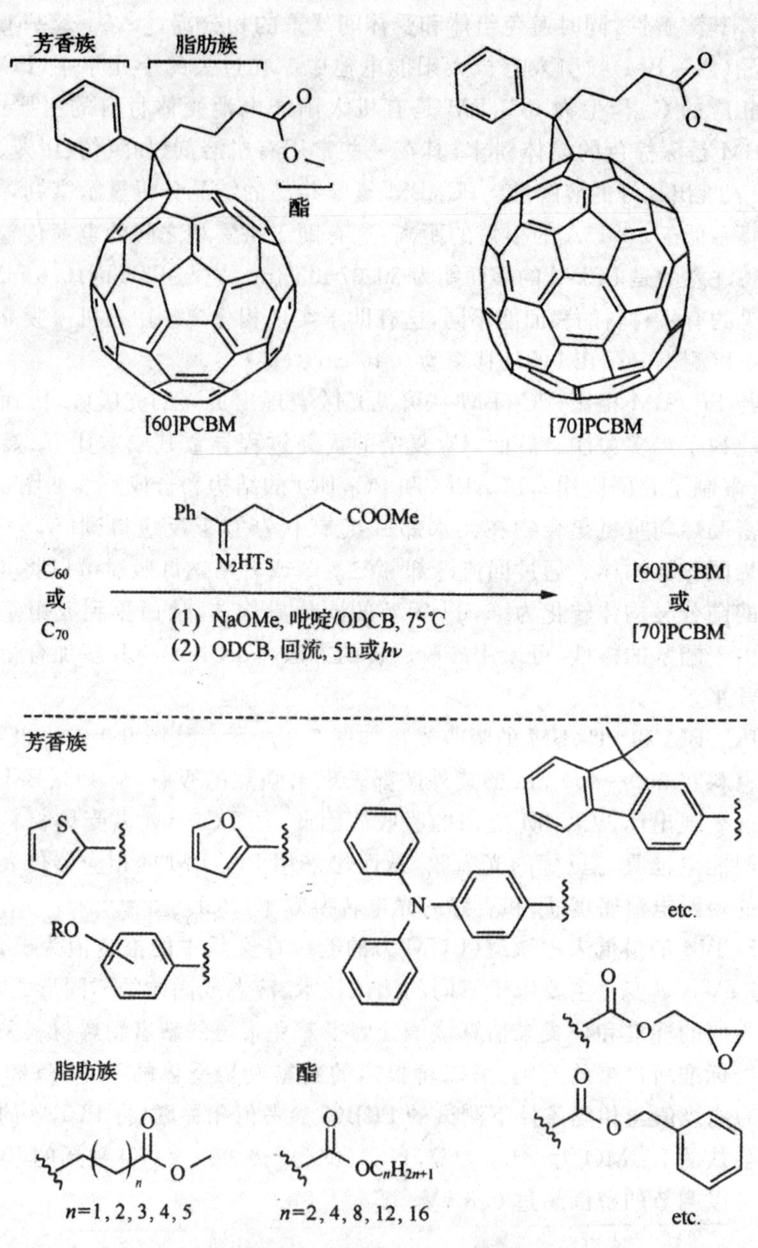

图 5-8　$PC_{61}BM$ 的合成路线图

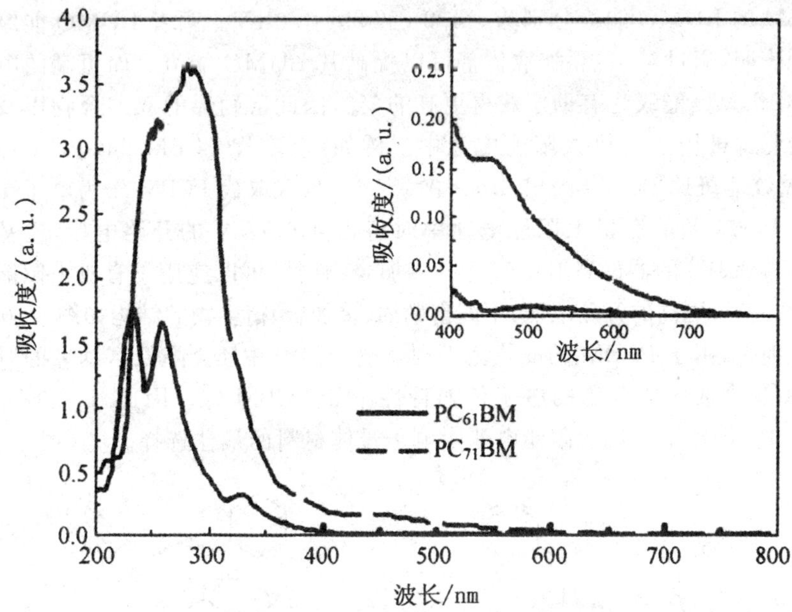

图 5-9　$PC_{61}BM$ 和 $PC_{71}BM$ 的吸收光谱

(1)富勒烯受体的溶解度

富勒烯上脂肪链的功能化是提高富勒烯基材料溶解性的有效手段。例如,改变丁基的中间链和酯基的末端并不影响 PCBM 的电化学和光学特性,但却能提高其溶解性。通过将甲基替换为丁基、辛基、十二烷基和十六烷基,可以获得更高溶解性的 PCBM。

Troshin 等人系统研究了受体溶解度对器件性能的影响。他们指出制备活性层最好的给体和受体组合应在溶剂中具有类似的高溶解度。通过系统研究 27 种不同的亚甲基富勒烯衍生物,他们发现富勒烯衍生物的溶解性直接影响到它们与 P3HT 组成的体异质结的微观形貌。器件的能量转化效率相应地从 0.02%(在氯苯中的溶解度为 5 $mg \cdot mL^{-1}$)变化到 4.1%(在氯苯中的溶解度为 80 $mg \cdot mL^{-1}$)。在氯苯中 PCBM 衍生物的最佳溶解度范围是30～80 $mg \cdot mL^{-1}$,与之对应的是 P3HT 的最大溶解度,为 50～70 $mg \cdot mL^{-1}$。

(2)富勒烯受体的能级

除了材料的溶解性,富勒烯衍生物的能级对有机太阳能电池的性能同样具有重要影响。有机太阳能电池的开路电压 V_{oc} 就是由富勒烯受体的 LUMO 能级和聚合物给体的 HOMO 能级之间的能级差所决定的。因此,富勒烯衍生物的 LUMO 能级是其是否能与聚合物给体相匹配的关键因素。电子给体或受体的 LUMO 能级可以用循环伏安法来测定。C_{60} 和

PCBM 的 LUMO 能级分别为－4.2 eV 和－4.0 eV。两者 LUMO 能级的不同表明，通过对 C_{60} 添加取代基可以提高其 LUMO 能级。而更高的电子受体 LUMO 能级将有助于获得更高的 V_{oc}，因此富勒烯的双加合物以及多加合物都被用于有机太阳能电池中。例如，双取代 PCBM(bis-PCBM)的 LUMO 能级比 PCBM 高出 0.1～0.15 eV，当双取代 PCBM 作为电子受体用于 P3HT 基的有机太阳能电池中时将得到 0.72 V 的开路电压，比基于 P3HT/PCBM 的器件高出 0.12 V。多加合物同样可以应用于有机太阳能电池中并获得更高的开路电压，不同富勒烯(多加合)衍生物的结构如图 5-10 所示。但是，由于 PCBM 的取代基不利于电子传输并且会降低富勒烯的对称性，双加合或多加合物的电子传输特性不如 PCBM 好。因此，$PC_{61}BM$ 和 $PC_{71}BM$ 仍然是有机太阳能电池中电子受体材料的最佳选择。

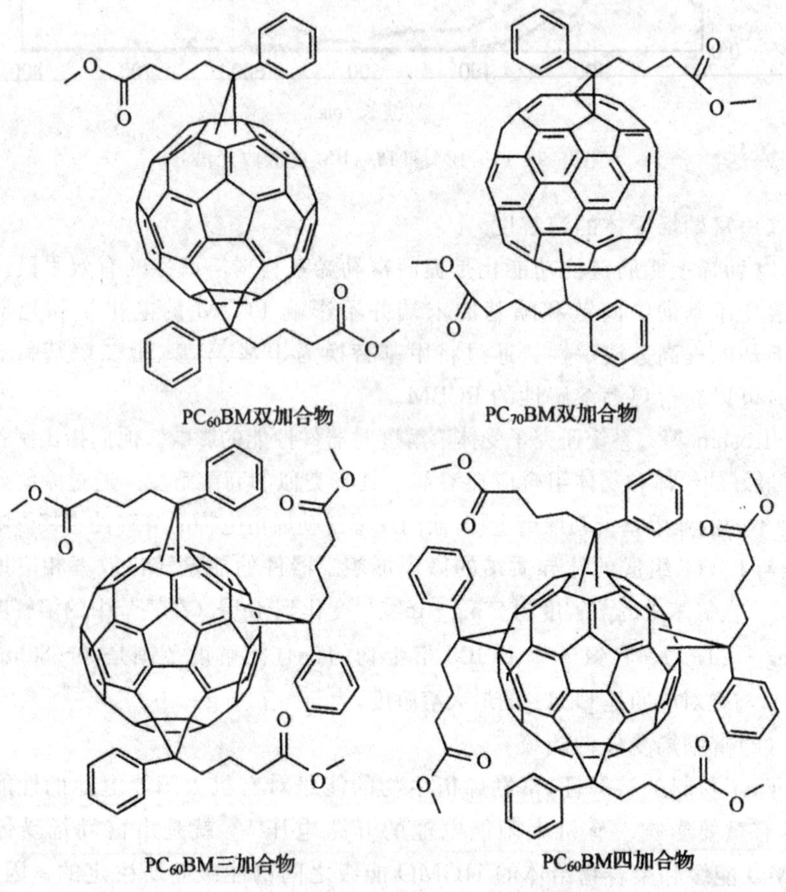

图 5-10　富勒烯(多加合)衍生物的分子结构图

(3)富勒烯受体的热性能

当一个基于 P3HT 的体异质结层受到连续的热退火处理时，类似于 PCBM 的晶体小分子倾向于向更大的团簇或晶体扩散并聚集，从而导致聚合物太阳能电池器件性能恶化及寿命缩短。为了解决此问题，非晶的富勒烯被用于提高异质结的热稳定性。值得注意的是，亚甲基 PCBM 包含了不同的无定型异构结构，因此 P3HT/亚甲基 PCBM 体异质结层在器件用 150℃加热 250 min 后仍能保持器件的均匀而不会降低 PCE 和 J_{sc}。相比之下，基于 P3HT:PCBM 的体异质结层则表现出严重的微米级团聚和光伏性能的下降。

(4)富勒烯受体的光吸收

富勒烯衍生物的光吸收同样是一个需要研究的重要参数。Ih 对称的 C_{60} 富勒烯由于其结构的高度对称性限制了低能量转换，从而导致可见光吸收相对较弱。通过用更高的类似物替代，D_{5h} 对称的 C_{70} 与 C_{60} 相比有更好的可见光吸收能力，其在 440～530 nm 范围表现出宽光谱吸收峰。因此，基于低带隙聚合物和 $PC_{71}BM$ 的体异质结器件与相应的 C_{60} 器件相比，光电转换效率大大提升。然而，基于 C_{70} 的材料比基于 C_{60} 的材料贵得多。最近，几种改进的含吸光染料的 PCBM 表现出更好的光吸收和器件性能。理想的材料应当具有能级和光吸收可控的特点以促进电荷的产生和传输。Mikroyannidis 等报道了用氰基亚乙烯基 4-硝基苯染料通过与 $PC_{61}BM$ 进行进一步的普拉托反应，得到改进型 PCBM。其在 400～750 nm 的可见光波段表现出更宽和更强的光吸收。其 LUMO 能级与 PCBM 相比提高了 0.15 eV。相应结构为 ITO/PEDOT:PSS/P3HT:富勒烯/Al 的器件的光电转换效率达到 5.32%(J_{sc}=10.95 mA·cm^{-2},V_{oc}=0.76 V,FF=0.64)。

3. 茚-C_{60}和茚-C_{70}双加合物

近年来，茚-富勒烯加合物作为电子受体材料在有机太阳能电池中的应用受到了广泛关注。这种化合物可以通过简单的一步法反应合成。将茚和富勒烯(C_{60}或 C_{70})溶于 DCB 的溶液加热回流几小时，可以获得一些未反应的富勒烯、茚-富勒烯单加合物(ICMA)、茚-富勒烯双加合物(ICBA)和茚-富勒烯多加合物，通过柱层析法可以很容易地将它们分离开来。ICMA 和 ICBA 的 LUMO 能级分别为−3.86 eV 和−3.74 eV，都高于 PCBM 的相应值。因此基于 ICMA/P3HT 和 ICBA/P3HT 的器件比基于 P3HT/PCBM 的器件表现出更高的 V_{oc}。ICMA 在 CB 或 DCB 中的溶解性不好，限制了其器件的光伏性能。ICBA 则能轻易溶解于 CB 或 DCB，而且其 LUMO 能级高于 ICMA 和 PCBM。因此 ICBA 成功应用于基于 P3HT 的有机太阳能电池。P3HT/PCBM 体系的 V_{oc} 通常为 0.6 V，而在 P3HT/ICBA 体系中，V_{oc} 可以达到 0.84 V 且不影响其他指标，包括 FF 和 J_{sc}。V_{oc} 的巨大提升主要是源于 ICBA 的高 LUMO 能级。基于 P3HT/$IC_{61}BA$ 和 P3HT/ $IC_{71}BA$ 的有机太阳能电池的光电转换效率分别达到了 5.44% 和 5.64%，比基于 P3HT/$PC_{61}BM$ 的电池器件高出 40% 以上。通过进一步的器件优化，基于 P3HT/ $IC_{61}BA$ 的有机太阳能电池能够获得的 V_{oc} 为 0.84 V、J_{sc} 为 10.61 mA·cm^{-2}、FF 为 72.7% 以及光电转换效率为 6.48%。不同茚-富勒烯衍生物的示意图如图 5-11 所示。

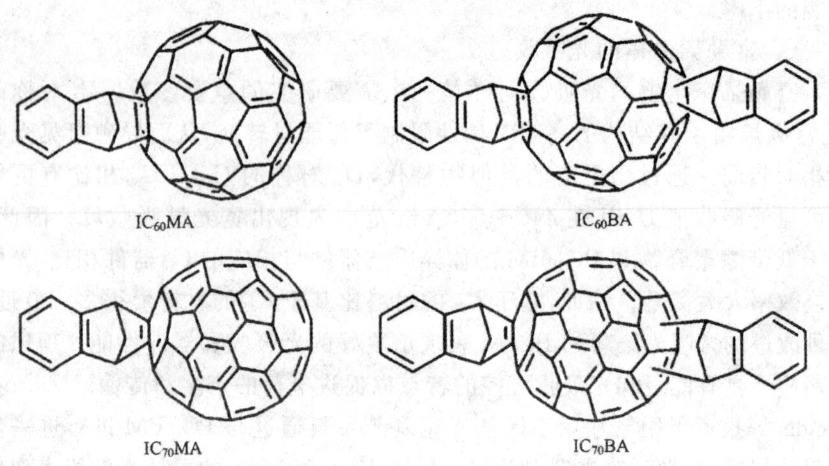

图 5-11 茚-富勒烯衍生物的示意图

4. 功能富勒烯作为电子选择(传输)层

除了优化受体材料，有效控制有机-金属的界面也是获得高性能有机太阳能电池的重要手段。引入基于富勒烯的自组装层(SAMs)就是通过降低接触电阻对有机-无机界面进行修饰的有效手段。一般来说，由于界面能级不匹配，有机-无机界面的电荷复合损失会显著影响倒置结构的器件性能。Hashimoto 等人研究了在 P3HT:PCBM 活性层上加入自组装氟化 PCBM 缓冲层来提高正置结构的有机太阳能电池的性能。Jen 等人研究了采用包含不同的锚定基团(邻苯二酚、羧酸和膦酸)、连接位置以及功能化的 C_{60}-SAMs 来提高倒置结构的电池中异质结与 ZnO 或 TiO_x 之间的接触性能。SAMs 降低了器件的串联电阻并提高了并联电阻，从而提高了填充因子和光电流密度。用 C_{60}-SAMs 修饰 ZnO 的效果最好，将倒置器件的性能提高了 35%(效率从 2.80% 提高到 3.78%)。

5. 功能富勒烯在体异质结中作为形貌稳定剂

有机太阳能电池形貌的不稳定性是其在商业化过程中最主要的障碍之一。然而，寻求对最佳形貌的维持方法确是一项严峻的挑战任务。Fŕechet 等人发现通过稍微减小 P3HT 的分子局部有序性来减弱结晶导致的相分离不仅可以保持器件的效率而且可以提高有机太阳能电池形貌的热稳定性。此外，Fŕechet 等人还使用包含富勒烯和低聚噻吩侧基的双嵌段共聚物作为增容剂来提高 P3HT 和 PCBM 之间的附着力。Wudl 等人也用类似的方法来调整 P3HT 和 PCBM 间的形貌，使器件性能获得了实质性改善。最近，一些简单的方法包括原位聚合、聚乙二醇(PEG) 端基富勒烯、超分子五氟苯酚-富勒烯相互作用和光诱导低聚富勒烯等被用来稳定活性层的形貌同时保持器件的效率。这些方法都为维持有机太阳能电池形貌的稳定提供了有效的途径。

6. 富勒烯太阳能电池的发展

有机太阳能电池研究中的主要挑战是找到一种有效的方法来提高电池和组件的效率，从而生产出能够实际应用的低成本、质量轻、寿命长的柔性器件。为了达到这些目标，在新的活性层材料的设计和制备方面还有大量的工作要做。和 P 型共轭聚合物材料的快速发展相比，N 型富勒烯材料的发展相对滞后。直到几年前一些合成的分子才开始在与共轭聚合物给体的混合中表现出令人满意的光伏特性。所有这些材料都得到了巨大发展但仍需进一步优化。例如，除了合适的能级高迁移率，体异质结中的富勒烯受体需要有合适的表面能、光吸收、溶解性以及良好的热稳定性。为了有效地将体异质结中的电荷抽取到电极中，在体异质结上加一层薄的电子选择层则可以获得良好的加工性、成膜特性和优异的电子传输特性。此外，通过改变逸出功来形成与金属阴极的能级匹配的能力也十分重要。为了延长器件的寿命，富勒烯材料要在体异质结中以及与电极的界面上保持稳定。有机太阳能电池在实用化的过程中仍会遇到很多挑战，功能型富勒烯的研究必将在其中发挥更重要的作用。

5.3　富勒烯在催化领域的应用

5.3.1　催化氢转移和硅氢化反应

富勒烯具有很强的打开强键并参与氯转移反应的能力，这也极大地促进了甲烷转化为高碳碳氢化合物的研究。在 773～973 K 温度下富勒烯材料就可以催化活化甲烷，用富勒烯烟炱（用碳弧蒸发法制备 C_{60} 的初级产物，含有 10％的 C_{60}，其余为高碳富勒烯）催化甲烷裂解反应，起始温度为 873 K，比没有催化剂存在时低 250 K，比用石墨、活性炭或其他形态的碳催化剂低 100～200 K。

5.3.2 催化烷烃裂解反应

多种碳氢化合物和 C_{60} 在 773～973 K 和较低的压力下（133 Pa）进行反应，都生成了大量的 H_2 和碳氢化合物去氢化产物，与工业裂解相比，此类反应的产物主要为低链烯化合物。例如，富勒烯材料催化甲烷裂解，主要生成乙烯、丙烯和氢气，没有检测到乙烷、丙烷和高碳（$>C_4$）碳氢化合物。Muradov 等人报道了不同形态的碳对甲烷裂解的催化作用，结果显示：碳纳米管催化甲烷裂解表现出了相对低的催化活性；富勒烯烟炱表现出的相对高的催化活性，可能是由于它具有很高的表面能；富集物（含 79％C_{60}，20％，C_{70} 和 1％的高碳富勒烯）起始的高催化活性则可能是由于生成了高活性的中间体。

5.3.3 在金刚石合成及助推剂中的应用

人工合成的金刚石，通常以石墨为原料，用 FeS 作溶剂，在高温高压的条件下制成。Vul 等人研究了富勒烯在石墨合成金刚石中的应用，以富勒烯为催化剂，转化反应的压力和温度都大大降低，反应的转化率也是只用石墨或富勒烯为原料的转化反应的 1.8 倍。

5.4 富勒烯在医药领域的应用

5.4.1 抗癌

有人研究富勒烯膦酸衍生物 2P 对人子宫颈癌 HeLa 细胞生长的影响。结果表明，在光照条件下对 HeLa 细胞生长具有明显的抑制作用，这种作用有剂量依赖性和光照依赖性。经过双染后荧光镜检测和流式检测后发现有高比例的凋亡细胞存在。以上结果显示了富勒烯膦酸衍生物对病毒的抑制作用，以及作为抗肿瘤药物的可能。

5.4.2　对细胞生长的影响

有的研究者为了解紫外辐射下富勒烯衍生物富勒醇对细胞的生物效应，利用四唑盐比色实验(MTT)法研究了富勒醇对紫外辐照细胞的存活率影响，紫外辐照细胞时富勒醇对细胞超氧化物歧化酶(SOD)和氧化产物丙二醛(MDA)的影响，同时比较了 C_{60}-PVP 对紫外辐照细胞的辐射生物效应。结果表明，富勒醇能够有效地防护紫外辐射对细胞造成的损伤，其机理可能是寓勒醇能够吸收紫外辐照产生的自由基，使细胞膜不被紫外辐照损伤。

5.5　富勒烯的其他应用

5.5.1　在大气与水处理领域的应用

有人研究了富勒烯对挥发性有机物的吸附作用，并探讨了将它们用于采集大气挥发性有机物的可行性。结果发现，富勒烯不含官能团，对挥发性有机物具有化学惰性，能有数地吸附挥发性有机物，吸附挥发性有机物气体后存放稳定，吸附-热脱附回收率约 86.3%。这说明了富勒烯在水处理中应用的可能性。还有研究发现，含酚废水中的苯酚在可见光照射下可被富勒烯氧化。

5.5.2　超导体领域

C_{60}分子本身是不导电的绝缘体，但当一定比例的碱金属钾、铷、铯、铷铯合金以及碱土金属钙、钡的化合物嵌入 C_{60}分子之间的空隙后，C_{60}与碱金属的系列化合物将转变为超导体。目前，已经制备了很多种类的 C_{60}系列超导体，且具有很高的超导临界温度，这些惊人的发现对室温超导体的合成具有重要意义。与氧化物超导体比较，C_{60}系列超导体具有完美的三维超导性、电流密度大、稳定性高、易于展成线材等优点，是一类极具价值的新型有机超导体。

5.5.3 功能高分子材料

由于富勒烯分子具有特殊笼形结构以及多种优异的性能，可将富勒烯分子（主要是 C_{60}等）作为新型功能基团引入高分子体系，得到具有优良导电性质、光学性质的新型功能高分子材料。从理论上来说，富勒烯分子表面含有大量的官能团，有利于和高分子材料之间产生较强的结合力，非常适合于高分子材料复合。富勒烯 C_{60} 可以引入高分子的主链、侧链或与其他高分子进行共混。

5.5.4 化工材料领域

除了和有机高分子材料复合用于新型功能高分子材料的合成之外，富勒烯在无机材料制备领域同样有着非常重要的应用。富勒烯和无机材料发生反应产生具有全新结构、性能的功能材料。例如，把富勒烯 C_{60} 全部硝化能够生成新型的高含能材料，用于炸药、燃料等领域。

第6章　碳纳米管的应用研究

碳纳米管本身在近红外光区具有独特的荧光和拉曼光谱，可以利用多种光谱手段对多种生物分子实现定量检测，因此近年来碳纳米管的应用技术也逐渐受到了研究者的重视。

6.1　碳纳米管的生物传感应用

6.1.1　化学和生物传感器基本原理

纳米材料是作为化学和生物传感器的理想材料，这是由于其具有更小的尺度和更大的比表面积。在理想状态下，每一个原子都可以与周围环境发生物理接触。对每个原子相同的接触机会和扰动能力以及对这些扰动的电学和光学测量，使得碳纳米管和石墨烯在传感器应用领域具有强大的吸引力。此外，碳纳米管的结构稳定性和可调控的电/光特性同样促进了其在化学、分子和生物传感方向的探索和发展。这些应用都利用了过去几个世纪中人们在有机化学中所积累的有关碳结构的丰富知识。

将碳纳米管用于传感器的技术是多种多样的，但其基本原理都是类似的。首先，将最初获得的高质量的碳纳米管经过适当的方法（旋涂或者接枝特殊功能化基团）进行化学修饰，这可以增加碳纳米管对特定物质的选择性和敏感性，或者可以使碳纳米管更加容易融入主体环境中（如溶液相的生物传感器）；其次，然后通过碳纳米管电流/电导的变化，或者光发射的变化来反映出碳纳米管与目标物质之间的相互作用，从而证明这些物质的存在。利用这一原理，人们制备了多种基于碳纳米管的化学和气体传感器。此外，人们还将碳纳米管作为电极来构建基于电容原理的传感器，或者通过在碳管的尖端产生高电场来使气体离子化。所产生的气体电离以及击穿电压都可以反映出待测气体的内在性质。另外,基于碳纳米管的多功能传感器还被用来制备电子鼻。与非碳管类传感器类似,更高的敏感性和更好的选择性是传感器研究和发展所追求的永恒主题。基于碳纳米管的传感器对特定气体可以提供十亿分之一的灵敏程度,这些纳米管传感器通常是在双端碳纳米管器件或三端晶体管器件的基础之上构建的。

对于生物传感器,碳纳米管所具有的纳米尺寸是与生物分子发生相互作用的理想条件。一般来说,出于各种目的,碳纳米管都会被修饰。这些目的有可能是使其具有生物环境相容性,也有可能是鉴别可以传递生物信息(生物事件或过程)的特殊蛋白质。然而,对于生物体内的活体实验,其生物相容性和毒性方面的结果却具有很大的争议,这也在科学界和大众媒体引起了激烈的争论。很明显,这一点无论对于研究人员还是政策制定者,都是至关重要的,尤其是在临床诊断和公共医疗领域。

6.1.2 纳米碳管作为生物传感器

酶电极结合了酶的特异性与电化学设备的分析手段,在临床诊断和环境监测方面有很多应用。大概有超过 200 种脱氢酶和超过 100 种氧化酶,它们都可以特异性地催化一些临床上非常重要的分析物质,如葡萄糖、乳酸盐、胆固醇、氨基酸、尿酸盐、丙酮酸盐、谷氨酸盐和乙醇等,产生电化学方法可检测的 NADH 和 H_2O_2。纳米碳管可以对 H_2O_2 和 NADH 进行低电压检测,使得 NADH 氧化过程中的表面钝化作用降低,这是纳米碳管作为酶电极材料的一个显著优势。同时,要充分发挥纳米碳管优异的生物传感性能,必须对其物理化学性质、化学修饰程度和表面锚定基团等方面进行精心控制。经过氧化性酸处理后纳米碳管表面上形成的羧基提供了对纳米碳管进行共价修饰的一个合适位点。上述修饰方法虽然简单,但是特异性不好,而且过度氧化会明显破坏纳米碳管的结构,影响其导电性。不过其他一些生物识别所需要的基团都可以在这些羧基处与纳米碳管进行连接,酶也可以锚定在纳米碳管上,使其生物催化活性保持得更加长久。用这类方法修饰纳米碳管需要有较高的有机合成化学技巧。另外,纳米碳管具有很大的芳香性疏水表面,这为它提供了一个与有机分子或生物分子进行非共价修饰的途径。例如,生物大分子,包括含金属的 DNA、多糖、螺旋形的直链淀粉和一些蛋白质都可以通过疏水作用黏附在纳米碳管的外壁。这种方法不具有很强的特异性,但是非常简单方便。研究还发现,MWCNT 或 SWCNT 经过叠氮化物光化学作用(azide photochemistry)也可以在温和的条件下进行生物分子的修饰,形成 DNA 包裹的纳米碳管。通过这类方法对纳米碳管进行侧壁修饰对纳米碳管的结构破坏较小，并且它对连接到纳米碳管上的生物分子选择性较强。

根据电极制备方法纳米碳管的电化学生物传感器可细分为两种：一种是纳米碳管涂覆电极；另一种是纳米碳管复合电极。由于纳米碳管在大多数溶剂中都不溶解，因此最初的纳米碳管涂覆电极是把纳米碳管/硫酸溶液涂在玻碳电极的表面制备的。Nation 可以溶解纳米碳管，这为纳米碳管电极传感器的制备开辟了一条新路，并且拓宽了其应用范围。因为 Nation 膜本身具有优异的离子交换性能，也是生物相容性材料，因此广泛应用在检测电流的生物传感器中。Nation 与纳米碳管复合制备的电极结合了 Nation 膜本身的防污塞、可识别的特点，又具有纳米碳管对 H_2O_2 的高效电催化活性，这种电极可以在低电势(－0.05 V，Ag/AgCl)条件下，实现对葡萄糖的高度选择性检测。如果把 Pt 纳米颗粒分散在 Nation/CNT 涂层中，还可以进一步把检测的灵敏度提高到 25 nmol/L。另外，在电极上定向垂直排列的纳米碳管可以起到“分子电线”的作用，使电子在碳管下面的电极与氧化还原酶之间流动。酶的非朊基基团与电极之间直接的电子转移使得氧化还原媒介不再成为必要，因此对于开发无试剂的传感器件极富吸引力。类似地，MWCNT 排列在铂上面也可以作为酶电极使用。

Su 等人第一次报道了使用电化学石英晶体微天平定量地研究吸附的葡萄糖氧化酶在 MWCNT 与十二烷基苯磺酸钠存在下的特异性与电化学行为。他们发现，用 MWCNT 与十二烷基苯磺酸钠修饰的金电极，其葡萄糖氧化酶吸附量和电化学活性都大大增强，但是吸附的葡萄糖氧化酶的特异活性却降低至金的裸电极的 16.1%，并且这一结果与紫外-可见光谱所得到的结论是一致的。他们的这一研究为定量研究痕量锚固的酶的电活性和特异性提供了有益的尝试。

在场致晶体管(FET)传感器方面，纳米碳管具有以下几个优点：第一，纳米管在一个晶体管里形成导电通道；第二，纳米管一般位于支撑基底的表面，因此与外部环境直接接触。并且，所有电流都是流经横截面为纳米尺度的纳米线。上述这些特点都使得这种基于纳米碳管的 FET 传感器对周围环境的微小变化非常敏感，甚至可以检测到单个病毒。半导体型纳米碳管的导电率随着吸附气体的不同会有较大变化，也可以制成场致晶体管传感器，只是固态的栅极被吸附分子所取代。一般 SWCNT 场致晶体管有两种经典的器件设计：一种是使用单根的 SWCNT 作为源极、漏极之间的导电通路；另一种是使用纳米碳管网络作为电极间的导电通路。被分析物与纳米碳管之间可能有两种作用方式：一种是被分析物与纳米碳管之间的电势转移；另一种是被分析物通过纳米碳管形成散射电势。如果是依据电势转移的机制,电压的阈值会变得更正(拉电子)或更负(给电子),而散射机制则会引起导电率的整体降低。典型的纳米碳管场效应晶体管结合阵列包括初始时生物受体(如核苷、适配体、抗体或者共因子)的固定,这为目标分析物(如互补 DNA 链、蛋白质、抗原)提供了识别位点。在靶标结合前首先测量受体修饰装置的电流、电压或者导电性;而在结合靶标后再通过测量纳米碳管场效应晶体管的电流、电压或者导电性来获取靶标的信息。使用上述纳米碳管 FET 传感器,可以进行各种蛋白质、碳水化合物、DNA 的检测。例如,在蛋白质检测中,主要基于纳米碳管与蛋白质的相互作用。蛋白质中存在的氨基对纳米碳管表面具有亲和性,而肽链上芳香性的氨基酸(如组氨酸、色氨酸)也对蛋白质与纳米碳管之间的相互作用有一定贡献。然而,纳米碳管与蛋白质之间的相互作用基本上是非特异性的,只有通过化学修饰才能够实现蛋白质对纳米碳管可调节的吸附。这种修饰可以是共价修饰,也可以是非共价修饰。例如,Shim 等人将表面活性剂 Triton 与聚乙二醇[poly(ethylene glycol)]预先吸附在纳米碳管表面来修饰纳米碳管的表面,这样制备的传感器既可以检验非特异性吸附带来的阻抗变化,也可以对特异性的蛋白质吸附做出反应。为了提高传感器的敏感性,通常设计一种双层结构,其中识别层可以防止生物体系中复杂的非特异性吸附,提高化学敏感度。纳米碳管的传感器也可以进行一定的官能化形成生物相容的并具有识别蛋白质能力的“识别层”。例如,使用生物素(biotin)官能化的纳米碳管阵列连接两个微电极(源极和漏极)形成 FET 器件,它对抗生蛋白链菌素(streptavidin)非常敏感。SWCNT 首先使用聚乙烯亚胺与 PEG 的混合溶液涂覆一层,在纳米碳管上形成可与生物素(biotin-N-hydroxy-succinimidyl ester)偶联的氨基,而 PEG 可以防止蛋白质的非特异性吸附。这就构成了纳米碳管 FET 传感器的“识别层”。使用上述纳米碳管 FET 器件,Chen 等人研究了抗原与抗体之间的相互作用。Li 等人使用 SWCNT 网络的 FET 器件进行前列腺特异性抗体的检测,他们发现其敏感度已经达到了金属氧化物纳米线的水平。使用纳米碳管 FET 器件检测蛋白质之间的相互作用,其检测极限已达到 100 pmol/L～100 nmol/L,而 Byon 等人通过调整 FET 器件的构造已经使灵敏度达到 1 pmol/L。

Rusling 课题组应用纳米碳管“森林”实现了多种肿瘤标记物的灵敏检测。他们通过自组装技术使短的纳米碳管垂直立在电极表面,一端与电极相连,一端暴漏在电解液中。通过在切断的纳米管末端进行羧基功能化,可以改进纳米碳管的“森林”结构。组装是通过强的基底与纳米管间相互作用而紧密结合的,即是 SWCNT 与 COO^-/Fe^{3+} 间的相互作用或者是羧基化的纳米管与氨基化的基底间的化学共价作用。对于 SWCNT“森林”稳定性来说，一个重要因素是侧面通过纳米管壁的疏水作用形成直径为 30～20 nm 的纳米管束，从而使其稳定存在。从静电理论上来说，基本上任何平的表面上修饰高度为 20～250 nm 的 SWCNT 森林都是可行的。整个组装过程就是依次将基底浸入稀释的 Nafion 和 $FeCl_3$ 溶液中，然后在 DMF 的帮助下缓慢析出 Nafion 表面吸附的 Fe^{3+}，从而得到薄的 FeO(OH)/FeOCl 纳米晶体，然后浸入 DMF 分散的纳米管溶液中得到“森林”组装结构。这种便捷、比表面积大、可图形化的纳米结构特别适用于发展灵敏的生物传感器阵列。

在电化学免疫传感器设计方面，科学家们做出了巨大的努力。大多数方法是在电极表面上建立酶联免疫吸附测定体系。用来捕获抗原（如分析物）的一抗结合到电极表面上，之后的抗原结合、洗涤和酶标记物的检测都在同一个表面完成。典型的电化学免疫分析可分为竞争法和三明治法。在竞争法中，带有电活性酶标记物的抗原（如 Ag-HRP）与连接有底物的一抗（Abl）结合。随着电活性酶标记物（如 HRP 或 ALP）对底物（如 H_2O_2 或 α-萘基磷酸盐）氧化还原反应催化作用的进行，产生的信号与酶标记物的量成正比。如果被测抗原（Ag）与电活性 Ag-HRP 具有相同的结合常数，被测抗原（Ag）对 Ag-HRP 的置换所导致的信号减少与被测抗原的浓度成正比。由于难以精确测量两个接近检测限的大信号之间的差别，竞争法缺乏良好的检测限。三明治免疫分析法可以提供更好的选择性和灵敏度。在三明治法中，结合到电极表面的一抗（Ab_1）首先选择性地捕获样品中的抗原，然后标记有氧化还原酶的二抗（如 Ab_2-HRP）与抗原结合。三明治免疫分析法适于对蛋白质和细菌等具有大表面积、一次可与多个抗体结合的分子的分析。在传感器表面，Ab_2-HRP 与抗原的特异性结合使 Ab_1/Ag/Ab_2-HRP 复合物具有电活性。在加入 H_2O_2 之后，Ab_1/Ag/Ab_2-HRP 复合物将产生与结合的抗原的量成正比的信号。基于纳米碳管“森林”的电化学免疫分析方法已被成功应用于实际生物医学样本，如一种已确定的用于诊断和监测前列腺癌的生物标志物——前列腺特异性抗原（PSA）的检测。PSA 是第一个被广泛临床使用的肿瘤标志物，至今已被使用了 20 多年。在表现出相应的临床症状之前至少 5 年，患者血清中的 PSA 浓度就已处于一个“危险区”（4～10 $ng \cdot mL^{-1}$）。这表明 PSA 的检测对癌症的早期诊断是有效并具有指导性的。利用 SWCNT“森林”/抗体 1/抗原/抗体 2-HRP 夹心免疫测定与标准酶联免疫分析（ELISA）两种方法对癌症患者和未患癌患者血清中 PSA 检测结果的对比表明，基于 SWCNT“森林”的电化学免疫分析方法极有可能成为一种可靠的癌症和其他疾病的现场诊断方法。为进一步提高这种方法对组织或血清中痕量样品的检测灵敏度，这种纳米碳管“森林”的免疫传感器可进一步和 HRP-多壁碳管-二(HRP-MWNT-Ab_2)偶联，这样可以提高二抗上偶联的 HRP 的数量。在这种方法中，二抗和 HRP 可通过亚胺化反应与多壁碳管上大量的羧基偶联(混合比例为 1∶200)。与传统的基于二抗-HRP 的免疫传感器相比，这种方法可将检测限提高 100 倍，灵敏度提高 800 倍。这种方法对血清中的 PSA 的检测限为 100 amol·mL^{-1}，转化为质量检测限为 40 fg。利用这种方法，可以定量检出从冰冻的人前列腺组织中获取的 1000 个前列腺组织细胞(激光割破)溶解物中的 PSA。这些结果表明，这种基于纳米碳管衬底上的多个 HRP-二抗标记在蛋白质组学和系统生物学领域有广阔的应用前景。

纳米碳管也被用于电化学检测 DNA 杂交。例如，Wang 等人通过将几千个酶共价连接到纳米碳管与磁珠结合物上，可以检测到 10～21 mol/L 级别的 DNA。大约每个纳米碳管上平均连接 9600 个碱性磷酸酶(ALP)，产生两步放大作用：①每个碳管上有很多 ALP。②ALP 催化 α-萘基磷酸盐转换为 α-萘酚。而要得到如此超灵敏的检测限(1 fg/mL DNA)还需要额外的两步放大效应。③磁珠将杂交后的 SWCNT/ALP9600 浓缩到工作电极上。④释放的 α-萘酚在 MWCNT 平铺的工作电极上强烈地吸附聚集。这里需要强调的是用于组装 CNT/ALPn 的 SWCNT 或者 MWCNT 要先被氧化，使之具有水溶性。这么做除了可以产生大量的羧基以用于共价连接(用 EDC 活化)或者层层静电自组装外，还能防止单链 DNA 缠绕碳管，此外还可以将单链 DNA 共价组装到碳管上进一步与互补链杂交。

另外，DNA 与纳米碳管的相互作用也有很多研究报道，这种相互作用对于 FET 器件的构筑也非常有效，可以用来检测水汽，以及挥发性的丙酸、三甲基胺、甲醇、二甲基-甲基磷酸酯(dimethyl methylphosphonate，DMMP)、二硝基甲苯(dinitrotoluene，DNT)的气体分子。同时，由于 DNA 的异构化通常伴随着静电相互作用和电势转移，因此使用纳米碳管 FET 器件也可以监测 DNA 的异构化过程。Tang 等人探索了 DNA 与纳米碳管作为传感器的机制。他们发现 DNA 是在金电极上发生异构化，而不是在纳米碳管表面，纳米碳管与金电极接触部分的能级的调制引起了电导的变化，因此他们相信对于 DNA 传感而言，Schottky 势垒的调制对于检测更加重要。Star 等人报道了使用纳米碳管网络 FET 来进行 DNA 异构化的无标记检测，这种无标记的电学检测系统向开发低成本、简单高效并且精确的分子诊断器件前进了一大步。Gui 等人研究了不同金属电极的纳米碳管网络 FET 器件，他们的研究进一步证实了金属与 SWCNT 结合处对 DNA 传感的重要性。Heller 等人通过一系列蛋白质吸附的实验发现，静电栅极和 Schotteky 势垒效应是两个与纳米碳管 FET 检测的机制相关的方面，其中静电栅极的可重复性更好。目前，尽管纳米碳管 FET 器件作为生物传感器已经取得了很大的发展，但未来仍然有很多方面可以发掘，例如，在活细胞中的检测等。

总之，基于纳米碳管的晶体管和电化学生物传感器已经展示了在生物医学诊断领域应用的前景。以纳米碳管"森林"为代表的有序的纳米管阵列将成为获得最佳灵敏度和检测极限的必要条件。要充分发挥这些纳米管器件的潜能，实现对多种生物分子的检测，就需要将这些器件整合成可单点寻址的阵列。这样的装置可以应用到现代生物医学的各个领域，如基因组学、蛋白质组学、癌症诊断和代谢组学等。基于纳米碳管的免疫传感器已经被用于人血清和组织等实际样本中的 PSA 检测，且优于目前已有的免疫检测手段。这些免疫传感器可以很容易地被移植到其他生物学标记物、细菌、病原等物质的检测中，并且这些传感器所具备的阵列化的潜力将使得组装廉价的并发多靶标检测芯片成为可能，从而显著提高早期癌症诊断的成功率和准确率。

值得指出的是，SWCNT 的不同电子过渡态，使得 SWCNT 的样品同质性成为一个很大的问题。例如，在单壁碳管的直径＜2 nm 时，尤其是＜1.5 nm 时，即使该碳管样品已经根据类型（导体或半导体）和 d_t 不同进行了分离，其手性和形态的不同仍然会造成其性质不均一。我们相信，随着本领域的工作者越来越多地把各种生物信号和纳米碳管的电子过渡态特性结合在一起，这种性质不均一性有可能得到解决，并对将来基于碳管的器件研究产生重大影响。

6.2　碳纳米管的环境分析应用

6.2.1　纳米碳管在环境领域的应用

在吸附方面，早期的研究认为碳管中的毛细作用力非常之大，借助范德华力和极性分子中的偶极-诱导偶极的作用力，足以从气相或液相把分子拉到它的"吸管"中，这为研究纳米碳管作为吸附材料提供了理论基础。但是，由于这项研究忽略了润湿在纳米碳管毛细作用中的影响，因此不够完整。Dujar-din 对初期的模型进行了修正，使用 Laplace 方程去预测各种金属在纳米碳管中的毛细作用。具有高表面张力的液体不润湿纳米碳管（低于 72 $mN \cdot m^{-1}$），但是水和大部分有机溶剂具有较低的表面张力或者与纳米碳管表面有足够强的分子间相互作用，会产生毛细现象。纳米碳管具有的纳米孔道，使它在微孔吸附材料方面具有一定的优势。在环境领域中的应用，主要是污染物的清除和储氢材料两个方面。例如，MWCNT 与钡离子交联的海藻酸盐形成一种笼状的复合材料，由于笼子表面带有负电荷，因此限制了分子质量大的阴离子如腐殖酸的吸附，而具有较大尺寸的胶体颗粒也由于体积排除效应而无法进入，只有离子型的染料可以进入笼子，并且凭借染料分子的芳香环与纳米碳管的石墨层的范德华力而被吸附住，对于吖啶橙、溴化乙锭、蓝曙红和橙黄 G 的吸附容量，每毫克复合材料可以高达 0.44 mol、0.43 mol、0.33 mol、0.31 mol。研究者认为这种材料可以在环境治理方面得到应用。尤其是纳米碳管对于二噁英的强吸附性能引起了广泛的关注。Xing 等人对纳米碳管吸附有机类分子做了专门研究，发表了一系列文章，并从机制上进行了探讨。他们认为对不同的有机物(极性与非极性)来说可能存在不同的吸附机制，因此没有一个通用的模型来解释有机物与纳米碳管的相互作用。另外，纳米碳管的悬浮性能对其与有机物的相互作用也有很大影响。他们认为纳米碳管由于其出色的吸附性能，在水处理方面具有潜在的应用价值，需要进一步系统的研究去评估其性能和成本。除了在一般污染物的吸附方面，科学家也探讨了纳米碳管对特殊污染物的处理所能发挥的作用，如核废料。一些文章专门研究了纳米碳管与镧系和锕系金属离子的相互作用。例如，Wang 等人研究了在室温条件下，$NaClO_4$ 溶液中 MWC-NT 对^{243}Am(Ⅲ)的吸附，发现吸附效率极高，每克多壁碳管的吸附超过 40 mg，他们认为这主要是由于在 MWCNT 表面形成了非常稳定的复合物的原因。这种机制与通常使用的活性炭的吸附机制截然不同。对于活性炭来说，范德华力是吸附力的主要来源。不过，目前由于碳管的来源不同，所进行的化学处理方式不同，对于纳米碳管在吸附放射性核物质的效率方面还没有形成一个共识，国际上对这方面的研究还在不断深化。除此之外，纳米碳管对于四氟甲烷这种对大气的温室效应影响极大的特殊物质的吸附也引起了大家的关注。另外，纳米碳管不仅自身可以作为吸附剂使用，而且它与其他物质所形成的混合物的吸附作用也是近来研究的一个重要方向。例如，纳米碳管上负载 CeO_2 纳米颗粒形成的复合材料对于砷酸盐和铬酸盐的吸附，负载无定形氧化铝后对氟化物的清除，与聚吡咯复合后对高氯酸盐的分离作用等。尽管纳米碳管与传统的吸附剂在效率与成本方面的评估还在进行，对于纳米碳管在污染物方面吸附的研究正成为其应用方面的一个新的亮点。

受到包覆一层金的聚合物纳米管作为分子级滤膜研究的启发 E2533，官能化的纳米碳管作为选择性滤膜的研究逐步开展起来。通过调节纳米碳管的孔径、表面疏水性能和碳管端头官能化对于通道的“闸门”作用，滤膜的性能逐步优化。定向排列的纳米碳管薄膜本征的对称性结构有助于降低传统的不对称薄膜在脱盐以及其他渗透压驱动的膜技术在实用中出现的浓度极化效应。Holt 等人进一步把所使用的纳米碳管的孔径缩小至 2 nm(双壁管)以提高尺寸的选择性。同时，如果通过化学修饰把纳米碳管的端头接上亲水基团，会增加水分子与纳米碳管的相互作用，以此来增加膜的通量。Li 等人报道通过压缩纳米碳管薄膜来调节纳米碳管滤膜的孔径，以此来进行分子分离。另外，定向的纳米碳管薄膜所展示的流速比传统流体理论预期的高出 4～5 个数量级，对于这个特殊现象，目前普遍认为是由于碳管的疏水性能，光滑的内壁可以降低水分子通过的摩擦力，因此流速得以提高。

尽管纳米碳管定向膜具有上述优异的性能，但是其制备的难度使这个方面的研究还处于初期，而使用纳米碳管增强并改善传统反渗透滤膜的性能就显得更加具有实用性。例如，Choi 等人通过在聚合物中添加 1.5%(质量分数)MWC-NT 来改变其黏度和热力学稳定性，这样通过溶液涂覆所获得的复合材料薄膜的孔隙率达到最高。MWCNT 的滤芯还具有清除细菌的效果。SWCNT 的滤芯清除细菌的效果更加显著，并且对水中的有害病原体也具有清除功效。而官能化的 MWCNT 在吸收尼古丁和焦油方面的效果也使它在烟草滤嘴上有所应用。

近来纳米碳管在环境方面的应用拓展到一个新的领域，即病原体的控制。研究发现大肠杆菌 K12 直接与 SWCNT 接触后会失活，其机制可能是纳米碳管破坏了细胞膜。如果在 SWCNT 上面负载一些纳米银颗粒或者具有光催化特性的 TiO_2 半导体材料，其抗菌性能也很好。目前，纳米碳管对于各种微生物的毒性研究还正在继续，研究者希望能够使用纳米碳管开发出一种特殊的抗菌表面涂层，解决饮用水系统、医学植入器件和水下物体表面的抗菌问题。

纳米碳管作为环境监测的传感器也是目前研究的一个重要领域。纳米碳管由于具有出色的电导性能、化学稳定性和高的表面积、机械强度，以及能够官能化等优点，在化学、生物、热、光、压力、形变以及流动传感方面都有研究。在 SiO_2 基底中定向排列生长的 MWCNT 可以在离子化传感器中作为阳极进行气体探测。纳米碳管对于传感器领域来说是一个重大的突破。纳米碳管的尖端可以使它在低电压条件下产生高电场，可以作为便携的使用电池的小型传感器。每一种气体分析试样通过电场分解，所形成的带电物质在纳米碳管表面吸附，可以改变纳米碳管的电导率，由此建立起电流扰动与分析物成分或浓度关系的信息。例如，Kong 开发的气体传感器使用半导体型的 SWCNT，在室温百万分之一浓度的 NO_2 或 NH_3 下即可出现三个数量级的电阻变化。另外，通过直接在纳米碳管电极上吸附聚集的核酸与蛋白质可以实现无标记的电学检测，并且这种传感器的灵敏度可达 10^{-18} $mol \cdot L^{-1}$，甚至是 10^{-21} $mol \cdot L^{-1}$的水平。

在可再生能源方面，纳米碳管的应用也是多方面的，比如，利用纳米碳管作为阳极，设计在核电力设施中使用的新一代射线监测器，定向排列的结构对称的纳米碳管薄膜预期可以设计为低热的渗透热引擎中所使用的渗透膜，在风力发电装置中作为轻便而高强度的材料也可以提高其装置的性能。在太阳能电池中，纳米碳管也可以找到用武之地。SWCNT 薄膜在有机太阳能电池中可以用于制造低成本、透明、导电性好，并且柔软的阳极材料；而 DWCNT 薄膜自身即可作为太阳能电池的能量转换材料，纳米碳管既作为生光的位点，又可作为电子收集与传导的介质，其能量转化效率可以超过 1%。一些纳米碳管与半导体材料如 TiO_2、SnO_2、CdSe、CdS 形成的复合材料也显示了很好的应用前景。例如，CdS-SWCNT 的复合材料在把可见光转化为光电流方面具有超高的效率。在光电化学电池中，半导体型的纳米碳管在紫外线照射下会出现电势分离，引发电势转移到溶液相的反应试剂中。然而，直接使用纳米碳管在光电化学电池中的表现不如 TiO_2的性能优异，不过，纳米碳管在降低电子复合方面比 TiO_2有优势，可以作为导电的支架材料去把电子传导到电极上。如果使用手性单一的纳米碳管会明显提高纳米碳管支架材料的导电效率。在燃料电池中的质子交换膜中，纳米碳管的使用也可以提高其电势转移效率，优化碳电极、贵金属催化剂与质子导体之间的接触，并且在酸度很高的阴极上，纳米碳管的使用会提高其耐腐蚀性。同时，在 SWCNT 上负载的铂重结晶的速率会大大减慢，由此提高了燃料电池的使用寿命。美国戴顿大学的 Gong 等人研究发现在垂直排列的纳米碳管阵列中，如果有碳原子被氮原子取代，这种掺杂的纳米碳管阵列能够还原碱性溶液中的氧，且比燃料电池中所采用的铂催化剂更为有效。同时，纳米碳管催化剂对于 CO 这种使铂催化剂中毒的物质并不敏感。这项发现将有可能降低燃料电池的成本，极大地推动燃料电池的大规模应用。

6.2.2 基于碳纳米管的环境电分析化学

碳纳米管(CNTs)为六角网状中空结构，含有大量 sp^2 杂化的碳原子，这就决定了碳纳米管拥有众多独特的电子、化学和物理性质。CNTs 大的表面积、良好的吸附能力、较多的催化活性位点以及优异的电子传递性能等特性促使其作为电极修饰材料在电化学传感领域得到了广泛的应用，并且优化了电化学传感器的检测范围、反应速度和灵敏度。CNTs 的纯材料和复合材料已广泛应用于对环境污染物的电化学传感领域，如重金属离子、有机污染物、有机农药及无机阴离子的检测，CNTs类修饰电极在环境污染物的检测中表现出优异的选择性、稳定性以及较低的检出限。

1. 重金属离子

基于纯的碳纳米管本身具备较大的比表面积，可以促使界面的电子转移反应，其修饰电极可用于检测重金属离子。Soltani等人通过吸附溶出伏安法研究了多壁碳纳米管修饰的印刷电极对Th(Ⅳ)的检测，结果表明，修饰电极对痕量的Th(Ⅳ)具备较快且稳定的电化学响应，Th(Ⅳ)的浓度与电化学响应信号在$0.5\times10^{-9}\sim2.2\times10^{-8}$ mol·L^{-1}范围内具有良好的线性关系，检测限达到了0.5 nmol·L^{-1}。

然而纯的碳纳米管修饰电极在实际检测中具有较大的背景电流且易污染电极，因而限制了其在重金属离子分析检测领域的发展。如前所述，碳纳米管具备独特的结构和优良的性质，对CNT进行氧化或者在其表面修饰某种特异性配体，可使得重金属离子与特异功能基团产生配位从而提高分析性能，在检测环境重金属离子方面具有更广阔的应用前景。碳纳米管在一定条件下可以在静电吸附作用下自主且稳定地吸附金属离子，在一定电压下即可在电极表面形成致密的、小尺度的且大小均一的金属纳米膜，因而近年来许多工作都致力于设计和制备金属/CNT修饰材料。Ouyang等人用羧基功能化SWNTs作为铋的沉积载体，成功制备出Bi/SWNTs/GCE修饰电极，由于该修饰电极存在带负电荷的SWNTs和带正电荷的Bi(Ⅲ)之间的静电作用，从而使得修饰电极具有更好的电子传递能力、更大的表面积、更好的形态和亲水性。这种静电作用在检测河水样品中Cr(Ⅵ)的含量过程中，具有更宽的检测范围、更低的检测限和良好的重现性与再生性。此外，贵金属纳米粒子也可以用来修饰CNT，构筑基于贵金属/碳纳米管复合材料电化学传感平台。Xu等人用微波辐射合成将PtNPs修饰到CNTs上，用PtNPs/CNTs/GCE对As(Ⅲ)进行了电化学分析，检测限达到了0.12×10^{-9}，线性范围为5 nmol·L^{-1}～1000 μmol·L^{-1}。

金属/碳纳米管修饰电极相比于裸电极具有更高的催化性能，为了改善金属/ CNT材料修饰电极的分析性能，还可在材料中加入聚合物来改善和提高其选择性和稳定性。大量研究表明，聚合物修饰CNTs可以明显增加CNTs的稳定性和溶解性，改善CNTs在聚合物基体中的分散性、相容性以及界面作用，促进载荷在基体与纳米管间的转移。Shao等人采用等离子体引发聚合技术制备了聚苯胺/多壁碳纳米管(PANI/MWCNT)复合修饰电极，并用此修饰电极检测水中的Pb(Ⅱ)。由于MWCNT表面的PAN1分子中的氨基和亚氨基对 Pb(Ⅱ)有很强的吸附作用,因此 PANI 改性可以显著提高 MWCNT 的吸附能力。PANI/ MWCNT 复合材料同时具有磁性,可以通过磁场作用实现分离,进而达到处理重金属污染的目的。

除金属纳米和聚合物对碳纳米材料的增敏以外,还可以利用有机物分子与重金属离子之间的强烈配位作用来构筑有机分子/碳纳米管复合材料的电化学传感平台,达到对重金属离子选择性检测的目的。Kang 等人制备了 MWCNT-NH_2修饰材料,再将其修饰到掺锡氧化铟电极(ITO)上,用循环伏安法对 Cu(Ⅱ)检测进行了研究。Mohadesi 等人将 PAN[1-(2-吡啶偶氮)-2-萘酚]修饰到 MWCNT 上,用 DPASV 对 Pb(Ⅱ)进行了检测。此外,CNT 同样也可以修饰不同的生物配体,如氨基酸、DNA 和酶等,这些物质同样可以与重金属离子发生特异性配位。如 Morton 等人将半胱氨酸(Cys)通过共价键修饰到 CNT 上,由于 Cys 是一种与重金属离子具有很强配位能力的氨基酸,因而修饰电极对 Pb^{2+} 和 Cu^{2+} 的检测显示了很好的分析性能。Liu 等人通过层层自组装技术将 DNA 修饰到 SWCNT 上,该修饰电极可以在中性条件下对 As(Ⅲ)进行较为灵敏的检测,其检测限为 0.05×10^{-9}。

2. 无机阴离子

碳纳米管作为一维碳纳米材料,不仅能够增强电化学反应的活性,其结构中富含的中空型孔道还赋予其对无机阴离子具有良好的吸附及存储能力。这些性质还使得碳纳米管与其他材料复合时,能够将一些无机纳米粒子进行均匀的分散和良好的固定,不仅可以增强修饰电极的电子传递能力,还使修饰电极具有更多的活性中心,因而在环境无机阴离子的分析检测中得到了广泛的应用。

由于制备碳纳米管膜修饰电极所面临的最大挑战是它几乎不溶于所有的溶剂,因而制备碳纳米管修饰膜时既要保持碳纳米管优良的电化学特性,还应具备分散剂的特性。为此,需外加引入特异功能的分子或溶剂以达到预期的效果。Zeng 等人将天然高分子壳聚糖(chitosan)作为多壁碳纳米管的分散剂,将分散液滴涂于玻碳电极表面,成功得到稳定性和重现性都很好的碳纳米管修饰层。这种 MWNTs-ehitosan 修饰电极不仅具有碳纳米管的特性,而且还兼有壳聚糖的选择吸附阴离子的性能,修饰电极对 Br-的检测限达到 $9.6\times10^{-8}\ g\cdot mL^{-1}$。除上述天然高分子外,一些金属或金属氧化物纳米粒子也具有同样的效果。金属氧化物纳米粒子由于具有很高的比表面积和活性位点。如铜纳米粒子与其他纳米粒子相比,不仅可以提高分析介质的电流响应,且成本较低,适合于亚硝酸离子的检测。Yang 等人通过一步电沉积方法制备了CuO/CNTs/CS复合物膜修饰电极，将该修饰电极用于亚硝酸根的检测，研究表明修饰电极对NO_2^-具有良好的电催化还原能力。该电极制备方法简单，线性范围为0.1 μmol·L^{-1}～2.5 mmol·L^{-1}，检测限为0.024 μmol·L^{-1}，在亚硝酸根离子的实际样品分析中表现出了潜在的应用价值。此外，碳纳米管常还可与导电聚合物复合，其中聚苯胺链中的氮原子具有电化学催化活性，对CrO_4^{2-}、AsO_4^{3-}、BrO_3^-等阴离子具有电化学催化还原的能力。Ding等人用简便的方法研究了聚苯胺/碳纳米管复合修饰电极对目标物BrO_3^-的电化学催化还原性能进行电化学分析，研究表明，BrO_3^-在修饰电极上具有较为快速、稳定和灵敏的电化学响应。相比纯的碳纳米管修饰电极，复合修饰电极的电化学性能得到了显著的提高。

3. 有机污染物

与传统碳材料相比，碳纳米管作为电极材料具有许多优点：①优良的电子传导性能。碳纳米管上碳原子的p电子形成大范围的离域π键，共轭效应非常显著，所以具有优良的电学性质。②极好的电化学性能。由于碳纳米管管内的隧道效应，电荷在其中的传输速度比在石墨中更快，用作电化学反应中的电极时，可呈现出更快的电荷传递速率。③电化学稳定性很高，且具有较宽的电化学窗口。在特定的条件下，碳纳米管表面还可以通过π-π或者共价键等方式引入一些具有反应活性的基团，并可进一步拓展其应用。④碳纳米管的直径一般不超过100 nm，具有径向尺度小、比表面积大的优点。上述诸多优点使得碳纳米修饰电极的比表面积大大提高，可为电化学反应提供充足的反应场所。环境中的有机污染物大多具有电化学活性，因此可用碳纳米管修饰电极来实现对污染物的直接或间接电化学检测。

硝基苯作为有机污染物，毒性较强，吸入大量蒸气或皮肤大量沾染后，会引起急性中毒，并引起头痛、恶心、呕吐等症状。环境中的硝基苯主要来自化工厂和染料厂的废水废气，尤其是苯胺染料厂排出的污水中含有大量硝基苯。此外，储运过程中的意外事故，也会造成硝基苯的严重污染。基于碳纳米材料的电化学方法在硝基苯的检测中得到广泛的应用。例如，李等人制备了碳纳米管修饰的碳糊电极，并研究了硝基苯在修饰电极上的电化学氧化还原行为，在Britton-Robinson缓冲溶液中实现了硝基苯的电化学测定，线性范围为1.2×10^{-5}～1.2×10^{-3} mol·L^{-1}，检测下限为2.4×10^{-6} mol·L^{-1}。该研究证明了CNTs特有的高比表面积和快速电子转移作用提高了目标物在电极表面的直接电化学检测灵敏度。然而纯的碳纳米管修饰电极，其应用较为局限，如将其与金属粒子复合，由于金属粒子高的导电性，强的催化能力，使得复合材料会表现出更加优异的电化学性能。然而复合材料在电极上极不稳定，因此需要在修饰电极之前，需要在复合材料上添加一些成膜剂（如 Nation、壳聚糖等）、添加剂等进行改性以制备成具有特殊功能化的电极基底复合材料，使得复合材料牢牢地固定在电极上面，增加电极的稳定性。功能化的碳纳米管修饰电极不仅可以高效检测苯类有机污染物，还可以检测环境中的胺类污染物。比如苯乙醇胺 A(PEA)，是一种兴奋剂，于 2011 年被发现添加于猪食饲料中，引发了多起中毒事件，引起我国政府的高度重视。人们食用含 PEA 的肉制品就会引起各种不良反应，所以对 PEA 快速灵敏的检测也是电分析领域的一个研究热点。赖等人依次将 AuNPs、MWC-NTs、Nation 修饰到 GCE 表面上，实现了 PEA 的电化学检测。电极上的 AuNPs、MWCNTs 和 Nalion 共同放大了 PEA 的还原信号，从而大大提高了检测的灵敏度。在优化条件下，该电化学传感器对 PEA 的检测线性范围是 0.01～10 μmol・L^{-1}，最低检测限达到 0.005 μmol・L^{-1}。

但是传统的电化学分析在选择性方面略显不足，因此科研人员们就发展了抗原抗体结合的免疫学方法来提高电化学分析方法的特异性和选择性。Liu 等人制备出基于 MWCNTs 的电化学免疫传感器并将其用于检测瘦肉精——盐酸克伦特罗(clenbuterol，CLB)。该传感检测的机理是连接有山羊抗小鼠的免疫球蛋白 G(IgG)的 MWCNTs 修饰电极置于检测体系中，体系中的 CLB 与辣根过氧化物酶(HRP)标记的 CLB 竞争与电极上的抗体发生免疫反应，从而使得一定量的 HRP 结合在电极上，进而在过氧化氢底物的作用下，产生催化电流信号。由于待测的 CLB 会抑制催化电流，进而对目标物进行有效的电化学分析，该方法的最低检测限可达到 0.1 ng・mL^{-1}，整个分析过程只需要 16 min，且稳定性好。

4. 其他典型污染物

碳纳米管具有许多优异的物理和化学特性，其外壁上存在更多的边缘碳位，并且外表面上的官能团丰富，对有机农药和有机染料也有很强的吸附能力和催化效率，因此碳纳米管被广泛地应用于有机农药及有机染料的电分析领域。例如，Chicharro 等人自制了多壁碳纳米管(MWCNT)修饰的碳糊电极(CPE)，利用吸附溶出伏安法(AdSV)检测除草剂氨基三唑(俗称杀草强)。该实验得到的检测范围为 0.8～7.0 μmol・L^{-1}，检出限为 0.6 μmol・L^{-1}，而且对自来水和河水样本的检测得到了满意的结果。也有研究者将纳米金属(如 Pt、Cu、Co)或纳米金属氧化物等和碳纳米管制成复合材料，利用碳纳米管的强烈的表面富集作用与纳米金属及金属氧化物能增强电极活性面积和电子转移能力之间的协同作用，实现了对有机农药高灵敏的检测。

如霍等人将CuNWs（铜纳米线）经过高温煅烧处理制备得到了CuONWs（氧化铜纳米线），并与SWCNTs复合得到CuONWs-SWCNTs，利用循环伏安法、交流阻抗法以及差分脉冲伏安法对马拉硫磷进行了电化学检测。再如碳纳米管与聚合物之间形成共价键会有效地改善电极界面间的负载与传输，也可以提高对有机农药的检测能力。Zhang等人经过一系列化学反应，在低温条件下制备出的碳纳米管-聚乙烯复合材料，这种新型复合纳米材料所制备的电极在实现有机农药残留检测方面得到了较好的应用，对有机农药西维因的最低检出限可达10^{-12} g·L^{-1}。Manisankar等人分别将聚苯胺和聚吡咯（PPy）沉积到多壁碳纳米管（MWCNT）修饰的电极上，用差分脉冲溶出伏安法（DPSV）检测了三种苯氧基型杀虫剂氯氰菊酯（CYP）、溴氰菊酯（DEL）和氰戊菊酯（FEN）。其中PPy/MWCNT/GC电极的检测性能最好，对三种农药的检测范围可达0.01～100 mg·L^{-1}，可以有效地检测实际土壤样本中的几种有机农药残留物。

单一本征的碳纳米管以其优异的性能在有机染料分子的检测中发挥巨大的优势。例如，Gan等人制备了单一本征的碳纳米管修饰电极并研究了苏丹Ⅰ的电化学行为，在最优条件下对苏丹Ⅰ进行了定量的测定，得到较好的结果；其检测范围是0.01～1.0 mg·L^{-1}，检测限是5.0 μg·L^{-1}，并将该法用于实际样品——番茄制品中苏丹Ⅰ检测，也得到了较好的结果。同时也表明了在CNT修饰电极上，用电化学方法检测苏丹Ⅰ是一种相对快速、简便、价廉和实用的分析方法。纯的碳纳米管修饰材料虽然可以用来检测环境中的部分有机染料分子，但是其对目标物的选择性与灵敏度往往达不到实际的需要。因此，可将其进行功能化，在提高性能的基础上拓展其应用范围。如吴等人经过层层自组装方式得到的Fe@Fe_2O_3/Au-MCNTs/PDDA/GCE复合膜修饰电极并将其作为E-Fenton法中的阴极，用于偶氮染料亚甲基蓝（MB）的降解。其基本原理是在恒电压条件下吸附到阴极复合材料上的O_2发生电解还原反应生成具有氧化活性的H_2O_2，与从复合膜电极中Fe@Fe_2O_3核-壳结构中缓慢溶出的铁离子作为Fenton试剂的间接来源，H_2O_2与Fe^{2+}相互反应生成高活性的羟自由基（·OH），利用·OH所具有超强氧化能力去降解亚甲基蓝。采用循环伏安法（CV）、电化学阻抗谱（EIS）、X射线衍射（XRD）、扫描电子显微镜（SEM）、紫外-可见分光光度法（UV-VIS）、傅里叶变换红外光谱（FTIR）等方法进行表征，发现在优化体系的条件下复合材料对亚甲基蓝降解率可达71.7%，说明复合材料对其具有较高的催化活性。基于碳纳米管及其复合材料这独特的性质，人们发现此类材料在有机农药和有机染料分子的电化学分析领域中拥有诱人的前景。

6.3 碳纳米管的医药领域应用

6.3.1 基于碳纳米管的药物电分析化学

碳纳米管含有大量的 sp^2 杂化的碳原子，可以看作单层或多层石墨片卷曲而成的无缝中空管状结构。其中多壁碳纳米管具有层间孔隙，单壁碳纳米管具有管间孔隙，这些特殊的结构使其具有丰富的孔隙结构。此外，碳纳米管还具有比表面积大、吸附能力强、催化活性位点多、表面原子的密度大和表面结构的可修饰性等特点，这些特点使其在电化学传感领域显示出了巨大的潜力。由于 CNTs 类修饰电极在药物的检测中表现出了优异的选择性、稳定性以及较低的检出限。因而使得 CNTs 的单一本征材料和复合材料已广泛应用于药物电分析检测领域，如抗生素类、抗病毒类、镇痛类及激素类药物的电化学检测。

1. 抗生素类药物

由于碳纳米管具有特殊的电化学性能，在化学修饰电极和抗生素类药物传感器中受到了广泛的关注。钮等人以 MWNT/GC 修饰电极为工作电极，Pt 丝电极为对电极，饱和甘汞电极为参比电极，系统地研究了氯霉素（一类广谱抗生素，有可能引发人的再生障碍性贫血，同时还会引起视神经炎、皮疹等不良反应等副作用，许多国家都定期进行氯霉素残留检测）在该修饰电极表面的电化学行为，线性扫描伏安法表明氯霉素在 2.00×10^{-9} mol · mL^{-1}～1.00×10^{-6}浓度范围内具有良好的线性关系，检出限为 4.40×10^{-10} mol · L^{-1}。

以上研究表明，单一本征的碳纳米管修饰电极在抗生素类药物电分析中已表现出了巨大的潜力。研究人员也发现，将碳纳米管与其他材料进行复合后将会进一步提高对抗生素类药物的电化学分析检测的灵敏度，从而拓展了其在抗生素药物电分析中的应用范围。阿霉素（adriamycin，ADM）是一种抗肿瘤类抗生素，可以插入双链 DNA（dsDNA）相邻的碱基对，并与 dsDNA 双螺旋产生强烈的作用，进而抑制 RNA 和 DNA 的合成，对多种肿瘤均有一定的抑制作用，属周期非特异性药物。因此，检测病人服用阿霉素后尿样或血样中的阿霉素含量有重要的临床价值。胡等人以固定在氧化铟锡（ITO）电极上的多壁碳纳米管为基底吸附钴纳米粒子，制备了复合纳米材料修饰电极(Co/CNT/ITO)。表征发现,钴纳米颗粒均匀分散在碳纳米管表面。阿霉素(ADM)在纳米钴/碳纳米管/ITO电极上的电化学实验也表明,ADM在电极表面产生明显的不可逆氧化峰,峰电流与ADM浓度在$1.0\times10^{-9}\sim5.0\times10^{-7}$ mol·L^{-1}范围内呈线性关系,检出限为1.0×10^{-9} mol·L^{-1},可用于实际临床检测。柔红霉素(DNR)是一种蒽醌类抗癌药物,也是典型的抗生素类药物,具有一定的抗癌活性,也能影响线粒体结构和功能,但用量不当会造成心肌损伤。因此,建立灵敏检测DNR的方法对其药理研究和临床治疗是非常重要的。胡等人将碳纳米管与金纳米进行复合后修饰在金电极上制成了复合材料修饰电极,并用于柔红霉素的电化学行为研究和检测分析。结果表明,在一定浓度磷酸盐缓冲溶液中(pH=5.81),DNR在碳纳米管-金纳米修饰电极上有一对灵敏的氧化还原峰,其还原峰电流与DNR的浓度在$3.2\times10^{-8}\sim1.0\times10^{-6}$ mol·L^{-1}和$1.0\times10^{-6}\sim2.2\times10^{-5}$ mol·L^{-1}的范围内呈现良好的线性关系,该方法对DNR的检出限为1.62×10^{-8} mol·L^{-1}。

2. 抗病毒类药物

碳纳米管在电化学分析检测领域具有广泛的应用前景,在药物电分析领域也得到了较为广泛的应用。如任等人研究了抗病毒、抗肿瘤类药物苦参碱(ma-trine,MT)在多壁碳纳米管修饰的玻碳电极(MWCNT/GCE)上的电化学行为。与GCE相比,MT在MWCNT/GCE上的峰电位负移了120 mV,峰电流增大约2.5倍,表明MWCNT/GCE对MT的电化学氧化具有良好的电催化作用。随着研究的深入,人们也发现碳纳米管和其他碳纳米材料一样,普遍存在分散性差和易团聚等一些缺点,从而限制了它们的应用。为此,对碳纳米材料进行表面修饰或复合其他类型的材料可明显改善其电化学性能。林等人以Nalion分散羧基化的多壁碳纳米管(MWC-NT)制备了修饰电极,用于抗病毒药物盐酸伐昔洛韦的测定。研究表明,经羧基化和Nafion分散后的修饰电极不仅具有制备方便、稳定性好、催化活性高等优点,而且对目标检测药物具有明显的电催化作用。盐酸伐昔洛韦在$4.0\times10^{-7}\sim1.0\times10^{-5}$ mol·L^{-1}浓度范围内与其氧化峰电流呈良好的线性关系,检测限为2.3×10^{-7} mol·L^{-1}。此外,一些金属纳米粒子和有机聚合物与碳纳米管的复合材料对抗病毒类药物的电化学检测也有较为优异的效果。金属纳米粒子由于具有很高的比表面积和大量的活性位点,与碳纳米管复合后得到的修饰电极可明显地提高目标物的电流响应,容易实现信号的放大与增敏。Gholivand等制备了一种金纳米/分子印刷聚合物/多壁碳纳米管修饰电极。修饰电极在高浓度干扰物存在的条件下,对目标检测物具有超灵敏、宽浓度范围的电化学检测效果，其检测限达到了 1.5 $mol \cdot L^{-1}$。又如 Paimard 等人利用羧基化多壁碳纳米管较多的活性位点，将其与磁性 Fe_3O_4 纳米颗粒成功复合，制备了可以用于检测人体血清和尿液中抗病毒药物更昔韦洛的修饰电极。研究表明，该修饰电极对目标物具有较为优异的电化学检测效果，并可用于实际样品中抗病毒药物的电化学检测。此外，导电聚合物与碳纳米管之间由于存在着较强的相互作用，它们组成的复合物也非常有利于电子或空穴的传输，从而使得复合材料作为电极修饰材料的各种电化学性能有较大幅度的提高，赋予了导电聚合物和碳纳米管复合材料一些新的电化学性能。Shahrokhian 等人研究了抗病毒药物阿昔韦洛在碳纳米管/聚吡咯复合修饰电极上的电催化效果，研究发现，阿昔韦洛在复合修饰电极表面发生了两电子、两质子的电化学反应。在最佳条件下，可以利用线性扫描伏安法(LSV)对目标物阿昔韦洛进行电化学检测。

3. 镇痛类药物

碳纳米管作为一种良好的电极修饰材料，具有独特的电子传递性质、明显的量子效应和较强的吸附性质等，已成为电分析领域的研究热点。利用碳纳米管对一些镇痛类药物良好的吸附性能，可以实现碳纳米管修饰电极对镇痛类药物的电催化及电化学分析检测。

延胡索乙素(tetrahydropalmatine，THP)，学名四氢巴马汀，是中药元胡(rhizoma corydalis，又名延胡索、玄胡、玄胡索)的主要成分，药理作用表现为镇痛、催眠、安定、降低冠脉阻力及增加血流量等。建立对其快速、简便的电化学测定方法对于探讨延胡索乙素在临床应用和生理机制等具有十分重要的意义。陈等人建立了一种基于碳纳米材料修饰电极的电化学方法检测药物中延胡索乙素的简便方法。借助碳纳米管修饰的玻碳电极，用方波伏安法研究了 THP 的电化学行为。在 pH 为 6.20 的酒石酸缓冲液中，THP 在约 +0.9 V(vs. Ag/AgCl)电位处产生一个明显的阳极氧化峰，峰电流与 THP 的浓度在 $8.0\times10^{-7}\sim5.0\times10^{-5}$ $mol \cdot L^{-1}$ 范围内呈良好的线性关系，检测限达 3.0×10^{-7} $mol \cdot L^{-1}$。吲哚美辛(indomethacin)又称消炎痛，属于非甾体类抗炎药物，其化学名为 2-甲基-1-(4-氯苯甲酰基)-5-甲氧基-1*H*-吲哚-3-乙酸。吲哚美辛具有抗炎、抗风湿、抗过敏、解热、止痛等作用，是临床中常用的一种镇痛药物。徐等人利用碳纳米管对吲哚美辛的吸附性能，研究了吲哚美辛在单壁碳纳米管修饰电极上的电化学行为，吲哚美辛在 $5.5\times10^{-7}\sim1.1\times10^{-5}$ $mol \cdot L^{-1}$ 的浓度范围内与其氧化峰电流呈良好的线性关系，检出限为 1.1×10^{-7} $mol \cdot L^{-1}$。

上述研究表明，碳纳米管对目标物的良好吸附性能和其作为修饰剂本身良好的电导性，在电化学检测镇痛类药物中表现出了较为显著的电催化增敏作用。然而，单一本征的碳纳米管修饰电极的应用还是要受到材料本身一些物理性能的限制，若将其进行一定的改性处理或者与其他材料组分进行复合，将会大大改善碳纳米管的电化学性能，从而有望在不同的电分析应用领域得到更好、更广泛的应用。

壳聚糖有很好的交联作用和分散性，如将壳聚糖与碳纳米管进行复合，得到的材料展现出更好的稳定性和分散性。Babaei 等人制备了壳聚糖、多壁碳纳米管复合修饰电极（MWCNT-CHT/GCE），实现了人体血样、尿液和药品中扑热息痛和扑湿痛的同时电化学检测。吗啡是罂粟科植物的主要成分，也是一种刺激神经、减缓神经传导的止痛药，具有较强的止痛作用，对各种疼痛都有一定的镇痛效果。在临床上，吗啡主要用于外科手术和外伤性剧痛、晚期癌症剧痛等，也用于心绞痛发作时的止痛和镇静。另外，吗啡作为一种毒药，长期使用会使患者的身体产生药物依赖以至上瘾，所以对该药物的检测在临床中具有一定的重要性。Sanati 等人制备了离子液体/氧化镍/碳纳米管复合材料（IL、NiO、CNTCPE）修饰的碳糊电极来检测双氯芬酸中的吗啡。复合修饰电极在 0.61 V（vs. Ag/AgCl）电位处产生一个不可逆的氧化峰，相比裸电极以及其他单组分材料的修饰电极，IL/NiO/CNTCPE 大大提高了吗啡的电化学氧化峰电流，利用方波伏安法测定目标物的检测限为 0.01 μmol·L^{-1}。

4. 激素类药物

碳纳米管特殊的结构会使其表面的电子更加离域化，常表现出优异的电子受体性能，与石墨烯相比不易团聚，有利于增强激素类分子的溶解性，从而提高了碳纳米管对激素类药物的电化学分析能力。钮等人在磷酸盐缓冲溶液中（pH＝7.00）利用 MWNT/石墨修饰电极系统研究了乙炔雌二醇（用作口服避孕药，若使用不当或过量排放到环境中会造成人类或动物机体的异常）的电化学行为。结果表明：阳极扫描过程中，乙炔雌二醇在＋0.550 V 出现一个灵敏的氧化峰，该氧化峰电流与其浓度在 $1.00\times10^{-6}\sim2.00\times10^{-6}$ mol·L^{-1}的范围内有良好的线性关系，检测限为 3.00×10^{-7} mol·L^{-1}。进一步的研究发现乙炔雌二醇在 MWNT/石墨修饰电极上的氧化过程受吸附控制，其峰电位 E_p 与溶液的 pH 存在一定的线性关系，从而可以计算出参与电极反应的质子数与电子数相等，根据 Laviron 公式还可进一步确定参与电极反应的电子数为 1，进而通过该修饰电极证明了乙炔雌二醇在电极上发生的电化学氧化过程为单质子单电子的过程。

单一本征的碳纳米管修饰电极在激素类药物电分析领域中已显示出了

巨大的优势，随着研究工作的进一步拓展，人们发现如果将碳纳米管与其他材料复合会大大提高激素类药物在电分析的灵敏度从而拓展其应用范围。李等人以壳聚糖-多壁碳纳米管-离子液体(CS-MWCNT-IL)作为修饰电极构建了对竞争型已烯雌酚(一种合成非甾体雌激素)的免疫传感器。研究发现，该修饰电极对目标物电化学分析的线性范围为 10 pg・mL^{-1}～7 μg・mL^{-1}，检测限为 8 pg・mL^{-1}。经过对实际样品的检测发现该复合电极的电化学分析检测效果良好，可用于检测环境中的已烯雌酚。碳纳米管修饰电极除了可以检测分析激素类药物，还可以借助碳纳米管复合材料来研究激素类药物的释放规律及周期等。林等利用聚乙二醇二丙烯酸酯(PEGDA)为原料，通过掺杂强酸超声处理过的单壁碳纳米管(SWNTs)，在已修饰乙烯基封端的分子膜的金电极表面聚合一层 PEGDA/SWNTs 水凝胶薄膜，再将地塞米松(肾上腺皮质激素类药，抗炎、抗过敏和抗毒作用，人类长期接触会引起体重增加、下肢浮肿、紫纹、易出血倾向、创口愈合不良等症状)掺杂于 PEGDA/SWNTs 水凝胶前驱物溶液中，制得了药物掺杂的水凝胶。循环伏安法(CV)和交流阻抗谱(EIS)表征发现，SWNTs 能显著提高水凝胶修饰膜层的导电性能。并发现 SWNTs 对地塞米松具有固定吸附的作用，延长了地塞米松在水凝胶中的释放周期。

6.3.2 纳米碳管的光、电、磁学性质在医药领域中的应用

1. 纳米碳管的自发荧光成像

在医药领域中，临床诊断的手段之一就是成像技术，探索纳米碳管奇异的物理性质是否能够用于生命体、器官、组织或病灶的成像是纳米碳管在医药领域应用的重要问题。已知细胞和组织在近红外区域(波长为 0.8～2 μm)的自发荧光很少，这个波长区是一个非常好的生物体内成像的空白窗口，但是在这个区域具有特征自发荧光的分子比较少，因此科学家们一直致力于寻找这类作为生物体内成像剂的荧光分子。半导体型的纳米碳管除了具有吸收近红外光(NIR)的特性以外，其本身还能发射近红外光，因此它的近红外区域的特征荧光正好填补了这个空缺。2004 年，Cherukuri 等人在研究中发现了 SWCNT 的这一奇异的光学性质。进一步实验表明 SWCNT 被巨噬细胞大量内化后，仍然保持自发荧光的特性，并对巨噬细胞没有毒性效应。他们利用这一特性在 1100 nm 波长附近利用近红外荧光显微术对细胞内的纳米碳管进行成像研究。在这个光谱区域，细胞的内源荧光强度极低，因此，利用细胞和纳米碳管的非常高荧光强度的对比度可以清楚地对

细胞内的纳米管进行定位。

2007年,美国赖斯大学(Rice University)的Weisman教授研究小组及其合作者Beckingham教授,将纳米碳管的近红外荧光技术从细胞水平成像拓展到活体动物成像。他们用含有不同剂量SWCNT的发酵粉糊喂养刚孵化出的果蝇幼虫。在观察果蝇生长过程的同时,对幼虫体内纳米碳管进行近红外荧光成像研究。发现食物摄入纳米碳管并不影响果蝇幼虫的生长、发育和主要生理机能,也没有产生短期毒性。近红外荧光成像观测结果显示摄入的纳米碳管中只有约一亿分之一进入了果蝇的组织,绝大部分纳米管都经过消化系统最后排出。由此可见,利用纳米管的自发荧光特性,通过探测和成像技术可以研究纳米碳管与细胞和整体动物的相互作用,追踪纳米碳管在生命体内的位置、分布和代谢等。因为纳米碳管的成像在活体动物上进行,而且是非破坏性成像观测,这表明开展SWCNT的自发荧光成像技术用于临床诊断的探索是富有吸引力的研究课题。

2. 纳米碳管的核磁共振成像

SWCNT成像除了利用近红外自发荧光特性外,还可以利用纳米管中存在的催化剂颗粒Fe进行核磁共振成像。Choi等人对鼠巨噬细胞中的纳米碳管进行核磁共振和近红外荧光的双重示踪成像。实验中,Fe颗粒催化生长的SWCNT通过包被寡核苷酸序列[$d(GT)_{15}$]可提高纳米管的水溶性和生物相容性,也有利于更好地被细胞摄取。然后通过0.5 T的磁性阵列分离这种分散在溶液中的磁性纳米管,得到的纳米管复合物具有自发近红外荧光等一系列独特的光学性质。AFM、低温电镜和X射线衍射分析表明,DNA包被的纳米管复合物管端附着有约3 nm大小的Fe_2O_3颗粒。巨噬细胞和该复合物溶液温育7 h后分别进行核磁和近红外成像。核磁成像图上可以清晰地看见呈深色黑点的细胞,近红外成像可以分辨出细胞边界和细胞内富集该复合物的区域。该结果提示利用这种复合物可以找到我们感兴趣的组织或者是单个细胞。如果在该复合物上修饰合适的抗体,还能靶向到特定的受体部位,诸如癌细胞或肿瘤组织,进行分子水平的生物或肿瘤检测,并且该复合物在近红外激光辐照和高频调节外磁场的双重作用下对靶细胞和肿瘤组织的光疗及热疗方面具有潜在的应用价值。

通过非共价作用在纳米碳管上吸附亲水的Gd(Ⅲ)螯合剂后形成的复合物可以用作核磁共振成像造影剂,其横向水分子质子松弛时间T2与频率及螯合剂的浓度都没有关系。他们使用小鼠做了活体核磁共振成像研究。在小鼠的腿部肌肉中注射这种含Gd螯合剂的水悬浮液后,可以观测到其负的相差。而嵌在超短SWCNT中的Gd(Ⅲ)颗粒,也具有核磁共振成像剂的作用。它比目前使用的临床 Gd(Ⅲ)在 37℃、pH＝6.5 条件下的效果强 40 倍，同时它的成像效果与 pH 有关，是一种超敏感的 pH 值智能探针。鉴于癌细胞的细胞外环境 pH 会降低到 7 甚至更低，因此镶嵌在纳米碳管中的 Gd 纳米颗粒可以用于癌症的早期诊断。

纳米碳管内含的金属催化剂杂质除了用于核磁共振成像外，还可以进行 X 射线荧光成像。特别是同步辐射加速器可以提供高强度、能量可调的 X 射线微束，使用同步辐射的 X 射线荧光显微术可以实现细胞内纳米碳管的显微成像。例如，Bussy 等人使用了未纯化过的 HiPCO、纯化过的 SWCNT(其中 Fe 纳米颗粒的含量差别很大，质量分数分别为 20.8%和 1.8%)，以及一种 CCVD 方法制备的 MWCNT(其内 Fe 质量分数为 4.4%)。他们发现即使是纯化过的 SWC-NT，Fe 催化剂的信号还是可以清晰地探测到。尽管 X 射线荧光显微成像技术有非常突出的优势，但由于 X 射线本身的辐射损伤问题，将基于纳米碳管的 X 射线成像技术用于医学诊断还有待时日。

3. 纳米碳管光热转换在肿瘤治疗中的应用

早在纳米碳管的光限幅研究中就发现，可见光与悬浮在水溶液中纳米碳管作用时会产生碳蒸气泡，意味着这类相互作用会释放出大量的热。2002 年，Ajayan 等人就在实验中意外发现，SWCNT 在普通的照相机闪光灯诱导下即可燃烧，并伴有红色光斑。燃烧后，束状的 SWCNT 大部分发生重组，形成类似于纳米角(nanohorn)的结构。笔者指出是闪光引起局部温度的升高使碳被氧化，从而点燃 SWCNT。已经知道纳米碳管可在 600～700℃下发生氧化，而在该实验中观察到大量结构上的重组，说明碳管内部的瞬间局部温度至少达到 1500℃。毋庸置疑，如此高的温度必将产生明显的生物效应。

Panchapakesan 等人研究发现，当使用波长为 800 nm、光强为 50～200 $mW \cdot cm^{-2}$ 的激光照射 SWCNT 薄片时，纳米碳管会在溶液中发生爆炸。笔者认为，激光辐照下，SWCNT 束间的水分子被加热。由于纳米管薄片上纳米管排列致密，导致热量被限制在纳米管束间，形成可能超过 700℃的局部高温。而 SWCNT 薄片结构的致密性又使热量不容易传递给周围水分子，因此导致吸附在 SWCNT 薄片表面的水分子被蒸发。蒸发的水分子被束缚在 SWCNT 薄片的管束间，从而在纳米管束间形成局部高压，导致纳米碳管薄片发生爆炸。该文作者利用这一现象，把纳米碳管作为有效的纳米炸弹试剂用于杀死人 BT474 乳腺癌细胞。实验发现，激光辐照下，用纳米炸弹处理过的细胞被炸成碎片，而没用纳米炸弹处理的周围的细胞则不受任何影响。中国科学院上海光学精密机械研究所与上海应用物理研究所的科研人员合作研究发现，用波长为782 nm、光强为11.5 mW·cm^{-2}的激光微束（光斑直径约1 μm）照射摄取MWCNT的单细胞梨形四膜虫时，积聚在细胞中的纳米碳管对激光能量具有强烈的吸收效应，并将光能量迅速转化为热能，产生的热效应导致了细胞的立刻崩溃。而没有摄取纳米碳管的细胞的生物活性则不受任何影响。这一发现显示了纳米碳管对生命体系具有光毒性，提供了有别于光动力疗法治疗癌症和其他多种疾病的新方法。

我们已经知道，为700～1100 nm的近红外光对生命体没有影响，而SWC-NT对这一波长段的光具有强烈吸收。当SWCNT被细胞内化后，连续的近红外光照射可使SWCNT局部过热而导致细胞死亡，这一结论已为多个研究工作所证实。下一步工作就是将纳米碳管导入肿瘤细胞内。大多肿瘤细胞表面都有过量表达的叶酸受体，Kam等人在SWCNT管壁上修饰叶酸，纳米碳管-叶酸复合物选择性地进入叶酸受体表达过度的肿瘤细胞。在近红外光诱导下，利用纳米碳管的光热转化效应杀死肿瘤细胞，而不表达叶酸受体的正常细胞，因为没有纳米碳管进入而不受任何影响。该研究结果表明，纳米碳管经过特定的功能化修饰后，利用近红外光在纳米碳管上的光热转换效应杀死癌细胞，有望成为一类用于癌症治疗的新型纳米靶向药物。

4. 纳米碳管电磁性质在肿瘤治疗中的应用

除了近红外光，纳米碳管还可以将吸收的无线电波转化成热能，从而杀死肿瘤细胞。Gannon等人研究了纳米碳管吸收了频率为13.56 MHz的无线电波而引起的热效应对三种不同癌细胞（HepG2、HepG3肝癌细胞和Panc-1胰腺癌细胞）的作用。对内化有纳米碳管的癌细胞均发现有纳米碳管浓度依赖性细胞杀死效应。在体内实验中，分别向新西兰白兔的肝脏肿瘤注射经修饰的水溶性的SWC-NT和对照组溶液。注射后立即用无线电波连续照射2 min。48 h后发现实验组肿瘤组织完全被破坏，而附近的健康细胞只有很轻微的伤害。相反，接受电磁波照射的注射对照溶液的组和没有接受电磁波照射的注射纳米管的组中，肿瘤组织均没有明显变化。体外细胞实验和活体动物实验的结果都表明，碳管本身对癌细胞和正常细胞的生长没有明显的影响。该研究有望应用于癌症射频消融术（RFA）中，开启癌症和临床治疗新的尝试方向。

另外，我们知道，通过化学气相沉积法合成的纳米管常在纳米管的两端带有催化剂金属颗粒镍，这使得纳米管具有磁效应。利用纳米管的这一特性，Cai等人合成了含有镍的带磁性的功能化纳米管，旋转磁场可以使磁性纳米管黏附于细胞表面，然后在固定磁场的作用下穿透进入细胞。这种磁性功能化纳米管在旋转和固定磁场的作用下可以携带有绿色荧光蛋白

(GFP)报告基因的质粒,体外转染分化的哺乳动物细胞 Bal17,转染效率高达 100%,且纳米碳管的穿透效应对细胞的存活率和细胞循环的各个周期的分布没有影响。更为重要的是,这种基于纳米碳管穿透效应的基因转染还能应用于难转染的原代细胞,实验中小鼠脾脏 B 细胞和神经元细胞均被成功转染,转染效率分别高达 100%和 80%。相反,对照实验中,Bal17 细胞和活体分离的小鼠脾脏 B 细胞应用脂质体(lipofectamine)携带相同质粒进行转染均未成功。并且,功能化纳米碳管没有明显的细胞毒性,实验显示,60 $\mu g \cdot mL^{-1}$经修饰的纳米碳管并不影响细胞的生长,而脂质体在浓度大于 20 $\mu g \cdot mL^{-1}$时就显示出细胞毒性。该研究结果有望应用于体内基因治疗和基于干细胞的组织工程等,同时也为抗癌药物输运和肿瘤治疗疗效的提高提供了一种新手段。

综上所述,纳米碳管的许多奇异的物理性质可以巧妙地运用于医药领域,以提供更多的诊断和肿瘤治疗方法,增加诊治效果。就光学性质而言,纳米碳管的独特的近红外自发荧光性质,使其可以对活生命体系进行非破坏性的成像观测,从而提供了潜在的医学诊断手段。另外,纳米碳管能够吸收近红外光,将光能转化为热能,使局部癌组织细胞发生热凝固性坏死和变性,产生类似于肿瘤射频消融治疗的效果,用于肿瘤的治疗。由此可见,充分利用纳米碳管的物理性质对纳米碳管药物研制有重要作用。试想,如果将纳米碳管的功能化化学修饰与纳米碳管的奇异物理性质组合在一起,就能研制一类新的药物输运系统。这类药物通过抗体或受体介导达到第一波次的靶向给药;然后,使用光、电或磁从靶点或病灶外给予刺激,药物的活性只有在外界刺激下才被释放和激活,从而达到第二波次的靶向给药。将体内靶向给药和在体外诱导靶点药物发挥药效相结合形成的"双重靶向"给药系统,不仅大大提高了药物靶向性,而且可以通过外界光、电和磁场的触发达到缓释和控释的目标,这应该是以纳米碳管为代表的纳米药物靶向给药技术的一种新的发展方向。这样,纳米科技的优势将发挥得淋漓尽致,纳米药物和纳米医学也必将真正走向临床,极大提高诊断、治疗水平而造福人类。

6.3.3 生物医用材料

1. 纳米碳管/无机复合材料

骨组织是一种由胶原纤维与羟基磷灰石形成的天然复合材料。人工合成的羟磷灰石(hydroxyapatite,HA)虽然在骨组织工程材料中的研究和应用都很广泛,但是其结晶与天然的 HA 晶体有较大的差异,弹性强度太差,成为制约其应用的一个主要“瓶颈”。由于纳米碳管具有很高的拉伸强度、出色的柔韧性，以及低密度的特点，而成为生物医学工程研究中，尤其是骨组织增强研究中的一个重要的研究对象。另外，纳米碳管本身具有的导电能力也可以把电信号的刺激传导到成骨细胞以加速骨的愈合。目前，利用碳管增强 HA 的研究进行得比较深入，其表面的生物矿化研究也在逐步开展，初步的研究显示纳米碳管表面官能团对于其生物矿化过程起到决定性的影响。Zhao 和 Gao 研究了 MWCNT 原位生长羟基磷灰石的条件。他们发现在十二烷基硫酸钠溶液中分散的 MWCNT 上吸附有钙离子，然后磷酸根通过静电作用形成羟基磷灰石的沉积。添加 2%十二烷基硫酸钠吸附的 MWCNT 可以使羟基磷灰石的压缩强度提高 61%。Haddon 课题组研究了磷酸盐与聚氨基苯磺酸修饰的 SWCNT 在溶液与基底上成膜的矿化问题。他们发现 SWCNT 表面的负电荷可以吸引钙离子，并自组装形成羟基磷灰石，由此在官能化的纳米碳管表面成核并结晶。矿化的时间可以控制纳米碳管表面羟基磷灰石层的厚度，经过 14 天的矿化，在纳米碳管表面形成了定向完好的片状羟基磷灰石晶体，其厚度可达 3 μm。这种磷酸盐与聚氨基苯磺酸修饰的 SWCNT 可以进行骨组织再生研究。另外，表面官能化的多壁碳管上也可以生长出多层的羟基磷灰石晶体。通过控制 pH、温度和反应速率，可以制备出 HA 与碳管的复合材料，这种复合材料(生物陶瓷)通过热压成型，具有很高的强度。而羧基化的纳米碳管浸泡在模拟体液中也可以制备出表面覆盖有均匀羟基磷灰石层的生物矿化纳米碳管，这种纳米碳管添加到磷酸钙水泥中可以使其强度提高 120%。在商品化的生物玻璃表面沉积一层 MWCNT 也有助于成骨细胞的黏附与增值。由于纳米结构的羟基磷灰石可以在纳米碳管基底上生长，因此纳米碳管的存在明显增强多孔的生物玻璃三维支架材料的生物活性。

另外，纳米碳管上碳酸钙的矿化问题也引起了大家的重视。碳酸钙是甲壳类生物外壳和鸟类卵壳的主要组成部分，也可以转化为羟基磷灰石，因此可以作为这些矿物的前驱体。同时，碳酸钙本身具有很好的生物相容性，也常用于生物医学方面。Anderson 和 Barron 研究了羟基修饰和羧基修饰的 SWC-NT 存在下碳酸钙的沉淀问题，得到了无定形的碳酸钙包裹的 SWCNT。Li 等人发现，在羧基化的 MWCNT 或 SWCNT 存在的条件下，一种特殊的热力学不稳定的碳酸钙晶体结构——球霰石形碳酸钙可以生成并稳定存在。Ford 等人研究了尿素熔融法处理的纳米碳管与碳酸钙在水溶液中共沉淀的方法，制备了复合材料微晶颗粒。他们发现纳米碳管吸附在颗粒的表面及内部。这些研究都显示了纳米碳管这种特殊的材料可以影响碳酸钙矿化。

Chen 等人用激光烧结的方法在钛合金表面形成碳管增强的羟基磷灰石复合材料薄膜。他们发现部分碳管与基底的钛发生了反应，但这不但没有影响碳管的整体形貌，而且增强了复合薄膜的硬度，模量也有所增加，这充分显示了碳管/羟基磷灰石复合薄膜作为医疗修复中负重材料的光明前景。

2. 纳米碳管/聚合物复合材料

纳米碳管在组织工程方面应用的研究始见于 2000 年。通用的骨组织工程支架材料如 PLGA 和 PLA 的生物相容性好，但机械性能较差并且进行表面修饰也比较困难，一些人工合成的材料也逐步应用于组织工程材料。因此，尽管纳米碳管是不可降解的材料，它多方面的性能优势仍促使人们去探索它作为组织工程材料的可能性。纳米碳管作为组织工程支架材料最初是应用在神经细胞的再生方面。Mattson 等人报道了他们用 MWCNT 培养胚胎鼠的大脑神经元，发现未经修饰的碳管上神经元发育不好，而经过生物活性分子(4-hydroxynonenal)修饰的碳管可以促进神经元的分化，具有非常有利于神经细胞生长的作用。并且，碳管与聚碳酸酯聚氨酯(polycarbonate poly urethane，PCNU)的复合材料中，如果增加碳管的含量还有利于减少神经组织和骨科植入时疤痕细胞的生长。Hu 等人研究了不同化学修饰的碳管对神经元生长的影响，他们发现通过改变官能化碳管的表面电势可以控制神经突的生长。带正电势的碳管相比中性或带负电的碳管更有利于促进神经突的增长，加速神经突的分叉。碳管与聚乙烯亚胺(PEI)的复合材料也显示了这样的作用。Correa-Duarte 等人报道了以 CVD 方法生长的 MWCNT 薄膜为基底(或称支架)来培养老鼠的纤维源细胞(细胞系 L929)。这种薄膜在生长过程中由纳米碳管相互“编织”形成了规则的三维筛状结构，这种特殊的微米-纳米尺度的三维结构对于组织工程支架材料是非常有益的。

另外，纳米碳管也被用于骨细胞的增殖研究中。Zanello 等人研究了化学修饰的 SWCNT 与 MWCNT 作为成骨细胞支架材料的情况。他们发现在带有中性电荷的纳米碳管支架材料上，成骨细胞可以具有较高的生长速度，并且形成盘状的聚集体。碳管在与生物大分子形成复合材料时，也显示了明显的增强作用。例如，在壳聚糖的复合材料中，仅添加 0.8%(质量分数)的 MWCNT 即可显著提高弹性模量(93%)和强度(99%)。由于壳聚糖在骨组织工程支架材料中是一种常用的材料，而其最大的弱点之一是机械强度不够，因此这种碳管与壳聚糖的纳米复合材料有望作为一种新型的骨组织工程支架材料。另外，把纳米碳管用生物大分子或者一些其他生物友好分子包裹起来，也可以避免由碳管的细胞毒性带来的影响，尽管对于碳管的细胞毒性目前还没有定论。例如，碳管用一种模拟生物大分子黏液素的材料(C_{18}-α-MM)进行修饰，使具有生物相容性的碳管通过碳水化合物的相互作用与细胞表面发生作用。未经修饰的碳管会引起细胞的死亡，而官能化后的碳管则没有细胞毒性。MacDonald 等人研究了碳管与胶原的复合材料，并且把活的平滑肌细胞加入碳管与胶原形成凝胶，研究细胞在这种环境中的分化。他们认为这种碳管与胶原的复合材料可以作为组织工程支架材料，或者用来制造其他医疗器件中的生物传感器。Hirata 等人报道了 MWCNT 吸附的胶原海绵上细胞培养的实验。他们发现有 MWCNT 吸附的胶原海绵表面经 1 周细胞培养后，其 DNA 含量要明显高于没有吸附的胶原海绵，因此它是细胞三维培养的有用材料。最新的研究显示，MWCNT(质量分数达 89%)与壳聚糖形成复合材料并通过冻干形成规整的多孔贯通的结构，体外的 MTT 实验证实这种多孔支架材料可以促进多种细胞的分化。他们也进行了相应的体内植入实验，表明这种多孔支架材料有望在骨组织工程中得到应用。Shi 等人研究了超短 SWCNT 与 PPF 形成的多孔支架材料对骨髓基质细胞生长与分化的影响。他们发现这种复合材料多孔支架中孔的结构与连通性都很好，并且强度提高很多，这对在骨组织工程方面的应用非常有利。一篇发表在 *Bone* 上的文章报道了使用超短 SWCNT 增强聚合物支架材料，并在兔子体内做上述支架材料生物相容性的实验。实验发现这种多孔的超短碳管纳米复合材料展示了很好的对软、硬组织的反应，12 周后，植入碳管纳米复合支架的缺损部位的骨组织增长长度是普通聚合物支架的 3 倍，并且由于植入物引起炎症的细胞密度降低，连接部位的组织得到显著增加。因此这种碳管的纳米复合材料为骨组织工程提供了一种有前景的纳米复合支架材料。

可注入式的组织工程支架材料对于“原位”修复组织具有特殊的重要性，并且在药物释放方面也有特殊的应用，因此科学家也尝试研究了 SWCNT 与生物降解的聚合物形成的溶胶/凝胶复合材料在这方面的应用。Shi 等人制备了化学修饰的 SWCNT 与聚富马酸二羟丙酯[poly(propylene fumarate)，PPF]形成的纳米复合材料。这种复合材料在未交联时具有流动性，可以进行注入，交联后具有很高的机械强度，因此可以通过注入后原位交联来用于骨组织修复。纳米碳管在透明质酸中的分散也成功实现，交联后得到了 SWCNT/透明质酸复合凝胶。这种凝胶的吸水性质基本没有变化[加入 2%(质量分数)纳米碳管]，但是机械强度提高了很多，存储模量提高了 3 倍。

上述纳米碳管/聚合物复合材料的制备大都是通过修饰纳米碳管，提高其在聚合物溶液中的分散而制备的,而 Jeu 等人提供了另一种制备纳米碳管增强的多孔支架材料的途径——聚合物热致相分离。通过热致相分离过程制得的纳米碳管/聚氨酯复合多孔材料的表面性质很有特点,一些纳米碳管垂直插在孔表面形成粗糙的具有纳米尺度结构的表面,具有明显的不均匀性。纳米碳管的加入可以显著提高这种多孔材料的机械性质,还会影响到血管内皮增长因子(vascular endothelial growth factor,VEGF)的生长。

作为骨组织增强材料的一种,如何使纳米碳管更好地增强聚合物成为其最关注的问题。虽然对纳米碳管与生物大分子复合材料增强机制的研究还在起步阶段,但是纳米碳管对其他工程塑料与功能材料的增强理论研究可以为我们提供有益的参考。因此本小节介绍一些纳米碳管/聚合物的增强复合材料中的基础内容,为读者进一步研究纳米碳管对于生物大分子的增强提供借鉴。

从材料增强的理论来看,很大的长径比、好的分散状态、定向性和界面压力的传导是影响增强的 4 个重要方面。通过调节上述 4 个条件,可以优化复合材料的强度和硬度。例如,通过"共沉淀纺丝"方法获得的含 SWCNT 60%(质量分数)的聚乙烯醇[poly(vinly alcohol)]复合材料纤维,具有类似于蚕丝的强度,拉伸强度高达 1.8 GPa。不过一般用纳米碳管增强聚合物时希望得到的复合材料具有类似聚合物本身的透明性,因此碳管的含量不会太高。这种复合材料的拉伸模量和强度与碳管的含量、分散程度以及碳管在基底中的定向程度有直接的关系。目前实验发现碳管/聚合物复合材料的增强效果还远远低于理论预期的数值,例如,根据 Halpin-Tsai 模型预计 SWCNT/PE 的纤维应该具有接近 16 GPa 的模量(SWCNT 质量分数为 5%,SWCNT 本身的模量为 1000 GPa),但是实际制备出来的纤维模量为 0.65~1.25 GPa。这个问题也许是在高碳管含量的情况下,复合物本身具有较高的黏度,因此在制备过程中容易产生孔缺陷造成的。另外,还有两个重要的因素就是分散的情况不理想和负荷传输的效果不好。碳管的聚集会影响填充物的直径与长度的分布,也就是降低了填充物的长径比(这是理论模型中的一个重要参数)。同时,碳管的聚集还会降低填充物自身的模量(这也是理论模型中的一个重要参数)。实验发现,在多壁碳管的层与层之间,以及单壁碳管管束内会由于应力的作用而出现滑动,这会影响碳管与聚合物之间的应力传输。目前的研究发现,在碳管与聚合物之间没有共价键连接的情况下,碳管与聚合物之间的黏附力来自于静电力和范德华力,压力/变形来自于碳管和聚合物基底的热扩张系数不匹配。在这种纳米聚合物复合材料中,填充物的大小对界面强度有很大影响。实验发现,从 PE-PB 基底中移除一根多壁碳管需要克服的平均界面压力为 47 MPa,比碳纤维在同类型聚合物基底中的黏附力大10倍。因此，未来的研究需要进一步阐明碳管与聚合物界面的性质，并设法进行改进。在碳管与聚合物之间形成共价键会有效地改善界面间的负载传输。Frankland 等人利用分子模拟的方法研究发现，如果 SWCNT 和聚合物基底之间存在约 0.3%的接枝密度，就可以使聚合物碳管界面间的剪切强度提高一个数量级。实验的结果也证实了这一点。例如，氟化的 SWCNT 在 poly(ethylene oxide)(聚氧乙烯)中的质量分数只有1%就可以使其拉伸模量提高145%，使其屈服强度提高300%。羧基化的 SWCNT 也显示了类似的效果，并且在 SWCNT 含量低的条件下(质量分数<0.5%)，复合物的杨氏模量接近 Halpin-Tsai 理论根据定向复合物预计的数值。这也充分说明共价键的形成对于提高碳管/聚合物复合材料的界面强度是非常有效的。然而在提高拉伸模量的同时，不可避免地会出现降低断裂张力的现象，也就是聚合物的柔韧性会减弱。这对于增强一些弹性体来说是有害的。不过，这个问题目前已经有了一些进展。例如，Dyke 和 Tour 通过在碳管侧壁上形成官能团的方式有效地提高了碳管在聚二甲基硅烷[poly(dimethylsiloxane)，PDMS]中的相容性，使这种复合材料的拉伸模量和强度有显著的提高，同时其断裂张力基本没有变化。Yang 等人使用 phenoxy(双酚 A)修饰的多壁碳管与 PEO 共混，在 MWCNT 的质量分数为1.5%时，可以使 PEO 的储存模量、杨氏模量、屈服压力、拉伸强度和韧性得到大幅度提高。另外，Mamedov 等人使用层层自组装的方法来制备单壁碳管与聚电解质的复合材料薄膜，也成功地解决了碳管与聚合物间界面性质不好的问题。

鉴于纳米碳管的种类繁多，不同的纳米碳管在增强聚合物方面可能具有不同的表现，因此 Chae 等人专门选择了 SWCNT、DWCNT、MWCNT 和气相生长的碳纳米纤维这四种不同的碳纳米材料，与聚丙烯腈通过湿纺形成复合纤维[其中碳材料的填充量(质量分数)是5%]来比较上述不同材料的表现。他们发现，尽管所有的纳米碳管都显示增强的效果，但是每种材料都各有所长。例如，SWCNT 的复合材料，其模量提高75%，热收缩降低50%；而 MWCNT 的复合材料则可以提高弹性模量70%，屈服张力为110%，断裂功为230%。另外，复合材料中聚丙烯腈的定向性也要优于纯的聚合物，其结晶的尺寸增长了35%(原3.7 nm)。各种纳米碳管在聚丙烯腈中的定向性有所差别，分别为0.98(SWCNT)、0.88(DWCNT)和0.91(MWCNT 和碳纳米纤维)。他们认为与低应变相关的特性如模量和收缩主要受到纳米碳管与聚丙烯腈相互作用的影响，而与高应变相关的特性如弹性强度、断裂拉伸率和断裂功则受纳米碳管长度的影响。尽管这项研究所涉及的纳米碳管的种类没有涵盖所有纳米碳管的类型，但是它为我们提供了一个有益的思路，即在使用纳米碳管作为增强填料的时候，应根据我们所需要提高的性质来选择合适的纳米碳管类型。另外，由于纳米碳管表面的修饰也会大大影响纳米碳管与聚合物的相互作用，因此根据不同的聚合物基底材料对纳米碳管进行修饰也是一个重要的环节。Coleman 等人在关于纳米碳管/聚合物复合材料的综述中评价了通过不同制备方法得到的材料的机械性质。他们区分了不同的制备方法、修饰情况以及不同的纳米碳管(SWCNT，直流电弧法制备的 MWCNT 和 CVD 方法制备的 MWCNT)。他们提出了三个重要的问题在今后需要特别注意：一是熔融加工的问题，从文献上看熔融加工制备纳米碳管/聚合物复合材料的性质不太好，但是在工业应用中，熔融加工是最实用的方法，因此在纳米碳管/聚合物熔融加工中存在的问题必须得以解决。他们认为这主要是碳管分散问题，或者说是界面剪切强度的问题。二是复合材料的强度目前还不如人意，这也许是添加的纳米碳管的体积分数并不高的缘故，但是纳米碳管体积分数的提高会带来分散的问题。另外，从理论上简单的计算就可以发现，对于 SWCNT 来说，体积分数达到 1%就意味着聚合物链在 5 nm 范围之内就会有一个纳米碳管，而这个尺度已经接近聚合物分子的回旋半径，如果体积分数更高，SWCNT 必定形成管束，它本身的优异性能就不能体现出来。而对于 MWCNT(假设直径为 10 nm)而言，即使体积分数达到 10%，碳管之间平均的距离也在 20 nm，这就提供了很大的空间去提高 MWCNT 的填充量。要达到碳管间距 5 nm 的情况，MWCNT 的体积分数可以高达 25%。从这个层面上看，直流电弧法制备的 MWCNT 是最理想的填料，因为它的强度比 CVD 法制备的 MWCNT 要高几倍。三是纳米碳管的长度也是需要考虑的一个因素。根据 Kelly-Tyson 方程计算可以发现，对于不同种的纳米碳管，其作为增强填料的临界长度也有明显差别，直流电弧法的 MWCNT 为 1 μm，CVD 法的 MWCNT 为 100～500 nm，SWCNT 为 400 nm。如果要达到最佳增强效果，纳米碳管的长度最好要大于 5 μm。但是如此长度的纳米碳管的分散是非常困难的。因此，需要综合考虑各个方面的因素来选择一个最合适的条件。

除此之外，从生物物理学的角度来考察表面的构造、微孔结构和关联性，以及三维结构对组织工程材料的意义也成为科学家关注的一个方面。在 Correa-Du-arte 等人用 MWCNT 的三维结构培养细胞的研究基础上，Firkowska 等人利用传统的刻蚀技术与层层自组装技术结合，用纳米碳管/聚合物复合物制备出了具有微纳米结构的自撑膜基底材料。这种材料通过交织在一起的纳米碳管自组装层来构筑具有可控的几何结构、表面结构和化学组成的有序材料，以此来模拟天然组织结构。他们进一步研究了这种材料的生物机械特征，并且探索了它作为成骨细胞培养基质的可能性。Felix等人使用电泳技术在微电极表面沉积一层MWCNT，并研究这种纳米碳管的表面形貌对细胞生长、形貌和定向的影响。他们发现经过2周的生长，牛的成纤维细胞在纳米碳管表面长大、伸展并固定在碳管表面上，这种情况与细胞在天然组织中的生长是类似的。而在普通平板基底上，细胞具有平的圆形形貌。这说明纳米碳管的表面结构适合这种细胞的生长。利用微波辅助的化学气相沉积方法可以制备出垂直定向的MWC- NT薄膜，Lobo等人对这种薄膜的生物相容性也进行了研究。他们使用MTT与LDH两种方法来检测细胞相容性，发现在这种碳膜表面增殖的细胞比钛金属表面高出20%。Firkowska等人还尝试从更深层面来理解纳米碳管与细胞的相互作用，他们用定量的原子力显微镜来研究细胞对纳米碳管黏附力与其表面规则拓扑结构之间的关系，从另一个侧面认识了纳米碳管-细胞相互作用的实质。

3. 其他生物医学材料

纳米碳管-聚合物复合材料的光学性质也是引人注目的一个方面，尤其是作为光限幅材料。光限幅是一种非线性光学性质，光限幅材料主要用于保护人眼、光学传感器等光学器件免受强激光的辐照。纳米碳管的悬浮液、可溶性纳米碳管、小分子掺杂的纳米碳管以及纳米碳管/聚合物复合材料都显示了较好的光限幅效应。SWCNT与MWCNT都具有宽带光限幅特性，波长532～1064 nm时，其非线性光学性质产生的机制随材料而有所不同，对于悬浮液来说主要是由于其很强的非线性散射，对于可溶性的纳米碳管则是非线性吸收占主导。不同直径的纳米碳管具有类似的光限幅效果，其光限幅的阈值为1.0 $J \cdot cm^{-2}$，比C_{60}和炭黑都低。尤其是在波长为1064 nm时，炭黑的光限幅阈值很高，而C_{60}基本上没有光限幅效果。Vivien等人的实验也证实了纳米碳管在可见与近红外区域的光限幅性质，他们还使用7 ns的激光脉冲来测试SWCNT与MWCNT的光限幅性质，发现SWC- NT与MWCNT具有相同的效果。这样优异的光限幅性能使得人们进一步研究纳米碳管与聚合物形成的薄膜材料的效果。Sun等人的研究发现即使纳米碳管与聚甲基丙烯酸甲酯(PMMA)形成薄膜也同样显示了光限幅的效果。Jin等人研究了MWCNT在聚偏氟乙烯/二甲基甲酰胺(PVDF/DMF)溶液中的光限幅性质。他们发现具有较大长径比的纳米碳管显示的光限幅效果更好，并且对于纳秒激光的辐照也更加稳定。Riggs等人对纳米碳管进行表面修饰，增强其在有机溶剂中的溶解性，第一次报道了可溶性纳米碳管的光限幅性质。他们发现与悬浮液相比，可溶性纳米碳管的光限幅效果要弱很多,并且具有明显的浓度依赖的特点。纳米碳管接枝一些聚合物也可以显著改善其溶解性,因此 Liu 等人研究了[聚(*N*-乙烯咔唑)poly(N-vinylcarbazole),PVK]-MWC- NT 和[聚丁二烯(polybutadiene,PB)]-MWCNT 在 532 nm 的光限幅效果,由于 PVK 有较强的给电子能力(与 PB 相比),因此 PVK-MWCNT 的光限幅效果更好。Feng 等人报道了 poly[3-octyl-thiophene-2, 5-diyl]-[p-aminobenzyli-dene-quinomethane] 修饰的 MWCNT(POTABQMWCNT),发现由于 POTA-BQ 与纳米碳管之间存在分子间光致电势转移,因此呈现较大的三阶非线性光学性质。从应用的角度来看,纳米碳管在聚合物中的有效分散是实现其非线性光学性质的最重要的环节。因此熔融共混法、原位聚合法与溶液混合法都被用来制备这类复合材料。Coleman 等人发现具有特殊结构的 PmPV(聚间亚苯亚乙烯衍生物,poly(*p*-phenylenevinylene-co-2,5-dioctoxy-m-phenylenevinylene)能够"捕捉"纳米碳管并形成高浓度的稳定分散体。Tang 和 Xu 同样使用一个具有共轭结构的聚合物聚苯乙炔[poly(phenylacetylenes),PPA]原位制备了 PPA-MWCNT,他们发现这种复合物具有很好的光稳定性,保护 PPA 不被强烈的激光脉冲降解,同时也具有光限幅效果。商业化的聚乙二醇[poly(ethylene gly col),PEG],聚二乙烯基吡啶[poly(2-vinylpyridine),P2VP],聚 4-乙烯基吡啶 rpoly(4-vinylpyridine),P4VP],聚 4-乙烯基苯酚[poly(4-vinylphenol)]和聚酰亚胺(polyimide)与纳米碳管的复合物也显示了光限幅作用。Goh 等人报道了 MWCNT 与双 C_{60} 封端的 PEO(FPEOF)形成的混合体系显示明显的增强的光限幅作用。上述这些不同聚合物基底中纳米碳管的光限幅作用的研究为未来应用打下了很好的基础。

纳米碳管作为仿生材料是一个最近出现的研究热点。例如,仿壁虎脚的设计。壁虎的脚底长着大约 50 万根纤细的刚毛,而每根刚毛的末端又有 400～1000 根分支。这种精细结构使刚毛与物体表面分子间的距离非常近,从而产生范德华力。这种范德华力就是壁虎脚底具有超强黏附力的根本原因。以前也有许多科学家使用合成纤维来模拟这种结构,但是由于纤维本身的机械强度不够,还没有很成功的例子。而纳米碳管的机械强度很高,因此研究者使用图案化的 MWCNT 作为基础,以纳米尺度的碳管模拟壁虎脚上的纤毛,把这种微-纳米结构的碳管附在胶带上,可以产生 4 倍于天然壁虎脚底、10 倍于人工制备的模拟壁虎脚底的黏附力。并且,不论什么性质的表面,亲水(玻璃)或疏水(特氟龙),都可以黏附。仅仅使用 1 cm^2 的上述"纳米碳管胶带",就可以负重 4 kg。这种超级胶带为许多特殊领域(如真空条件下)提供了一种新型的黏结材料。Sethi 等人合成了微加工图案化的 MWCNT,每一个纳米碳管管柱宽 250 μm、高 100 μm。这种图案化的纳米碳管成为类似壁虎脚的“胶带”，不仅它的耐受剪切力的能力比天然壁虎脚要高，而且具有类似壁虎脚的自清洁能力。另外一个仿生的例子是仿荷叶的结构，可用于制备超疏水织物。未经修饰的碳管和表面经 PBA (polybutylacrylate)接枝的纳米碳管通过可控的自组织过程组装到棉的基底中，碳管的结构模拟莲叶表面的微结构，这使得棉这样一种吸水材料具有了超疏水性质——水的接触角达到 150°。这种具有超疏水的复合材料可以兼具导电性，并且结合碳管的化学传感特性，可以开发出一种特殊用途的织物。

另外，纳米碳管在致动器方面的研究也为制造人工肌肉打下了基础，这方面的研究开展得比较早，目前的研究成果也非常丰富。例如，纳米碳管在机电致动器方面的应用早在 1999 年就有报道，在 2002 年 Baughman 等人的关于纳米碳管应用的一篇综述中也专门提到。根据原理机电致动器可以分为静电致动器与电化学致动器，其中电化学致动器是由于纳米碳管与电解质接触而引起的，基于充电时因量子化学及双电层静电效应导致的纳米碳管中碳—碳键长的变化。由于这种基于纳米碳管的机电致动器在原理上不像导电聚合物致动器那样需要离子的插入，因此不会出现由此而产生的寿命等问题；并且与压电材料的致动器也不同，它在低电压下就可以产生大的致动应力，这些都成为纳米碳管在制造机电致动器领域吸引大家的方面。除了早期使用 SWCNT 作为机电致动器外，MWCNT 由于在制备方法上更加成熟，因而也成为机电致动器研究的对象，并且实验结果发现其机电致动形变与 SWCNT 自撑膜的结果是接近的(0.2%)，其机制也是相似的，即量子-化学作用及双电层静电相互作用。最初使用的单壁或 MWCNT 都是非定向的碳管薄片。由于纳米碳管的方向是无序的，因此它们对于应变的响应是一个平均的效果。长度达到 4 mm 的图案化的 MWCNT 阵列制备的致动器在 2 $mol \cdot L^{-1}$ NaCl 溶液中，在 2 V 的电压驱动下，即可获得 0.15%的应变、响应频率达到 10 Hz 的优异性能。使用有机电解质或者离子液体，可以使纳米碳管薄片在更高的电压下应用，相应的形变就更大，SWCNT 为 0.7%，而 MWCNT 为 0.5%。如果使用固体电解质，还可以制成全固态的三层致动器。而定向的 MWCNT 也许具有更好的致动器性能。定向的 MWCNT 纱可以产生 26 MPa 的应力，是人体肌肉的 100 倍，并且比无定向分布的纳米碳管带要高 26 倍。使用电阻补偿的技术可以使致动器的速率提高到每秒 0.6%(在一定的机械负载下)或是 180 $MPa \cdot s^{-1}$(定长条件下)。为了进一步了解纳米碳管作为电化学机电致动器的原理，人们从不同角度进行了研究。Gupta 等人使用 Raman 光谱研究纳米碳管膜表面由于电势注入而产生位移所带来的碳管 Raman 的呼吸振动模式和 G 带的变化。Vohrer 等人通过多种表征方法如 TGA、SEM/EDX 和 BET 分析了影响纳米碳管机电致动器性能的各种因素，如纳米碳管薄膜的厚度、所用的电解质和应用的电压等。

使用两根 MWCNT 制成的“镊子”可以重复地夹起、移动、放下亚微米尺度的物体。纳米碳管作为纳米级电马达中的扭力弹簧的研究也进行得比较深入，扭摆的共振频率可达 1 MHz，这在高频电子传感或钟表器件中都很有应用前景。近来的研究进一步发现 SWCNT 的扭摆可以有 180°的弹性扭转。

上述的致动器都是基于纯的纳米碳管材料制造的。纳米碳管复合材料中纳米碳管与 Nafion 的复合材料首先用于制备致动器。用 Nafion 这种离子交换薄膜类聚合物材料制造的机电致动器可以产生较大的位移，为 1～10 mm，在较低电压下(1～5 V)产生较快的反应速度。通常是用 Nafion 与金属复合来制造机电致动器，而使用 Nafion 与 SWCNT 复合材料制备的机电致动器具有更加优异的性能。其他一些聚合物与纳米碳管形成的复合材料也显示了可以用于开发致动器的前景，如聚苯胺、PVA、纤维素、环氧树脂等。

最近，Baughman 等人在 *Science* 上报道了利用纳米碳管制备的具有肌肉功能的气凝胶，只要充电即可具有超强的力量。它的质量比空气轻，具有橡胶一样的延展性，延展率可达 220%，延展速率为 3.7×10^4 %/s，可操作的温度为 80～1900 K；其在一个方向上的强度超过了钢铁。这种气溶胶薄片可以承受数十倍骨骼肌的压力。它可以作为人造肌肉，用于制造医学设备、机器人，甚至用于假肢再造。

除了上述机电致动器，纳米碳管也被用来制备光-机致动器。利用光能转变为机械能的致动器是用纳米碳管/丙烯酸类弹性体复合材料制造的，在可见光强度为 5～120 $mW\cdot cm^{-2}$ 的条件下，其应变达到 0.01%～0.3%。这项技术避免了机电致动器通常需要的高电压致动的难题，为远程光驱动技术提供了一个新的机会。同年，Ahir 和 Terentjev 报道了他们的实验发现，即纳米碳管/聚合物复合材料制造的致动器可以在红外光照射下致动。1%～5%(体积分数)的纳米碳管填充的热塑性弹性体(morthane)复合材料可以使 morthane 在室温的弹性模量增加 5 倍，并且使复合材料的导电率提高到 1 $S\cdot cm^{-1}$。由于在该材料中填充的纳米碳管很少，因此材料的超强拉伸性能得以保持(伸长率达 500%)。同时该材料显示了存储并在远程红外光的控制下释放应变的能力，超过 50%的应力可以恢复。他们研究发现由于纳米碳管的添加改变了聚合物结晶的状况，形成了协同的网络结构，因此增强了应变导致的结晶和受限的应力恢复。而纳米碳管本身可以吸收红外光的特点与其良好的电导性能，使远程控制该致动器成为可能，这为纳米电子器件的开发开辟了新的通道。Lu 和 Panchapakesan 报道了纳米碳管/聚合物多层膜结构的光机致动器，他们发现 SWCNT 与 MWCNT 的复合材料的性能是相似的，其光机致动性能与纳米碳管的定向直接相关。

电机致动器需要有电源来驱动，而由于电池容量的限制，长时间地使用就有些问题。如果在人造肌肉中把化学能转化为机械能，就像天然的肌肉的作用那样，就可以解决这个问题。Ebron 等人用一片 SWCNT 薄片(或纤维)当作燃料电池中的电极，把化学能转化为电能并作为超级电容器把电能存储起来，同时也作为人工肌肉把存储的电能转化为机械能。这种燃料驱动的致动器每个循环产生的功是骨骼肌肉的 100 倍。因此，它可以在很多自动系统，尤其是电驱动不能使用的地方，如医疗器械、机器人等方面得到应用。

纳米碳管与聚合物的复合材料还可以制备出可拉伸的电子器件。Sekitani 等人报道了一种类似橡胶的可拉伸的弹性导电材料的制备。他们把 SWCNT 用离子液体分散，然后加入 PVDF-HFP 的共聚物中，制成复合材料薄膜。其中 SWCNT 的质量分数可以增加到 20%，不会降低材料的机械弹性和柔软性。薄膜表面覆盖一层甲基硅烷树脂，其拉伸率可达 134%。这种薄膜可以通过非轴向或双轴拉伸超过 70%而不会影响其机械与电学性质。研究者认为这种弹性的导电材料可以涂覆到任何曲面和可移动的部位，如机器人臂的关节处。

形状记忆材料也是生物医学器件中常用的材料，在包装和微电子行业等领域都有广泛的应用。它通常是由聚合物或金属合金制备的，在高温条件下出现形变，然后在一定的应变条件下通过冷却来固定发生形变的聚合物链，这样把机械能储存起来。在重新加热时，尤其是在聚合物玻璃转变温度附近，聚合物链可以自由运动，材料就松弛下来并恢复到其原有的形状。形状记忆聚合物的效率根据经验是由其化学组成、分子质量、交联程度以及无定形区与结晶区的分布决定的，其恢复形状所需要的能量由高温形变的能量来补偿。形状记忆聚合物在恢复到原来状态时展示了很大的应变，但是其应力的恢复却不理想。形状记忆的合金材料尽管其应力的恢复性质很好，但是其应变的恢复量却不超过 8%，并且比聚合物要重 6 倍。因此，应力与应变两项指标的恢复都达到理想状态，对制备智能的形状记忆材料来说是一个巨大的挑战。目前一项新的研究发现，在聚乙烯醇(polyvinyl alcohol，PVA)中加入约 20%(质量分数)纳米碳管通过共凝聚纺丝(coagulation spinning)所制备出来的纤维材料，在形状记忆的测试中所显示的应力值比传统的聚合物要高两个数量级，而且，这种材料显示形状记忆的温度范围很宽，为 70～180℃。同时，由于碳管可以导电，热致的形状记忆效应也可以借助电流通过纤维产生的热量来控制，这样为材料在一些微型器件中的使用提供了方便。

6.4 碳纳米管在存储器件中的应用

聚合物/有机存储器具有结构简单，可伸缩性、柔性好，以及低的制造成本等优点，这使得它们成为无机半导体器件的潜在替代器件。碳纳米管具有独特的电子输运特性和机械性能，其传输特性和逸出功与共轭聚合物轨道匹配时会产生特殊的性能，因此聚合物材料与碳纳米管的复合材料广泛用于存储器件中。碳纳米管具有半导体特性，但溶解性差，通过进行表面化学修饰可以提高碳纳米管材料在聚合物中的分散性。将功能化的碳纳米管和不同的聚合物进行共混，在电极上旋涂成膜可以制作成电双稳器件。碳纳米管的良好分散性可以提高器件的稳定性。对器件外加一定的电场，可以通过陷阱填充空间电荷限制电流作用和场致电荷转移作用来实现器件的高、低电导状态之间的转换。

6.4.1 碳纳米管和 PVK 复合

Liu 等人通过改变聚乙烯基咔唑(PVK)中的碳纳米管(CNT)的含量做成了不同的复合薄膜。采用 ITO/PVK-CNT/Al 的三明治结构获得受控的存储性能。薄膜中碳纳米管含量不同时，其有不同的电学特性：①绝缘性能。由于纯 PVK 具有绝缘性能，因此无碳纳米管的 PVK 材料只有很低的电导率且没有双稳态现象。②双稳态电导开关效应[写一次读多次(WORM)的记忆效应和可重写存储器效应]。当碳纳米管的含量达到 0.5%～1%时出现电双稳态现象，出现写一次读多次(WORM)的存储现象，当电压在 −1 V 时，开关电流比为 10^4。当碳纳米管的含量达到 2%时，同样出现电双稳态现象，并呈现出可重写的存储特性。③导体的行为。当碳纳米管的含量达到 3%时，器件呈现导体性能，双稳态现象消失。

具有双稳态电导的器件随着碳纳米管含量的增加，相应地转换电压降低，WORM 的开关比增大，开关电流比超过 10^3。复合薄膜的电导转换效应是由碳纳米管捕获具有给电子和空穴传输特性的 PVK 基材中的电子引起的。

采用 Cu 电极替代 Al 电极即采用 ITO/PVK-CNT/Cu 的器件结构。器件的开启场强比采用 Al 电极的高，这是由于 Cu 的金属逸出功为 4.7 V 而铝的金属逸出功为 4.3 V，从而导致电子注入 PVK 基材中需要越过较高的能量势垒。Cu 的逸出功和最低未占据 PVK 的分子轨道(LUMO)之间的能量差是 2.7 eV。然而,电荷载体注入金属/PVK 界面的势垒高度仍然比碳纳米管与 PVK 的界面产生的陷阱深度(3.1 eV,碳管的逸出功是 5.1 eV,PVK 的 LUMO 能级是 2.0 eV)低。

6.4.2　碳纳米管和 PVA 复合

水溶性绝缘聚合物聚乙烯醇(PVA)具有容易加工、良好的成膜性等特性,同时由于碳纳米管在 PVA 中具有良好的分散性,因此 PVA-CNT 复合层被用作存储器件的薄膜材料。

Kishore 等人采用镀镍不锈钢通过化学气相沉积法合成碳纳米管(CNT)。将碳纳米管包埋在 PVA 中充当有机绝缘体,采用 Si/PVA/CNT/PVA/Al 的器件结构。含 3%CNT 的器件在室温下采用脉冲电压为 ±6 V,脉冲宽度为 5 ms 的栅极脉冲电压进行扫描,电容-电压(C-V)测量得到 1.9 V 的滞后存储器窗口。该存储效应是由电子从顶电极通过 PVA 材料注入碳纳米管存储单元中引起的。碳纳米管网格中沿着轴向方向的π共轭产生大量的陷阱电子。器件表现出非易失性存储性能,具有 −1 V 的低的开启场强和 10^7 高的开关电流比。

Kishore 采用电泳沉积技术在不锈钢基材上制备 Fe 和 Ni 金属催化剂,并利用化学气相沉积法生长碳纳米管(CNT)。用铁催化剂制备的碳纳米管具有良好的石墨化性质,可将其用于金属-绝缘体-金属(MIM)型存储器器件的制备。采用 Si/Al/PVA-CNT/Al 的器件结构,通过改变在 PVA 薄膜中 CNT 的含量同样可获得绝缘体的特征、写一次读多次和可擦写三种器件特性。PVA 中掺杂 3%CNT 的器件获得 −1 V 的开启场强和 10^7 高的开关电流比。

6.4.3　碳纳米管和 PS 复合

Hwang 等人提出将不同能级的电荷陷阱材料用于溶液法制备多级存储器件的设计方案。具有可控逸出功的 B 和 N 掺杂的碳纳米管(CNT)可进行溶液加工并制作成柔性的多级切换电阻式存储器。B 和 N 的掺杂调节了分散在聚苯乙烯(PS)材料中碳纳米管的电荷陷阱水平。掺杂的碳纳米管器件相对于未掺杂的器件极大地提高了非易失性存储性能。开关电流比大于 10^2,循环扫描次数大于 100 次,维持时间大于 10^{-5} s。同时采用 B 和 N 掺杂的碳纳米管具有不同的电荷陷阱能级,这使器件具有独立和稳定的中间状态的多层次电阻开关特性。

6.4.4 碳纳米管和 PVP 复合

Mamo 等人采用两个铝电极之间夹着碳纳米管和聚乙烯苯酚(PVP)复合材料的夹心结构制成具有写一次读多次特性的存储器件。研究了未掺杂的多壁纳米管、N 掺杂的多壁碳纳米管和 B 掺杂的多壁碳纳米管在器件中的性能特性。研究发现,开关态的转换阈值和碳纳米管类型无关。但开关电流比取决于碳纳米管的种类和浓度两个因素,碳纳米管的质量分数最大为 0.50%,通过降低复合材料中碳纳米管的质量分数,器件的开关电流比变化最大可达到 10^6。

6.4.5 碳纳米管和 PEDOT:PSS 复合

Avila-Nifio 等人采用功能化碳纳米管和掺杂聚 3,4-亚乙二氧基噻吩的聚苯乙烯磺酸盐(PEDOT:PSS)复合材料作为存储器的功能层材料。采用喷雾热分解法制备的 f-CNTs(功能化的碳纳米管)具有—OH、—COOH、C—H、C—OH 等功能基团,可以在 PEDOT:PSS 中充分分散。f-CNTs 以一定浓度嵌在 PEDOT:PSS 层中。功能层夹在两个铝电极之间做成的器件表现出写一次读多次(WORM)的电双稳态存储器特性。电双稳特性可以解释为由于存在 f-CNTs/PEDOT:PSS 层的电荷捕获。

Avila-Nifio 等人将少量功能化的多壁碳纳米管包埋在 PEDOT:PSS 中,并采用 ITO 做底电极,Al 做顶电极做成存储器件。器件显示出双稳态,并有低的开态电导和高的关态电导。在几个小时的“写-读-擦-读”的循环下能保持稳定。通过改变功能化碳纳米管的含量可以调整器件关态到开态的转换阈值电压。研究表明器件中碳纳米管的存在是非常必要的,用以产生一个非均匀的电场使氧化铝与 PEDOT:PSS 界面处的氧化铝层电介质能够产生击穿现象。

6.4.6 碳纳米管和 P3HT 复合

Pradhan 等人采用功能化的碳纳米管和共轭聚合物混合,得到 ITO/P3HT:CNT/Al 的器件结构,获得电双稳现象。通过先酸化处理碳纳米管再对其进行醇化反应得到具有表面官能团的碳纳米管。碳纳米管在聚合物材料中作为陷阱中心,能够控制聚合物中的电荷传输。

第7章　石墨烯的应用研究

研究人员对石墨烯巨大的研究热情一方面集中于它的独特结构和优异性质，另一方面则是集中于其对社会生产生活方式的改进甚至革命性的应用潜力。石墨烯材料在电子器件、透明柔性电极、超级电容器和锂电池材料、加强型复合材料、催化剂载体、药物输送、敏感器件、信息储存器件材料等领域有大量应用。

7.1　石墨烯的生物传感应用

7.1.1　生物小分子

石墨烯借助其边缘缺陷，表现出了优异的非均相电子转移能力。与其他修饰电极材料相比，石墨烯能促使电子从环境介质转移至电极表面，缩短了电化学反应时间。同时，石墨烯较大的比表面积表现出较强的吸附性，可通过吸附富集的方式提高电化学检测的灵敏度。对于一些小分子目标物而言，能够促进目标物和电极界面的电子转移速率。如 Tang 等人采用循环伏安法研究确定了$[Fe(CN)_6]^{3-/4-}$在石墨烯修饰玻碳电极上的电子转移常数 k^0 分别为 0.49 cm·s^{-1}和 0.029 cm·s^{-1}，而$[Ru(NH)_3]^{3+/2+}$在上述两电极上的 k^0 分别为 0.18 cm·s^{-1}和 0.055 cm·s^{-1}。上述结果可能取决于石墨烯修饰电极高的电子传输速率以及大的电化学活性面积。

对于典型的生物小分子多巴胺、抗坏血酸以及尿酸而言，研究者同样发现石墨烯修饰电极对其电化学检测具有显著的电催化效果。例如，Zhu 等人用石墨烯修饰的电极测定多巴胺并得到了比较宽的检测范围和低的检测限。Kim 等人制备了石墨烯修饰的电极，并在抗坏血酸存在的情况下选择性测定多巴胺，多巴胺在该修饰电极上信号响应的线性范围是 4～100 μmol·L^{-1}，并且发现该修饰电极对抗坏血酸的响应不干扰多巴胺的测定。石墨烯修饰电极对目标物具有良好的催化性能和高的灵敏度,但石墨烯的分散性会直接影响到电极的分析性能。目前,对于石墨烯的分散性方面还存在着很多亟待解决的问题,由于 DNA 和石墨烯之间有氢键作用,利用 DNA 作为分散剂,可以实现石墨烯的高度分散,例如,Zhang 等人利用单链 DNA 分散的石墨烯材料构建了辣根过氧化物酶电化学传感体系,该体系能够完成检测限为 38.5 $\mu mol \cdot L^{-1}$的过氧化氢的灵敏检测,且具有检测限低、灵敏度高、稳定性好以及相应时间快等优点。随着研究的深入,人们发现石墨烯修饰电极对目标分子的电化学检测在选择性和灵敏度方面也有一定的不足。因此,科学家们通过探究发现,在石墨烯表面负载一些具有特殊结构和性能的金属纳米粒子,不仅会增加石墨烯的分散性,还使得复合材料修饰电极对目标物具有更加优异的催化性和选择性。如 Sun 等人利用石墨烯和铂纳米颗粒复合材料修饰电极,同时检测了抗坏血酸、多巴胺和尿酸,得到了宽的线性范围和低的检测限,且修饰电极具有很好的稳定性和重复性。Du 等人以碳纤维电极为基底电极材料,采用电化学方法将石墨烯以及铜纳米交替组装在碳纤维电极的表面,然后再用恒电位方法将铜纳米氧化,形成了结构新颖的三维立体电极——石墨烯修饰的碳纤维电极。利用扫描电镜表征了修饰电极的形貌,表明石墨烯确实形成了三维花的结构并且该花型结构在电极表面分布均匀。该修饰电极在实验中被用于尿酸、多巴胺和抗坏血酸三种物质的分别同时检测。实验结果表明,修饰电极具有大的电化学活性面积和优良的电化学活性。在同时检测这三种物质时,修饰电极表现出了极高的选择性和稳定性。通过对小鼠血液和尿液的检测,说明电极具有较好的重复性。

7.1.2 神经递质

肾上腺素是哺乳动物中枢神经系统中一种重要的神经传递物质,其在人体内含量的多少直接维系着人体健康。由于含邻苯二酚结构使其极易被氧化,因此肾上腺素和其代谢产物的测定方法研究在临床医学和生理机能上具有很重要的意义。李等人用经典 Hummer 法制得氧化石墨烯(GO),将其适量分散液(3 μL)滴涂于裸玻碳电极,自然干燥后得到氧化石墨烯/玻碳电极(GO/GCE)。再借助循环伏安法(CV)电化学还原得到具有不同数量、不同种类含氧官能团的 ERGO/GCE 电极,并探究了肾上腺素在不同电极上的电化学响应,建立了测定肾上腺素的新型化学修饰电极法。结果表明石墨烯修饰电极测定肾上腺素的线性范围为 $5.0 \times 10^{-5} \sim 3.5 \times 10^{-3}$ $mol \cdot L^{-1}$,检

出限为 3.5×10^{-6} mol·L^{-1}；电极表现出良好的稳定性和较高选择性，且石墨烯修饰电极能用于实际样品盐酸肾上腺素注射液中目标物含量的测定。

可见，石墨烯作为一种二维纳米材料因其大比表面积和强电子传导能力，在神经传递质的电化学分析中可以降低检测限，提高分析的灵敏度。此外，一些基于石墨烯的复合材料也在神经传递质的电化学检测分析中也得到了广泛的应用。如 Zhu 等人研究发现，金纳米/石墨烯复合修饰电极对于三磷酸腺苷具有可喜的检测效果，其浓度检测的线性范围 10～100 nmol·L^{-1}，检测限达到 10 pmol·L^{-1}。Wu 等人制备了一种基于石墨烯/金纳米/壳聚糖的电化学发光生物传感器，该传感器综合了纳米材料加快电极表面电子传输速度的特性，提高了实际样品检测的选择性、灵敏度和稳定性。

7.1.3　蛋白质

石墨烯大的比表面积表现出较强的吸附性，可以用来固定蛋白质等生物大分子，实现对生命体中蛋白质的检测，并且通过吸附富集的方式提高电化学检测的灵敏度。Shan 等人通过聚乙烯亚胺与离子液体功能化聚乙烯吡咯烷酮保护的石墨烯来固定葡萄糖氧化酶(GOD)，构建了葡萄糖传感器。此传感器实现了 GOD 的直接电子传递，并应用于葡萄糖的电化学检测，表现出了较宽的检测范围，为 2～14 mmol·L^{-1}，而人体血液中葡萄糖含量为 4～6 mmol·L^{-1}，因此可以用于实际血糖检测。利于石墨烯复合材料修饰电极不仅可以实现葡萄糖的检测，还可以实现对蛋白类化合物的电化学检测，且表现出了很好的选择性能和催化性。Li 等人利用聚二烯基丙二甲基氯化铵(PDDA)保护的石墨烯-CdSe 运用电致发光的方法制备免疫传感器，检测了人体目标蛋白质，其线性范围为 0.02～2000 pg·mL^{-1}，检测限为 0.005 pg·mL^{-1}。Mao 等人将免疫球蛋白 G(immunoglobulin G,IgG)抗体修饰的 Au 纳米颗粒通过静电相互作用结合至热还原的石墨烯纳米层上构建了场效应晶体管生物传感器，当目标蛋白 IgG 与 IgG 抗体特异结合后，会引起传感器电性能的变化，通过场效应晶体管和直接电流检测就可以进行定量分析，对 IgG 的检测限可达 13 pmol·L^{-1}。Wang 等人用 ZnO/石墨烯/Nalion 复合膜修饰电极制备了乙酰胆碱酯酶(ACHE)生物传感器。ZnO/石墨烯/Nafion 复合膜给 AChE 提供了一个亲水表面，并且制备的酶传感器性能良好。

上述研究证实了由于石墨烯本身较宽的电化学窗口，石墨烯的边缘缺陷能有效促进异相间电子的快速转移，其平面为电子的传输提供了广阔的二维环境。促使电子在石墨烯平面内快速传递。与其他碳材料相比，石墨烯能更快地促使电子从环境介质转移至电极表面，缩短了电化学反应时间。此外，还可以将石墨烯与金属纳米催化剂、导电聚合物等进行有效复合，借助石墨烯优异的电子传导率和复合材料中各组分之间的协同催化作用，从而构建具有特殊功能化的蛋白质类电化学分析传感平台。例如，Lu 等人制备了还原石墨烯/Pd 纳米颗粒复合物修饰电极：先将 Nafion-石墨烯自组装到电极表面，再通过化学吸附将钯离子吸附到石墨烯表面，然后用水合肼迅速将钯离子原位还原为钯纳米粒子，得到石墨烯/钯纳米复合结构修饰电极，用该电极对葡萄糖进行无酶电化学检测，其线性范围为 10 $\mu mol \cdot L^{-1}$～5 $mmol \cdot L^{-1}$（$R=0.998$），检测限可达 1 $\mu mol \cdot L^{-1}$，该葡萄糖无酶传感器具有很好的重复性及长期的稳定性。Mao 等人制造了一种石墨烯亚甲基蓝（GS-MB）纳米复合材料免疫传感器，用以检测前列腺特异性抗原（PSA）的模型分析物。由于石墨烯的优异性质，改善了 MB 的电活性，使抗原对 MB 的吸收更高效，且该传感器最低检测线也达到了 13 $pg \cdot m L^{-1}$。Liang 等人制备了金纳米粒子/石墨烯修饰电极，通过硫金亲和力将 DNA 双链进行巯基化作用，将 DNA 酶固定在金纳米（GNPs）上，制备了一种基于 L-组氨酸依赖 DNA 酶反应的传感器。L-组氨酸诱导了 DNA 酶在金纳米粒子/石墨烯/玻碳电极上进行自我分裂，最后用二茂铁的氧化还原标记出现的电化学信号。L-组氨酸的最低检测限为 1.00×10^{-13} $mol \cdot L^{-1}$。杨等人制得聚硫堇/石墨烯/GCE 复合材料修饰电极，用循环伏安法研究了一种重要的脱氢酶 NADH 在聚硫堇/石墨烯/GCE 复合材料修饰电极上的电化学行为，实验发现，在中性条件下石墨烯可大大降低 NADH 的氧化过电位。用此复合电极在 pH 值为 7.0 的条件下检测 NADH，表现出高的灵敏度、宽的线性范围。

7.1.4 核酸

借助石墨烯特有的性质，可以构建许多新型的核酸生物传感器，已有的报道指出基于石墨烯的核酸生物传感器在检测选定的 DNA 序列、疾病相关变异基因等领域有明显的优势，尤其对于氧化还原电位较高的核酸分子的直接检测表现出了其他碳材料所不具备的检测效果。

例如，Zhou 等人报道了一种基于化学还原氧化石墨烯（CR-GO）的 DNA 电化学传感器。CR-GO 修饰的玻碳电极可以有效地区分开核苷酸四种碱基（G、A、T、C）的电流信号，能同时检测四种碱基，但石墨或玻碳电极却不能。该修饰电极实现了电化学对核苷酸参与的生物遗传、发育、生长等基本生命活动的研究。同时，还可以有效地区分单/双链中的不同碱基，而这种条件下的碱基相对自由碱基更难氧化。说明利用 CR-GO/GC 可在生理 pH 且无须水解的条件下实现不经杂交或标记过程即可检测单核苷酸多态性的目的. 再如,Bonanni 等人利用发夹 DNA 和石墨烯构建了一个基于交流阻抗法的电化学传感器。由于电子转移过程与电极表面修饰情况有关,研究者将发夹 DNA 探针通过 π-π 堆叠作用吸附在石墨烯表面,从而对于探针分子$[Fe(CN)_6]^{3-/4-}$在电极表面电子转移过程起到了一定的阻碍作用,而这一电子转移的性质可以通过阻抗的形式体现出来。当互补 DNA 与探针杂交后,碱基间形成氢键,并被磷酸骨架遮蔽,导致探针从石墨烯表面释放,因而恢复电极对原有探针分子的电子转移作用,同样在阻抗中可以反映出这一性质。利用这一原理,可以区分互补 DNA、错配 DNA 和非互补 DNA。从而实现非电化学活性生物基团的电化学分析,从方法学的角度而言,拓展了碳纳米材料在生物电化学传感领域的应用。总之,石墨烯能够提高核酸电分析性能的原因主要可以归结为以下几点:石墨烯优异的电化学性质,负电性的羧基基团和正电性的碱基之间的静电作用,碱基和石墨烯的 π-π 堆积作用。堆积的石墨烯边缘部分较多,而边缘部分比平面部分拥有更好的电化学活性,所以其灵敏度比碳纳米管电极提高了 2～4 倍。

7.1.5　细胞

石墨烯除了具有上述各种优异的性能之外,经氧化处理后的石墨烯仍保持石墨的层状结构。但在每一层的石墨烯单片上可以引入许多氧基功能团。目前,对于氧化石墨烯普遍接受的结构模型是在氧化石墨烯单片上随机分布着羟基和环氧基,而在单片的边缘则引入了羧基和羰基。尽管这些氧基功能团的引入使得单一的石墨烯结构变得非常复杂,但这些含氧官能团的增多而使石墨烯的性质变得更加活泼,可经由各种与含氧官能团的反应而改善其本身的许多性质。基于此,研究者开展了一系列改变石墨烯结构而提高其电化学性能的尝试。在细胞电化学传感分析中,Feng 等人将 3,4,9,1 0-苝四羧酸与石墨烯复合,由于芘四羧酸的引入可以最大限度地防止石墨烯的聚集,同时引入大量的羧基基团还可以方便石墨烯后期的进一步改性或者对电化学传感目标物进行吸附和富集。研究者将氨基修饰的具有选择性的适配体共价固定在复合膜上,使其与目标肿瘤细胞结合,该过程能够引起氧化还原探针$[Fe(CN)_6]^{3-/4-}$在电极表面阻抗信号的增加,进而制备了一种基于石墨烯的电化学传感器,能够检测每毫升样品中的几千个肿瘤细胞,实现了电化学生物传感在医学诊断中的应用。Guo 等人用电泳法将石墨烯沉积在氧化铟锡(ITO)导电玻璃上,然后依次电沉积普鲁士蓝,吸附层连蛋白,在 ITO 上层层组装了 10 层石墨烯/普鲁士蓝/层连蛋白。这种多层膜能够实现对 H_2O_2 实时灵敏地定量检测。实验结果表明，人体乳腺癌细胞(MCF-7)经过佛波醇-12-十四酸酯-13-乙酸酯作用25 s后，每个MCF-7细胞可以释放 10^{11} 个 H_2O_2 分子。Wu等人将两种 O_2 还原中介漆酶和2,2-联氮双(3-乙基苯并噻唑啉-6-磺酸)二铵盐与石墨烯复合，检测红细胞在 $NaNO_2$ 作用下释放的 O_2，检测限为10 mmol·L^{-1}，而细胞释放活性氧(如 H_2O_2)是细胞癌变的早期表现，因此该复合材料修饰电极可用于癌细胞的临床诊断中。

张等人采用改进的Hummer方法制备了纳米尺度的氧化石墨烯，对氧化石墨烯的表面进行羧基化，并连接上聚乙二醇(PEG)使其在细胞培养液中可溶并能稳定保存，采用透射电镜(TEM)、傅里叶变换红外(FTIR)光谱和电动电势(zeta potential)测量等对修饰后的氧化石墨烯的结构和功能进行了表征，并发现PEG修饰的氧化石墨烯在水中具有良好的可溶性，对人肺腺癌细胞(A549 cell)没有明显的毒性，进一步证明了功能化改性石墨烯在生物、医学等领域具有潜在的应用价值，也从石墨烯的生物应用和安全评估等方面给出了石墨烯今后的应用参考。

7.2 石墨烯的环境分析应用

7.2.1 重金属离子

石墨烯材料具备的各类优异性质使其在重金属离子的检测中展示出了很大的应用潜力。但是，商品石墨烯中所含的表面活性剂虽然可以促进重金属离子在电极表面的团聚，但抑制了其溶出的过程，因而限制了石墨烯在重金属离子检测中的应用。探究一种简单有效且不引入化学试剂制备石墨烯的方法或对石墨烯进行功能化修饰，对石墨烯修饰材料在重金属离子的电分析检测很有必要。

利用一些特殊的方法制备表面无表面活性剂的石墨烯材料，可进一步推动石墨烯在重金属离子检测中的广泛应用。Bin等人提出了一种不引入杂质制备石墨烯的方法。通过加热还原石墨烯氧化物制得了石墨烯，研究发现该石墨烯修饰电极对Cu(Ⅱ)、Pb(Ⅱ)和Cd(Ⅱ)的检测具有显著的增敏效应，其检测限分别为 10^{-8} mol·L^{-1}、10^{-11} mol·L^{-1} 和 10^{-7} mol·L^{-1}。与碳纳米管修饰电极类似，聚合物的引入，也可以起到一定的增敏作用，聚合物/石墨烯修饰电极会在一定程度上改善电极检测重金属离子的选择性和灵敏性。Chang等人报道了用聚苯胺(PANI)与石墨烯复合后修饰到玻碳电极表面，并通过吸附溶出伏安法对 Pb(Ⅱ)、Cu(Ⅱ)和 Cd(Ⅱ)进行了检测。他们还在聚合物的基础上，引入贵金属纳米粒子，极大地提高了修饰电极对检测物的催化性能，基于石墨烯的复合材料在重金属离子生物电化学分析方面的拓展应用上具有重要的意义。此外，也有大量的研究报道利用强导电性和较多的活性位点的金属或金属氧化物与石墨烯复合，用于构筑各种新型的电化学传感器。例如，Gong 等人用壳聚糖作为石墨烯的分散剂，将 AuNPs 均匀地分散在制备的石墨烯上，从而制得了金纳米/壳聚糖/石墨烯修饰电极，用方波溶出伏安法对 Hg(Ⅱ)进行了检测，其检测限为 6 ng・L^{-1}。又如，Xie 等人制备了石墨烯/氧化铈修饰电极，并同时对 Cd(Ⅱ)、Cu(Ⅱ)、Hg(Ⅱ)和 Pb(H)进行电化学检测分析。相对于裸电极，该修饰电极具有更低的检测限和更优良的灵敏度。利用多种碳纳米材料之间的协同作用，也可用于构筑检测痕量金属离子的电化学传感器。例如，Huang 等人设计制备了一种超灵敏，且可以同时检测多种重金属离子的石墨烯/碳纳米管修饰电极 GO-MWCNTs 的制备过程以及对重金属离子的电化学检测原理，如图 7-1 所示，修饰电极对 Pb(Ⅱ)和 Cd(Ⅱ)的浓度检测范围为 0.5～30 μg・L^{-1}，检测限分别达到了 0.2 μg・L^{-1}和 0.1 μg・L^{-1}。

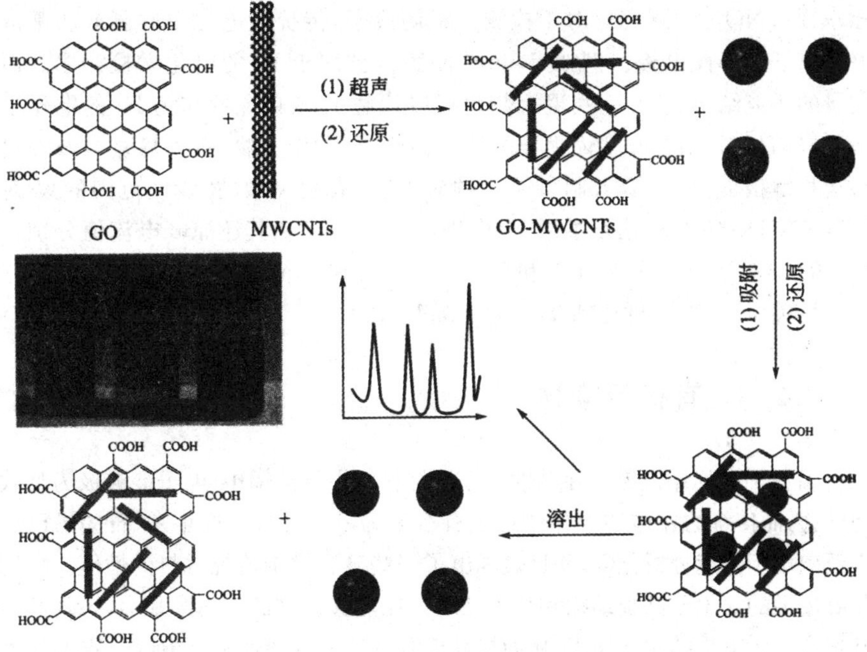

图 7-1　GO-MWCNTs 的制备过程以及利用阳极溶出伏安法(ASV)对重金属离子的检测示意图

7.2.2 无机阴离子

电化学分析检测方法有着其他检测方法无法比拟的优势，在环境无机阴离子类污染物的电分析中得到了广泛的应用。石墨烯作为碳纳米材料中的"明星"成员，其独特的结构和优异的物理和化学性质，既提高了石墨烯作为修饰电极材料在分析检测阴离子的灵敏度和检测限，也更易于构建对无机阴离子具有特异性识别的复合材料传感平台，从而提高其对复杂体系分析检测的选择性和稳定性。

石墨烯独特的片状纳米结构，可以有效地缓解电极微界面结构中材料的自聚合，可以提高复合修饰电极对无机阴离子的吸附亲和力，因而受到越来越多研究者的青睐，大量利用石墨烯复合修饰电极检测分析环境样品中无机阴离子的研究被相继报道。Ikhsan 等人通过一步法制备了银纳米/氧化石墨烯复合材料并将其修饰在玻碳电极上，分别利用线性方波伏安法(LSV)和计时电流法(*i-t* curve)研究了复合修饰电极对NO_2^- 的电催化及分析性能，两种电化学手段的检测限分别为 2.1 mmol · L^{-1}和 37 nmol · L^{-1}，结果表明石墨烯复合修饰电极对目标物表现出了优异的选择性和稳定性，并可用于实际水样中NO_2^- 的测定。对于检测无机阴离子，传统的电化学检测方法常依赖于离子选择性电极。例如，LaF_3单晶膜常被用于 F^- 的电化学检测中。而大量的研究结果表明，一些聚合物也可以代替 LaF_3单晶膜作为 F^- 的电化学检测修饰材料，结合石墨烯优异的催化性能，多种聚合物/石墨烯复合修饰材料被相继报道。Wu 等人制备了一种对 F^- 具有超灵敏、宽线性范围的聚-对氨基苯甲酸/还原氧化石墨烯/金电极，F^- 的浓度和其还原峰电流值分别在 $1\times10^{-10}\sim1\times10^{-5}$ mol · L^{-1}和 $1\times10^{-5}\sim1\times10^{-1}$ mol · L^{-1}的范围内呈良好的线性关系，检测限可达到 9×10^{-11} mol · L^{-1}。

7.2.3 有机污染物

石墨烯被称作世界上导电性最好的材料。在石墨烯中，电子能够极为高效地迁移，而传统的导体和半导体远没有石墨烯表现得好。近年来，石墨烯已被广泛应用于环境分析化学，并且表现出了一些显著优于传统材料的性能。特别是石墨烯的 π 电子共轭结构和疏水性质往往能够提供额外的亲和力，增强其与环境有机污染物的相互作用，从而提高检测方法的选择性和灵敏度。Wan 等人研究了石墨烯纳米片在玻碳电极上的电化学性质，并利用该修饰电极检测了 3 种环境内分泌干扰物(双酚 A、2,4-二氯苯酚和辛基酚)。结果表明，石墨烯修饰电极比 CNTs 修饰电极在目标物的电化学检测效果上有明显的提高。

随着研究的深入，人们发现单一本征的石墨烯修饰电极对目标分子的电化学检测的选择性和灵敏度方面存在一定的局限。科学家们通过探索发现，在石墨烯的表面负载具有特殊结构和性能的金属纳米粒子，可以增加石墨烯的分散性，进而提高复合材料修饰电极的选择性。例如，Lu 等人制备了高分散性纳米银-石墨烯复合修饰电极，并将其用于电化学检测硝基芳香族化合物。经过纳米银改性的石墨烯玻碳电极比单一本征的石墨烯修饰电极具有更强的响应信号，这是因为石墨烯对 AgNPs 的均匀分散和固定起到了一定的作用，同时为复合电极表面提供了更多的活性位点，故该复合电极在检测硝基芳香族化合物中体现出较高的灵敏度和较好的稳定性。该修饰电极对三种目标物对硝基苯、2,4-二硝基苯和 2,4,6-三硝基苯的检测限分别为 0.60 $mg \cdot L^{-1}$、0.21 $mg \cdot L^{-1}$、0.45 $mg \cdot L^{-1}$。

但是，由于石墨烯表面光滑且呈惰性，其电导性不能像传统的半导体一样完全被控制，因而不利于与其他材料的复合，从而阻碍了石墨烯的进一步应用。对石墨烯进行氮掺杂，可以打开能带隙并调整其导电类型，进而改变石墨烯的电子结构，提高石墨烯的自由载流子密度。对石墨烯进行氮掺杂后，材料的碳网格中引入了含氮元素，这些掺杂组分成为吸附金属粒子的活性位点，从而增强了金属及金属氧化物与石墨烯的相互作用，提高石墨烯的导电性能和稳定性。例如，Jiang 等人在氮掺杂石墨烯表面复合了氧化锌纳米颗粒(ZnO/N-GR)，将得到的复合材料修饰到玻碳电极表面，利用电化学发光法对有机污染物五氯苯酚进行了高灵敏度检测(图 7-2)，线性范围(0.5 $pmol \cdot L^{-1}$～61.1 $nmol \cdot L^{-1}$)，检测下限(0.16 $pmol \cdot L^{-1}$，$S/N=3$)，修饰电极良好的分析性能主要归因于氧化锌和氮掺杂石墨烯的协同作用，由于石墨烯非凡的电子传递性，改善了电极的导电性，加快了电极上电子的交换速度，而且高导电率的氧化锌的存在又能使石墨烯的分散性得到极大提高。

除金属氧化物外，一些有机物也可以与石墨烯来制备复合材料，同样对目标物的电催化起到一定的增敏作用。大量研究表明，环糊精可以影响有机分子的化学稳定性。环糊精具有“外亲水，内疏水”的特点，其内部有一个大的分子腔体，往往能使一些疏水性的且尺寸相匹配的有机分子进入空腔形成主客体包结物，环糊精会通过与客体分子包络而改善客体分子的稳定性、挥发性、溶解性以及反应性能。例如，朱等人制备了 β-环糊精-铂纳米粒子/石墨烯纳米复合修饰电极，并实现了对萘酚两种异构体的同时高灵敏电化学检测。1-萘酚(1-NAP)和 2-萘酚(2-NAP)在 β-CD-PtNPs/GNs/GC 表面的线性响应范围分别为 0.8～220 $nmol \cdot L^{-1}$ 和 3～300 $nmol \cdot L^{-1}$，检测限分别为 0.23 $nmol \cdot L^{-1}$ 和 0.37 $nmol \cdot L^{-1}$。

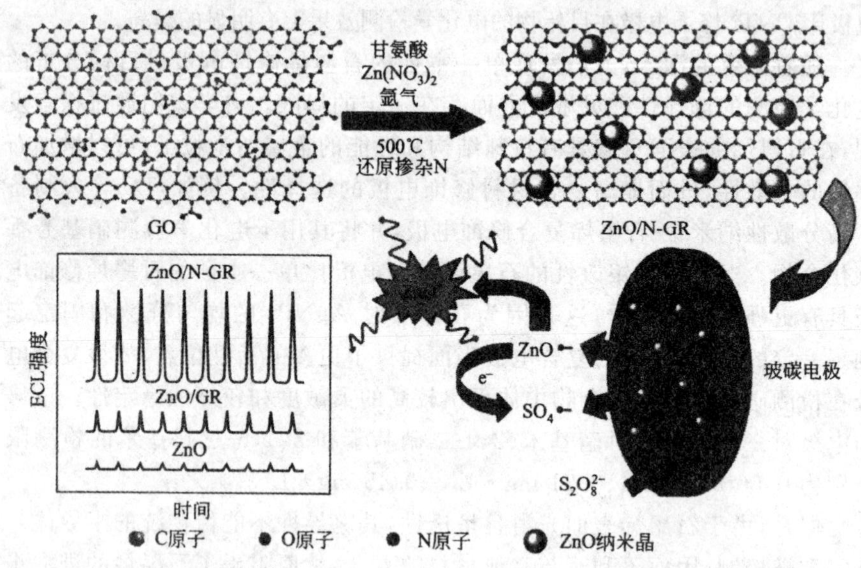

图 7-2 ZnO/N-GR 复合材料的合成及其修饰电极制备、工作原理示意图

7.2.4 其他典型污染物

大量的文献表明，石墨烯具有高效的吸附及催化能力，可以对大部分有机农药和有机染料分子进行有效的电化学检测分析。刘等人用循环伏安法详细研究了 PT(一种杀虫剂，对硫磷)在石墨烯薄膜修饰电极上的电化学行为。相对于裸电极，PT 在修饰电极上的电化学响应显著增强。在最佳的实验条件下，修饰电极对 PT 的检出限可达 1.0×10^{-7} mol·L^{-1}，将该修饰电极应用于实际蔬菜中残留 PT 的实际测定，获得了比较满意的结果。

单一本征的石墨烯材料在溶液中易团聚，导致其修饰电极的稳定性降低，进一步限制石墨烯修饰电极的电化学应用。若将石墨烯与其他材料复合会有效地解决上述问题。例如，刘等人报道了一种新型的石墨烯/硅胶纳米复合材料(GCS)，利用石墨烯对有机磷类农药的吸附作用，开发了一种新型农药电化学传感器，并应用于有机磷类农药残留的速测。除了有机磷农药快速分析，石墨烯复合材料还可以对其他有机农药进行电化学分析检测，如百草枯、毒死蜱等。百草枯(1,1′-二甲基-4,4′-联吡啶二氯化物，简写为 PQ)，属于快速作用触杀灭生型联吡啶类离子型除草剂，但由于百草枯容易被土壤颗粒吸附导致其长时间不被释放而残留在土壤中，对人和其他生物都有较强的毒性。因此，建立一种快速、灵敏地检测百草枯方法具有十分重要的意义。楚等人利用离子液体分散掺杂金纳米颗粒的石墨烯修饰玻碳电极，建立了一种新型百草枯电化学传感器。由于复合材料 Au-GR-ILs 具有大的比表面积、强的电催化能力、导电能力和对百草枯的静电吸附作用，因此相对于裸电极，Au-GR-IL/GCE 修饰电极对 PQ 具有很高的检测灵敏度。基于此修饰电极的优点，有望在工业生产和实时环境监测中发展为 PQ 微型传感器。再如，徐等人利用甲苯胺蓝和 PAMAM 功能化的石墨烯固定抗体，再利用 Fe_3O_4Q@Au 和辣根过氧化酶(HRP)标记二抗，甲苯胺蓝作为信号探针，制备了一种用于测定毒死蜱(即氯吡硫磷，是一种杀虫剂，对眼睛、皮肤有刺激性，长时间多次接触会产生灼伤。超过试验剂见致畸、致突变、致痛作用)的新型电化学传感器。这种传感器很好地利用了石墨烯良好的导电性能、巨大的比表面积以及高灵敏的酶促电化学信号放大手段，从而有效地增大了电极表面与电解液之间的电子传递速率，使传感器具有直接快速、灵敏、选择性好和操作简便等特点。在最优条件下对不同浓度的有机农药毒死蜱进行了检测，检出限可达 0.06 nmol・L^{-1}。

石墨烯除了在有机农药的电分析中发挥重要作用外，对有机染料的催化降解中也十分有利。例如，刘等人利用改进的 Hummer 法制备氧化石墨烯，再通过化学还原法在硼氢化钠的作用下将氧化石墨烯还原为石墨烯，最后用电化学方法合成出石墨烯/二氧化钛/聚吡咯复合材料，将其涂抹于导电玻璃上，应用于罗丹明 B(是一种具有鲜桃红色的人工合成的染料，会致癌也会对环境造成污染)的催化降解。他们分别从罗丹明 B 的初始浓度和溶液 pH 等对修饰电极催化降解罗丹明 B 的能力进行了考察。结果表明，罗丹明 B 初始浓度为 2 mg・L^{-1}、溶液 pH 为 11 时，复合材料对罗丹明 B 有较佳的催化降解效果。

7.3　石墨烯的医药领域应用

7.3.1　石墨烯的药物电分析化学

1. 抗生素类药物

石墨烯作为一种单原子厚度的二维碳原子材料，特殊的结构使其已经成为一种理想的电极修饰材料。石墨烯能够与许多类药物发生化学和物理作用，因而在抗生素类药物的检测中也表现出良好的电化学活性，从而受到越来越多的关注。

卡那霉素(kanamycin)是一种氨基糖苷类抗生素,具有水溶性好、抗菌谱广等特点,主要对革兰阴性菌(如大肠埃希菌、变形杆菌属、肺炎杆菌等)引起的感染具有较好的疗效。长期使用会导致耳毒性、肾毒性等毒副作用,对神经肌肉接头产生阻滞作用,引起过敏反应。因此,建立快速有效地检测食品样品中卡那霉素含量的方法具有重要的意义。基于石墨烯的电化学方法在卡那霉素的检测中得到了广泛的应用。例如,周等人建立了一种基于适配体和石墨烯修饰玻碳电极检测卡那霉素的方法,卡那霉素适配体(Kana-aptamer)可以吸附在石墨烯(GR)修饰的电极表面,从而阻碍电化学探针$[Fe(CN)_6]^{3-/4-}$与电极表面的电子传递,然而与含有卡那霉素的样品反应后,卡那霉素会与适配体结合并使其从电极上发生置换而脱落,对界面电子传递的阻碍作用降低,探针的电化学信号得以恢复。该原理能够被用于对卡那霉素进行差分脉冲伏安法(DPV)检测,其线性范围为$1\times10^{-6}\sim1\times10^{-5}$ mol·L^{-1},检出限为5×10^{-7} mol·L^{-1}。氯霉素也是一种典型的抗生素,对革兰阳性、阴性细菌均有抑制作用,曾广泛用于治疗各种敏感菌感染,后因人体造血系统对其产生严重的不良反应等原因,故其临床应用已被严格控制。近年来电化学沉积法因具有制备过程简单、可以在电极上形成纳米结构生物界面等优点,被广泛用于纳米材料的制备过程中。同样,因为温和、绿色、快速等优点,通过电化学方法还原氧化石墨烯(GNO)来制备石墨烯受到了人们的关注。在基于石墨烯的纳米复合物中,金属氧化物与石墨烯的复合物也受到了人们的关注。将石墨烯与金属氧化物进行复合,利用金属氧化物的高导电率、高催化性能、高分散性等优点,不仅使复合材料的电化学性能得到明显提升,还使复合材料修饰电极对检测物具有更强的响应信号。罗等人采用一步电沉积技术同步实现了氧化石墨烯(GO)的还原和氧化锌(ZnO)的电沉积,制得了石墨烯-氧化锌纳米墙(GZNWs)。在形成过程中,氧化石墨烯中可充当活性位点的含氧基团起了关键作用,电化学表征发现该材料具有增强的活性表面积、更精细的结构、超强的电子转移能力,可应用于各种传感分析的应用中。其规整排列的纳米墙形貌和大的比表面积为氯霉素(CAP)在电极上的电子交换提供了有利条件,从而实现了对氯霉素的高灵敏检测,检测范围为$1\times10^{-7}\sim1\times10^{-3}$ mol·L^{-1},检测限为6.7×10^{-8} mol·L^{-1}。红霉素是大环内酯类抗生素,临床主要应用于链球菌引起的扁桃体炎、猩红热、白喉及带菌者、淋病、李斯特菌病、肺炎链球菌下呼吸道感染。然而其有潜在的肝毒性,长期及大剂量服用可引起胆汁淤积和肝酶升高,故建立快速、高效地检测红霉素的方法在临床上也具有十分重要的意义。Lian 等人结合石墨烯-纳米金复合物(GR-AuNPs)、壳聚糖-铂纳米粒子复合物(CS-PtNPs)和分子印迹(MIPs)技术构建了一种新型红霉素电化学传感器。采用自组装和电聚合的方法制备了 MIPs，并在制备过程中加入了 AuNPs 以提高分子印迹聚合物层的导电性，实现了食品中红霉素的快速灵敏测定。该方法对目标物的检测线性范围为 $7.0\times10^{-8}\sim9.0\times10^{-5}$ mol · L^{-1}，检测限为 2.3×10^{-8} mol · L^{-1} ($S/N=3$)。相比其他方法，由于金属粒子、壳聚糖、石墨烯的协同作用，使得该传感器具有良好的分散性、高的灵敏度和优异的选择性，从而实现了对氯霉素的高效电化学检测。

2. 抗病毒类药物

石墨烯由于其独特的结构特征和各种优良的性能，吸引了众多科学家极大的研究兴趣。但由于结构完整的石墨烯片层之间范德华力作用较为明显，很容易产生团聚，不利于材料的进一步应用。而功能化石墨烯可以提高其分散性，能有效避免石墨烯的团聚，从而保证了石墨烯大的比表面积、高的电子传递和较强的电催化性能，极大地提高了其在抗病毒药物电化学检测领域的实用价值。Lu 等人利用碳纳米管作为石墨烯片层之间的隔离物来防止石墨烯的团聚，结合二维石墨烯和一维碳纳米管在平面和轴向的优势，将二者进行复合后将会极大地提高修饰电极的电化学性能。由于电极表面高的负载量和功能化石墨烯-碳纳米管良好的导电性，对木樨草素的电化学检测表现出了良好的分析检测性能，且表现出了良好的回收率，可以用来测定实际药物样品中的木樨草素。此外，对于一些特殊的抗病毒药物，由于其分子结构中不含电化学活性基团，本身在电极上不发生氧化及还原行为，因此难以使用电化学伏安技术对其进行检测。晏等人制备了一种用于检测抗病毒药物金刚烷胺的碳纳米材料复合修饰电极。研究者首先利用化学还原法制备了聚合物/石墨烯复合物(β-CDP/rGO)，再通过主客体作用嵌入亚甲基蓝电活性分子，由于金刚烷胺和环糊精腔体结合力较亚甲基蓝更强，导致电化学信号降低，从而实现对金刚烷胺的间接电化学检测。该方法发展了一种用于非电活性药物分子的电化学检测方法，极大地拓展了碳纳米材料对药物分子的电化学检测范围。基于此，Yan 等人发展了基于石墨烯可控自组装和酶切循环放大免标记的电化学核酸适体传感器。先在金电极上修饰巯基十六烷基(MHA)形成一定密度的自组装单层膜(MHA/SAM)。由于疏水的 MHA/SAM 在水溶液中与电极之间没有很好的电子传输作用，阻碍了氧化还原溶解物与电极之间的电子传递。γ-干扰素(IFN-γ)可以固定单链的核酸适体(Aptamer)并通过 π-π 堆积作用吸附到石墨烯表面，形成了石墨烯-核酸适体复合物，并将其进一步固定到 MHA 修饰的金电极上。由于静电引力和空间位阻作用，石墨烯可以保护吸附在表面的 DNA 不被酶切断。低浓度的抗病毒药物 IFN-γ 和脱氧核糖核苷酸酶

(DNase Ⅰ)可以使大量的核酸适体(Aptamer)从石墨烯表面解离,从而可以释放干扰素 IFN-γ),进而获电化学信号,实现了对 γ-干扰素的间接电化学分析检测,检测限达到了 0.065 pmol・L^{-1}。

3. 镇痛类药物

石墨烯具有蜂巢状的二维密堆积晶格结构、高的机械强度、大的比表面积和高的导电性,同样在一些镇痛类药物的电分析中得到了较为广泛的应用。对乙酰氨基酚(ACOP)是一种广泛使用的乙酰苯胺类药物,具有退热、止痛功效,适用于治疗发烧、头痛、关节疼痛、风湿痛和多种神经痛、偏头痛、痛经等。

郑等人制备了石墨烯/壳聚糖修饰的可再生玻碳电极 GR-CS/GCE,通过电化学分析方法可直观得到对乙酰氨基酚(ACOP)在电极表面的电化学氧化过程,其浓度线性范围为 $1.0\times10^{-6}\sim1.0\times10^{-4}$ mol・L^{-1},检测限为 1.0×10^{-7} mol・L^{-1}。电化学实验表明该修饰电极对目标药物的电催化活性高、稳定性好,可应用于实际样品中 ACOP 的直接电化学检测。如果将石墨烯通过静电作用,在其表面修饰聚二烯丙基二甲基氯化铵,得到的复合材料表面会带有一定量的正电荷,可有效地防止石墨烯在还原过程中的团聚行为,使得石墨烯在水中具有很好的分散性,得到的修饰电极具有高的稳定性和优异的选择性。Lu 等人通过将 Fe_3O_4 纳米粒子修饰到聚二烯丙基二甲基氯化铵功能化的石墨烯(PDDA-G)表面,制得纳米复合薄膜修饰电极,研究表明该修饰电极对目标物对乙酰氨基酚的检测线性范围为 0.1~100 μmol・L^{-1},检测限为 3.7×10^{-8} mol・L^{-1}($S/N=3$)。可见,由于 Fe_3O_4 纳米粒子与 PDDA-G 的协同作用使得电极对目标物具有明显的电催化行为,其中 Fe_3O_4 纳米粒子会增加电化学吸附位点,PDDA-G 也可以通过提供大的比表面积来增加对乙酰氨基酚的负载量。与此同时,由于 PDDA-G 优良的导电性,可以加速电极表面电子的转移速率,进而放大电化学信号。因此可以实现对乙酰氨基酚的电化学灵敏检测。罗哌卡因(ropivacaine,RP)是瑞典 Astra 制药公司研发的新型长效酰胺类局麻药,主要用于外科麻醉和硬膜外阻滞麻醉,可用于各种手术及术后的急性止痛。张等人制备了石墨烯量子点,并将石墨烯量子点通过 π-π 作用吸附在聚邻氨基苯酚膜表面,构建的石墨烯量子点-分子印迹传感器用于检测盐酸罗哌卡因,该传感器对盐酸罗哌卡因响应的浓度线性范围为 $2.0\times10^{-6}\sim6.1\times10^{-4}$ mol・L^{-1},检出限($S/N=3$)为 1.1×10^{-6} mol・L^{-1}。此外,金属粒子具有高的导电率和良好的催化性能,利用其对石墨烯进行功能化,复合材料的电化学作用会有很大的提升。赵等人制备了氧化石墨烯/金纳米粒子/壳聚糖复合材料修饰玻碳电极,并研究了吗啡在该电极上的电化学行为,结果表明电位在 0.70 V

的条件下，该传感器检测吗啡的线性范围为 $1.0\times10^{-6}\sim3.5\times10^{-3}$ mol·L^{-1}，检测限为 3.0×10^{-7} mol·L^{-1}。

4. 激素类药物

石墨烯大的比表面积和极高的载流子迁移率使其在电化学检测分析激素类药物领域的应用也越来越广泛。为了改善石墨烯在结构与功能上的一些局限，大多数研究人员习惯将石墨烯与其他材料复合，进一步实现对激素类药物及活性成分的电化学检测。例如，Li 等人用石墨烯-聚苯胺(GR-PANI)复合物来修饰玻碳电极，并用羧基化的氧化石墨烯作为抗体和辣根过氧化物酶构建了一种检测 17β-雌二醇(一种代表性的性激素，排放入环境可对机体内分泌系统造成一定的影响)的新型电化学免疫传感器。石墨烯-聚苯胺复合物不仅可以为生物分子的固定提供较大的比表面积，其优良的导电性能也会改善电化学传感器的灵敏度。羧基化的氧化石墨烯表面具有的大量羧基基团，可与结构上含有相似基团的激素类药物分子产生较为明显的相互作用，进而使得传感器的灵敏度得到改善和提高。研究者借助循环伏安法、电化学阻抗谱和差分脉冲伏安法对 17β-雌二醇进行了电化学检测，发现该电化学传感器对 17β-雌二醇表现出了较高的选择性、极好的稳定性和再现性，浓度线性范围为 40～7000 pg·mL^{-1}，最低检测限为 20 pg·mL^{-1}，并成功将其应用到实际样品的检测中。

李等人利用重氮功能化的石墨烯和硫堇-介孔铂标记层构建了检测 17α-乙炔雌二醇(一种雌激素，通常被用作避孕药丸的有效成分，人类生殖系统疾病，动物生殖功能异常、性比例失调以及雌雄同体等发病率的升高都被认为与环境中此类激素过量有关)的电化学免疫传感器。重氮功能化的石墨烯不仅可以改善电极的电流响应，而且可以为生物分子的固定提供较大的比表面积。使用方波伏安法检测 17α-乙炔雌二醇的浓度线性范围为 5 pg·mL^{-1}～300 ng·mL^{-1}，检测限为 2 pg·mL^{-1}($S/N=3$)。该传感器对目标药物分子具有较好的稳定性、选择性和重复性。可见，基于石墨烯复合材料的独特性能，人们发现此类材料在激素类药物或其活性成分的电化学分析领域拥有诱人的前景。

7.3.2　石墨烯在癌症治疗中的应用

石墨烯在近红外区有较强的吸收作用，可以用于癌症的光热治疗。研究工作表明，利用石墨烯的光致发热作用可有效杀死肿瘤细胞，体内注射功能化的石墨烯也能很好地破坏肿瘤组织，这种光热治疗效果优于 CNTs。

Yang 等人的研究显示 10～50 nm 的 GO 经过 PEG 修饰后能够在鼠肿瘤组织中高度富集，且具有明显的肿瘤组织滞留性，同时结合 GO 在进红外区的较强吸收，通过光热治疗可以有效烧死肿瘤组织。该研究首次使用 GO 进行有效的体内光热治疗，研究发现 PEG 修饰的纳米 GO(NGS-PEG) 不同时间下在肿瘤组织中都有很高的分布，并且经激光照射注射有 NGS-PEG 的鼠肿瘤部位后，明显观察到肿瘤组织被烧死，这为以 GO 为基础进行体内光热治疗以及 GO 基的被动靶向药物输送奠定了重要基础。

随后，Tian 等人为了增强光致发热效果，用一种光敏剂 Chlorin e6 (Ce6)通过 π-π 共轭作用负载到 PEG 修饰的 GO 上，以利用 GO 的高效细胞传输功能。相比游离的 Ce6，GO 负载的 Ce6 能被更有效地传递入细胞，并在较低能量的近红外光照射下更有效地杀死肿瘤细胞，增强了光热治疗效果。

Zhang 等人将抗肿瘤药物 Dox 与光热治疗联合应用，进一步增强了肿瘤治疗效果。他们将 Dox 负载在 PEG 修饰的 GO 上，利用 GO 进行药物传递，再结合近红外区的光热治疗，通过二者的协同作用，实现化疗和光热治疗的肿瘤联合治疗。

7.3.3 石墨烯在生物成像中的应用

半导体型 SWNTs 在近红外区显示了较好的光致发光效果，此前的一些研究已经证明它可以直接应用于生物医学成像。石墨烯在可见区和近红外区也具有较强的光致发光性能，同时由于在近红外区成像可以得到较低的背景干扰，因而石墨烯也可以较好地在近红外区进行活细胞成像。Sun 等人最先使用 PEG 修饰的纳米 GO 直接对细胞进行成像，显示了较好的效果。然而，石墨烯的近红外区光致发光性能比 SWNTs 弱，如果用 GO 直接进行体内成像，则成像较弱，所以需要对它进行标记才可以获得更清楚的图像，一般是采用荧光素标记。Yang 等人用 Cy7 活性酯标记 PEG 修饰的纳米 GO，通过体内荧光成像研究功能化的 GO 在体内的分布以及在肿瘤组织中的富集能力。Peng 等人也以 PEG 为桥制备了荧光素功能化的 GO，证明 PEG 的引入防止了 GO 诱导的荧光猝灭，其荧光性能具有 pH 可调性，并可以高效进入细胞，作为细胞成像探针。

7.3.4 石墨烯作为抗菌材料的应用

石墨烯可以作为有效的抗菌材料。Hu 等人报道了 GO 和 r-GO 的抗菌活性,他们通过简单的抽滤获得类似纸一样的GO和r-GO膜,这种膜能够有效地抑制*E. coli*细菌的生长,并且对哺乳动物A549细胞系显示极低的毒性,可以作为极好的低毒高效抗菌材料。Akhavan等人进一步对比了GO和r-GO对革兰氏阴性的*E. coli*细菌和革兰氏阳性的*S. aureus*细菌的毒性作用,结果表明r-GO具有比GO更强的抗菌作用,同时由于革兰氏阴性的*E. coli*细菌比革兰氏阳性的*S. aureus*细菌多一层外膜,因而对于GO具有更好的耐受性。

由于石墨烯对细菌具有较高毒性,为了进一步理解它的抗菌机理,Liu等人也进一步对比了石墨(Gt)、氧化石墨(GtO)、GO、r-GO等四种材料对*E. coli*细菌的抗菌活性。研究发现在相同浓度下,GO显示了最强的抗菌活性,接下来依次为r-GO、Gt和GtO。SEM显示直接接触石墨烯会破坏细菌的细胞膜,研究表明抗菌作用主要与膜和氧化压力有关。在先前的其他碳纳米材料,如富勒烯和碳纳米管的研究中,对于这些材料的抗菌机理人们也认为其主要与氧化压力有关。一般石墨烯基材料诱导的氧化压力可能来自两种不同途径:一种途径是由Gt、GtO、GO、r-GO产生的活性氧(reactive oxygen species,ROS)诱导的氧化压力;另一种途径可能是与活性氧无关的氧化压力,石墨烯基材料可能通过破坏或氧化一种重要的细胞结构或组成来破坏一种特异性的微生物过程从而产生氧化压力。为了研究这四种材料诱导细菌膜产生氧化压力的原因,他们先通过XTT比色法[2,3-bis(2-methoxy-4-nitro-5-sulfophenyl)-2H-tetrazolium-5-carboxanilide assay]检测,发现没有由过氧化物离子诱导产生的活性氧。再进一步通过评价细菌中的抗氧剂谷胱甘肽(可以防止由氧化压力导致的细胞组分的损坏)的氧化情况,证明这四种材料诱导的氧化压力与活性氧无关,而且导电性的石墨和r-GO比不导电的氧化石墨和GO具有更高的氧化能力。他们推断以前应用于碳纳米管的三步抗菌机理同样也适用于石墨烯基的材料。其抗菌机理包括:细胞首先沉积在石墨烯基材料表面,通过直接接触锋利的纳米材料片层结构而导致膜产生压力,进而产生与过氧化物离子无关的氧化行为这三个步骤。相比于其他三种材料,GO具有更丰富的官能团、较小的尺度和相对较好的水溶液分散性,因而它与细菌膜的接触概率就最大,导致细胞大量沉积在其表面,并诱导膜表面产生压力,从而破坏细菌膜,导致细菌死亡,因而GO具有最强的抗菌能力。

生物材料在应用过程中会随机吸附一些生物分子,如蛋白质、细菌等。为了解决这种非特异性吸附问题,Park等人用能很好克服非特异性吸附的医用材料吐温修饰还原的氧化石墨烯(TWEEN/r-GO),并且证明TWEEN/r-GO和r-GO都是无毒的,而TWEEN/r-GO由于能防止细菌黏附，因而具有比 r-GO 更强的抗菌性能。

7.3.5 石墨烯在组织工程中的应用

石墨烯具有很好的机械性能，是目前世界上强度最大的材料，而且具有很好的弹性和柔性，适合于各种规则和不规则的表面，因而可以用于制备组织工程中具有生物相容性的结构增强膜材料、凝胶和其他支架材料等。一般来说，凝胶复合物要比单一组分的凝胶具有更好的机械强度、稳定性、光滑度、保水性等，更适合细胞的黏附、分化及行使其功能。

PVA 凝胶被认为是用于生物医学和组织工程的理想材料，然而它具有较差的机械性能和保水性，这就限制了其应用。Zhang 等人用 GO 与 PVA 制成复合凝胶，相比纯 PVA 凝胶，仅加入 0.8%(质量分数)GO 即可使其抗张强度增加 132%，耐压强度增加 36%，并且不影响造骨细胞在其表面的黏附和生长，加入一定量的 GO 不会产生毒性。

另一种组织工程材料壳聚糖具有生物相容性，且可以生物降解，主要来自于节肢动物的外骨骼，可以支持成骨，并且增强骨形成。壳聚糖本身可以形成凝胶，也可以和其他材料一起形成复合凝胶；用于生物黏合剂，可促进伤口愈合、细胞黏附和繁殖。Fan 等人将寡层石墨烯分散到壳聚糖的乙酸溶液中，通过溶液浇注的方法制备了石墨烯/壳聚糖复合膜，发现加入极少量的石墨烯(0.1～0.3%，质量分数)即可使弹性模量增加 200%以上。该复合膜具有好的生物相容性，可以黏附 L929 细胞，且对其没有毒性。Depan 等人制备了具有高模量、高强度的 GO/壳聚糖网状结构支架，使成骨细胞能够很好地黏附于其上，并显著增强其繁殖和生长能力。他们认为显著增强的生物功能与多种物理化学因素有关，而 GO 表面的负电荷是影响细胞与支架相互作用的重要因素，它有利于增强支架的生物相容性和降低支架的降解，壳聚糖和 GO 形成的高度连接的多孔结构、表面的亲水性及较好的保水能力促进了鼠成骨细胞 MC3T3-E1 的黏附和繁殖。

7.4 石墨烯在超级电容器中的应用

7.4.1 基于石墨烯的超级电容器

对于以石墨烯为电极材料的双电层超级电容器，其性能决定于电极材料的比表面积、导电性和孔径分布等因素。通过一系列有效的途径,如不同的化学还原、低温热膨胀、溶剂热过程、微波膨胀、加入间隔材料以及活化等,来制备石墨烯电极材料,以最大限度地实现石墨烯的导电性和固有比表面积的恢复。然而,要得到真正状态的单层石墨烯,并且将其比表面积和导电性完全利用仍是一个挑战。因此,为了进一步提高基于石墨烯材料的双电层超级电容器的性能,未来仍需努力发展更有效的电极材料制备方法。

7.4.2　基于石墨烯的赝电容超级电容器

石墨烯基复合材料在赝电容超级电容器方面具有广阔的应用前景,石墨烯对复合材料电容性能显著提高的原因归结于以下几个方面:①石墨烯在复合材料中扮演着载体的作用,赝电容活性物质可以以纳米尺度稳定地分布在石墨烯表面,从而极大地增加了赝电容活性物质的电化学活性和利用率;②石墨烯还可以作为电子通道,通过赝电容活性物质和石墨烯之间良好的接触,使电子可以在整个复合材料中快速传输;③石墨烯具有的独特结构,可以限制赝电容活性物质在离子嵌入/脱出过程中的结构分解,有利于提高材料的稳定性。

7.4.3　基于石墨烯的非对称超级电容器

超级电容器具有超高的功率密度,但与电池相比,其能量密度比较低(一般小于 10 $kW \cdot kg^{-1}$)。为了解决这个问题,人们对非对称超级电容器进行了广泛的研究。非对称超级电容器主要是将双电层电容电极与赝电容电极相结合,通过提高超级电容器的工作电压来提高能量密度。因此,非对称超级电容器达到高能量密度的关键在于发展电极材料。通常多孔碳材料具有很高的比表面积,可以通过静电作用在电极/电解液界面形成双电层来进行电荷存储,所以多孔碳材料可以作为双电层电容电极;而过渡金属氧化物,如 RuO_2、Fe_3O_4、NiO 和 MnO_2 等,以及导电聚合物如 PANI、PPY 和 PTH 等,可以通过在活性材料表面进行快速、可逆的氧化还原反应来进行电荷储存,因此,可以作为赝电容电极。为了达到高的能量密度,Cheng 等人在 Na_2SO_4 水溶液电解液中,以双电层的石墨烯电极为负极,二氧化锰/石墨烯复合材料为正极,构建了高工作电压的非对称超级电容器。二氧化锰/石墨烯复合材料由溶液分散的石墨烯与 α-MnO_2 纳米线物理混合制备,一方面,石墨烯优异的导电性,为二氧化锰/石墨烯复合材料提供了较好的导电网络;另一方面,纳米结构的二氧化锰能够有效地阻止石墨烯的团聚,构建一个多孔结构，从而增加了二氧化锰的电化学利用率。结果表明，基于这两种材料的不对称超级电容器能够在 0～2.0 V 的电压区间正常工作，并且具有优异的能量密度（30.4 $W \cdot h \cdot kg^{-1}$），这远高于基于石墨烯的对称电容器的能量密度（2.8 $W \cdot h \cdot kg^{-1}$）和基于二氧化锰的对称电容器的能量密度（5.2 $W \cdot h \cdot kg^{-1}$）。此外，在经过 1000 次充放电循环后还有 79% 的比电容值保留。

Tan 等人以电化学活化的石墨烯薄膜为正极，以花状纳米二氧化锰/石墨烯复合材料为负极制备了非对称超级电容器。由于电化学活化的石墨烯薄膜具有很高的比电容值（245 $F \cdot g^{-1}$），花状纳米二氧化锰/石墨烯复合材料的比电容也高达 328 $F \cdot g^{-1}$，因此，这两种材料组装成的不对称超级电容器的能量密度达到 11.4 $W \cdot h \cdot kg^{-1}$，功率密度也达到 25.8 $kW \cdot kg^{-1}$。

Wei 等人也以二氧化锰/石墨烯复合材料为负极，活化的纳米碳纤维为正极，Na_2SO_4 水溶液为电解液，构建了非对称超级电容器。二氧化锰/石墨烯复合材料是在微波照射下，将纳米二氧化锰在石墨烯表面原位复合得到的；活化的纳米碳纤维是由棒状聚苯胺通过碳化、KOH 活化制得的。在 1 $mol \cdot L^{-1}$ 的 Na_2SO_4 水溶液电解液中，该非对称超级电容器可在 0～1.8 V 正常工作，得到 113.5 $F \cdot g^{-1}$ 的比电容值和 51.1 $W \cdot h \cdot kg^{-1}$ 的能量密度。同时，该非对称超级电容器表现出很好的循环稳定性，在经过 1000 次的循环之后，比电容值还能保留 97%。

7.4.4 石墨烯纳米带在超级电容器中的应用

利用电化学工作站测试石墨烯纳米带（GNR）、氧化石墨烯（GO）和碳纳米管（CNTs）三种碳结构的电化学性能。活性物质被按压在泡沫镍电极上，测试选用三电极体系。图 7-3 为这三种碳材料电极的循环伏安曲线、充放电曲线及不同测试条件下的容量表现。尽管三种电极都表现出了典型的电容曲线，但是我们可以发现，与传统的电极材料碳纳米管相比，氧化石墨烯表现出更大的容量。而与氧化石墨烯相比，石墨烯纳米带表现出更为可观的电容量，其具体表现为循环伏安曲线中更大的电流密度以及充放电曲线中更长的充放电时间。例如，在 5 $mV \cdot s^{-1}$ 的扫描速度下，石墨烯纳米带的平均容量为 202 $F \cdot g^{-1}$；在 50 $mV \cdot s^{-1}$ 的扫描速度下，石墨烯纳米带的平均容量仍然高达 130 $F \cdot g^{-1}$。这样的容量值远高于氧化石墨烯（134 $F \cdot g^{-1}$ 在 5 mV/s 和 97 $F \cdot g^{-1}$ 在 50 $mV \cdot s^{-1}$）或碳纳米管（90 $F \cdot g^{-1}$ 在 5 $mV \cdot s^{-1}$ 和 60 $F \cdot g^{-1}$ 在 50 $mV \cdot s^{-1}$）。这表明石墨烯纳米带在高扫速和低扫速下均具有高电容性能，更适合用于制备高速超级电容器。

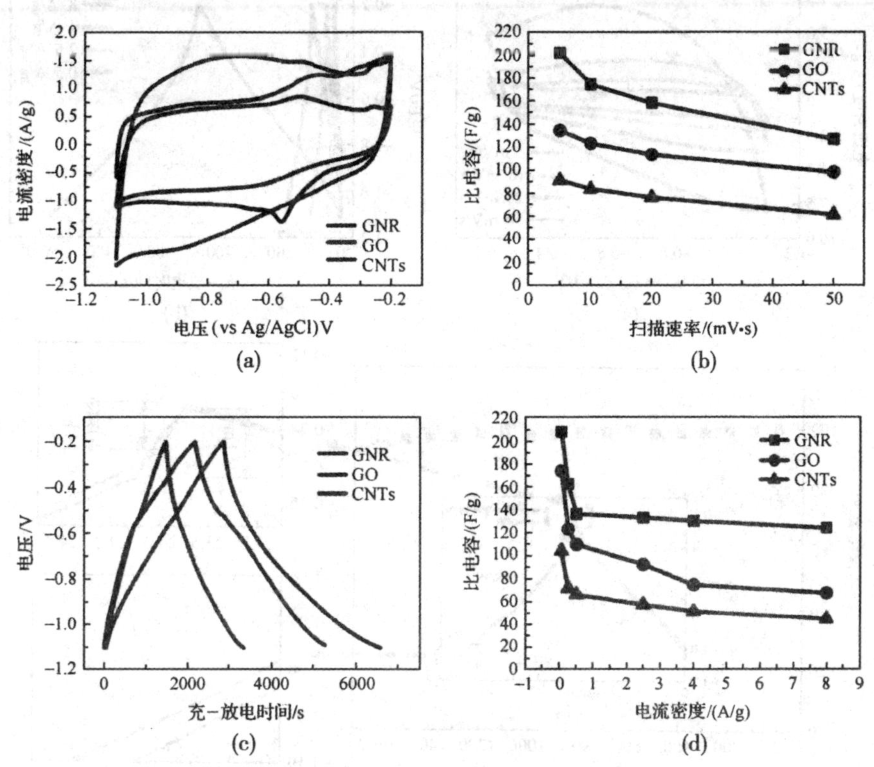

图 7-3 三种电极材料在 6M KOH 溶液中的电化学容量

图 7-4 为石墨烯纳米带在不同扫速和不同电流密度下的循环伏安曲线和充放电曲线，以及其在 4 A · g^{-1} 的电流密度下，循环 1500 次的容量变化。可以看出，随着扫速的增加，循环伏安曲线基本保持矩形形状，表面电极具有良好的速率性能，并且随着电流密度的增加没有明显的电压降，这表明电极具有很小的内阻。在循环 1500 次后，电极的容量几乎没有衰减，还剩下 96%，这表明电极具有良好的循环性能。从图 7-4(c)的内置插图可以看到，在循环 1000 次后，放电时间仅减少了 0.2 s，而其电压降也从 112 mV 减小到 75 mV，这与电极的良好循环性能一致；也说明在循环后，电解液与电极的接触更为充分，离子在材料之间的扩散更为容易。这种良好的速率性能和循环性能来源于高度可逆的氧化还原反应。

图 7-5 为不同电极的功率密度和能量密度的关系。可以清楚地发现，石墨烯纳米带具有更大的功率密度和能量密度。总的来说，从容量、循环性、速率性、能量密度和功率密度等综合考虑，石墨烯纳米带在高性能超级电容器中具有巨大的应用潜力。

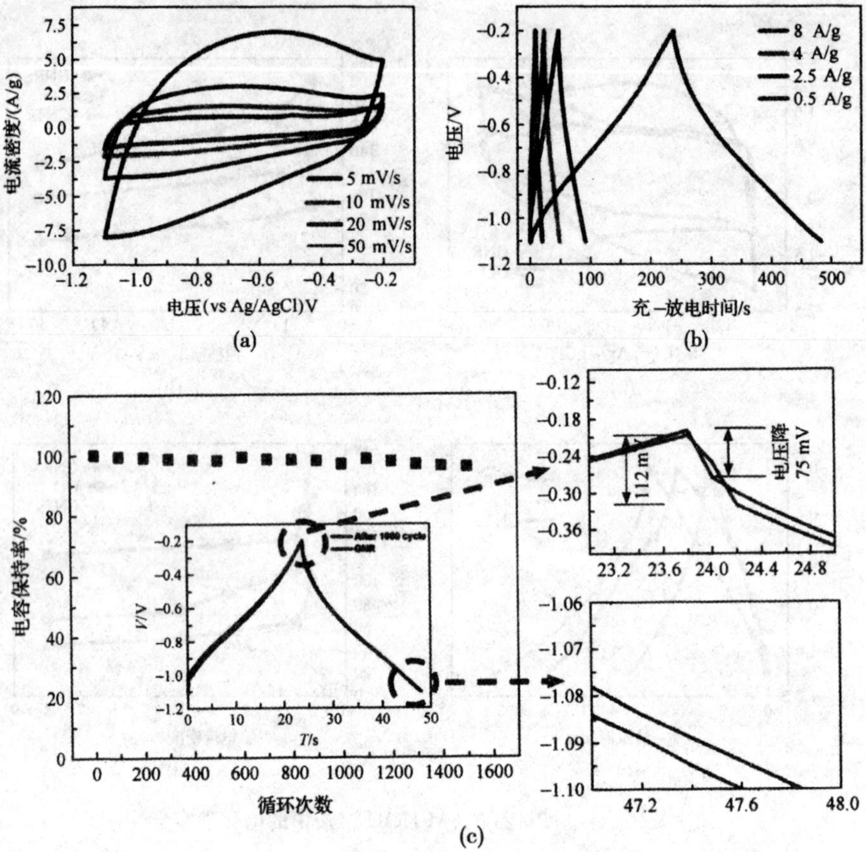

(a)

(b)

(c)

图 7-4　石墨烯纳米带的循环性能和速率性能

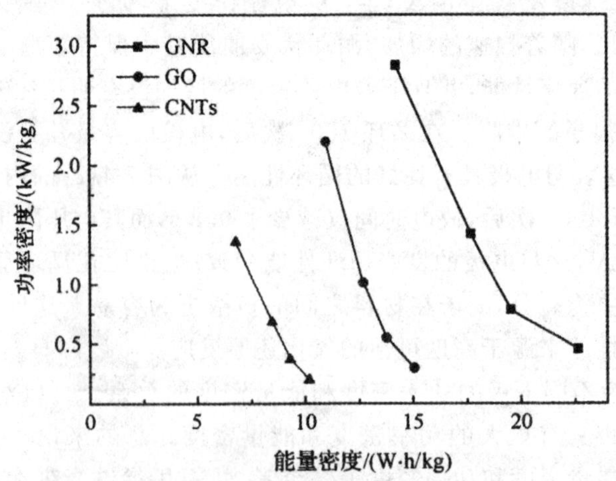

图 7-5　三种电极材料的能量密度功率密度比率图

7.5　石墨烯的其他应用

7.5.1　气体储存材料

石墨烯具有高比表面积、丰富的孔结构、质量轻和稳定性高等特点，非常适合作为小分子气体的吸附和储存材料，在氢气、二氧化碳、一氧化碳、甲烷等气体分子的吸附与储存方面具有很好的应用潜能。

在现有的储氢材料中，合金，如 $LaNi_5$、TiFe、MgNi 等都有一定的储氢能力，其中，La 和 Ti 合金为低温（＜150℃）储氢材料，但其储氢能力低（＜2%，质量分数）；Mg 合金为高温储氢材料，虽然理论储氢量很高，但它的吸附-解吸动力学不稳定，而且合金价格昂贵、密度大，因而在很大程度上限制了其实际应用。在新型储氢材料的开发研究中，人们发现石墨烯有很好的储氢能力，而且材料的价格低廉，能够大幅度降低成本。石墨烯与氢键合能够形成石墨烯的氢化物，从而表现出不同的电子结构和晶体形态。

通过化学掺杂及使用过渡金属纳米粒子修饰，可以进一步提高石墨烯的储氢能力。例如，氢气吸附在过渡金属修饰的石墨烯表面，由于过渡金属能够很好地分散于石墨烯表面并且与石墨烯接触良好，过渡金属较强的吸附氢的能力以及对氢的吸附产生的氢溢流现象（氢以氢原子的形式吸附于金属表面，并且吸附的氢原子可以通过表面扩散迁移到相邻的其他原子表面）能够进一步提高石墨烯复合材料的储氢能力。Parambhath 等人研究了 N 掺杂的、金属 Pd 修饰的石墨烯的储氢性能。在 2 MPa 压力和室温条件下，掺杂后的石墨烯复合材料的储氢性能比未掺杂的石墨烯提高了 272%。N 掺杂能提高石墨烯的电荷传输、进一步加强 Pd 与石墨烯的相互作用、增大 Pd 金属颗粒的分散度，从而大大提高了材料的储氢性能。

7.5.2　石墨烯筛子

通过在石墨烯片层上引入尺寸均匀的孔洞，多孔石墨烯可以实现筛分、过滤不同尺寸的分子、离子的作用。孔的尺寸、结构及孔周围碳原子修饰后的性质是影响多孔石墨烯应用方向和效果的最关键因素。例如，Krfil 等人通过离子刻蚀的方法得到含有两种不同孔径大小和结构的石墨烯，孔洞边缘分别为 F2N 和 H 两种类型。F2N 型的孔洞可以选择性地通过 Li^+、

Na^+、K^+，速率比为 9∶14∶33；而 H 型的孔洞可以选择性地通过 Cl^-、Br^-，速率比为 17∶33。

有不少研究组对石墨烯筛子的制备与应用进行过理论计算和探索研究。例如，在单层石墨烯上制造圆形或带状纳米孔来过滤和检测 DNA 及其碱基序列，用多孔石墨烯分离 $^3He/^4He$ 气体等。最近，多孔石墨烯在海水淡化方面的研究进展引起了人们的关注。

为解决淡水资源日渐缺乏的问题，人们将目光转向了海水淡化。海水淡化技术经过多年努力取得了很多进展，但到目前为止，这些技术均由于成本过高，无法大规模推广应用。美国麻省理工学院研究人员格罗斯曼等人借助石墨烯开发出了一种海水淡化的新方法，他们通过理论计算发现，多孔石墨烯这种特制的石墨烯就如同筛子一样能快速地滤掉海水中的盐，只留下水分子，而且孔边缘羟基化的石墨烯比孔边缘氢化后的石墨烯过滤盐的效果更好。同传统的反渗透薄膜技术相比，在相同的压力下，石墨烯筛的过滤速度要快数百倍；而在同样过滤速度下，则能节约更多的能源。此工艺的关键是精确控制石墨烯孔洞的大小，最理想的孔径大小是 1 nm，如果孔太大，盐会和水分子一起通过筛子，起不到过滤的作用；如果孔尺寸太小，水分子就无法通过这些小孔。计算机模拟结果显示，这种石墨烯筛子的性能非常优秀，能够快速地完成海水淡化过程。该方法简单有效，石墨烯的原材料廉价且易于获取，在成本上远低于现有的其他技术。另外，石墨烯又是已知最硬的材料，与目前所使用的反渗透膜相比更结实耐用，因此纳米孔型石墨烯在海水淡化上拥有极大的应用潜质。

第8章　碳纳米复合材料

单一本征材料尽管拥有其本身的诸多优点，同时也暴露出了一定的应用局限性。诸如单一碳纳米材料在许多常用溶剂中的溶解度较低，缺乏活性基团，且在材料基体中易于团聚、相容性较差；同时，单一本征碳纳米材料无法满足高性能指标的要求，这些不足无疑限制了其进一步的应用开发。而复合材料具有单一材料所不具备的特殊性能，它不是材料性能的简单相加，而是对材料的结构和功能有重要的改善和提高。

8.1　碳纳米复合材料概述

8.1.1　富勒烯复合材料

作为对称性极强的结构分子材料，富勒烯（C_{60}）的结构及物理化学性质一直以来是研究者的兴趣所在。随着研究的不断深入，人们开始关注于开发富勒烯复合材料，试图将这一材料拓展到更多的实际应用中。目前，有关富勒烯复合材料主要有无机类富勒烯复合材料和有机类富勒烯复合材料。无机类富勒烯复合纳米材料主要有内嵌原子或原子簇，由于内嵌富勒烯分子结构和性质上的特殊性，使得其在新能源、新材料以及生物医学等许多领域得到了广泛的应用。按照内嵌物种类的不同，内嵌富勒烯可以分为内嵌金属富勒烯、内嵌金属碳化物富勒烯、内嵌金属氮化物富勒烯、内嵌金属氧化物富勒烯和内嵌金属硫化物富勒烯等。有机类富勒烯复合纳米材料主要由笼外化学修饰得到，包括氯化富勒烯、氢化富勒烯、全氟烷基化富勒烯等。此外，也有像金属卟啉通过共结晶形成的主客体复合材料等。目前，富勒烯的化学修饰主要集中在设计、合成功能性化合物、反应方法和机理的研究，以及富勒烯的二次衍生化上。典型的例子有二氢硫吡喃 C_{60}、二氢呋喃 C_{60}、顶端具有 C_{60} 的六角星状聚乙烯大分子、可溶性悬挂有 C_{60} 的聚苯乙烯、

悬挂 C_{60} 的聚胺类聚合物、氮杂富勒烯 $C_{59}HN$ 等。此类富勒烯复合材料可能成为性能良好的导体、超导体，具有良好的电学性质和光电性质，是一类有前途的光电导材料，正日益广泛地受到人们的关注。作为一种理想的药效团载体，C_{60} 复合材料可以与大量试剂反应，具有独特的三维拓扑结构，并与已知的药物分子具有相似的尺寸。大量研究表明，C_{60} 及其衍生物在酶抑制、抗病毒、DNA 切割、光动力疗法等方面均有广泛的应用前景。

8.1.2 碳纳米管复合材料

碳纳米管以其特有的高拉伸强度、高弹性、从金属到半导体的电子特性、高电流载荷量和高热导体性以及独特的准一维管状分子结构，受到了化学、物理及材料科学等领域科学家的极大青睐。近年来，基于碳纳米管的复合材料极大地提高了碳纳米管的物理化学性能，也进一步拓展了碳纳米管的应用领域。按照复合材料组分的不同，可将碳纳米管复合材料分为贵金属纳米粒子/碳纳米管复合材料、聚合物/碳纳米管复合材料和生物分子/碳纳米管复合材料等。贵金属纳米粒子（noble metal nanoparticles, NMNPs）/碳纳米管复合材料基于解决贵金属的热力学稳定性以及容易团聚的问题，诸如铂、钯、银、金等 NMNPs 易发生奥斯特瓦尔德熟化（Oswald ripening）而产生团聚现象，导致贵金属材料的光、电、磁特性发生明显的变化，最终限制其在各领域中的实际催化应用。利用碳纳米管的高比表面积和大的长径比，以及碳纳米管的一维管状结构，非常适合作为理想的零维贵金属纳米颗粒的负载体。通过大量的研究，科学家们有了一定的共识，碳纳米管作为贵金属纳米颗粒的催化载体的优越性远大于其他材料。

8.1.3 石墨烯复合材料

与富勒烯、碳纳米管一样，尽管单一石墨烯材料具有诸多优良的性能，但在具体的应用中，单一材料无法满足各类应用的一些要求，且石墨烯本身的卷曲、团聚、层间的堆叠和其在溶剂中的分散性等限制了它在光学、电子学、能源及化学传感领域中的应用。此外，石墨烯表面呈现稳定惰性、难溶解于溶剂中、更难与其他有机或无机材料均匀地复合。因此，非常有必要通过将其与其他如无机和有机功能性纳米材料进行复合，借助不同组分的协同作用，进一步改善石墨烯的物理和化学性能，拓展和增强石墨烯的各种应用性能。例如，发展亲水性和生物相容性的复合材料是新型石墨烯材料的研究方向。将无机、有机等材料分散到石墨烯纳米片表面，由于无机或有机纳米粒子的存在可使石墨烯片层间距增加到几个纳米，从而大大减小石墨烯片层之间的相互作用,通过石墨烯片层之间增加的距离,减小石墨烯的团聚现象,使得单层石墨烯的优良性质得以充分发挥。因此,对于石墨烯复合材料而言,出现了不同材料相互作用后能够产生协同效应,更为重要的是复合材料为减小石墨烯的团聚提供了一种化学修饰难以提供的研究思路,具有极其广泛的应用价值。目前,研究比较广泛的石墨烯复合材料主要有无机/石墨烯纳米复合材料、有机/石墨烯纳米复合材料、无机-有机/石墨烯纳米复合材料、生物分子/石墨烯纳米复合材料以及其他石墨烯纳米复合材料。

1. 石墨烯/无机非金属纳米复合材料

无机非金属纳米材料广泛应用于光电子、能量存储、催化及传感器等领域。石墨烯由于其独特的电学、力学和热学性质,可有效地提高无机非金属纳米材料的电、光、电化学等性能,这使得石墨烯/无机非金属纳米材料的复合成为一个热点研究课题。目前,与石墨烯形成纳米复合物的无机非金属纳米粒子包括 SnO_2、TiO_2、CuO、Cu_2O、Mn_3O_4、MnO_2、Fe_3O_4、Fe_2O_3、Al_2O_3、RuO_2、Bi_2O_3以及 ZnS、CdSe、CdS 等。

2008 年,Williams 等人采用紫外光辅助还原法首次制备出石墨烯/TiO_2纳米复合材料,这为获得具有光学活性的石墨烯/无机非金属纳米复合材料开辟了新的技术路径。Dai 课题组采用两步液相法将 Mn_3O_4负载于石墨烯片上,获得了比容量几乎接近于理论值(达到 900 mA · h/g)且具有良好循环稳定性的材料,该材料有望应用于高容量、无毒的电池电极材料。2009 年,Rajamathi 等人首次报道了基于石墨烯/CdS 量子点及石墨烯/ZnS 量子点的理想光电材料,在光电子领域有很好的借鉴意义和应用价值。

2. 石墨烯/金属纳米颗粒复合材料

石墨烯/金属纳米颗粒复合材料是以石墨烯为支撑体,通过将金属纳米颗粒锚定在石墨烯表面形成的。该类纳米复合材料的研究主要集中在用 Au、Pt、Pd、Ag 等贵金属纳米粒子修饰石墨烯,在增强金属催化活性的同时,有效减少贵金属的消耗,具有很大的经济价值。

清华大学的 Shi 等人采用简便的自组装技术制备石墨烯/Au 纳米颗粒复合材料,该材料具有很高的电化学稳定性和电催化活性,有望应用于生物传感器。Gonealves 等人以还原氧化石墨烯为前驱体,采用柠檬酸钠还原 Au^{3+} 获得具有表面拉曼增强效应的石墨烯/Au 纳米颗粒复合材料。Si 和 Samulski 等人首次合成石墨烯/Pt 纳米颗粒复合材料,在该复合材料中 Pt 充当石墨烯的隔离物,有效地保持了石墨烯作为一种高比表面积材料的特性,他们认为该材料在燃料电池和超级电容器中具有潜在的应用价值。此外,石墨烯与多种金属纳米颗粒的复合材料也得到了关注。2009 年,El-Shall 等人采用微波法制备了石墨烯/PdCu 纳米复合材料。2010 年,中国科学院长春应用化学研究所的 Wang 等人采用湿化学法合成了三维 Pt-Pd 双金属纳米枝晶与石墨烯的复合材料,该复合材料显示出很高的电催化氧化甲醇的活性。

3. 石墨烯/聚合物纳米复合材料

石墨烯因具有优异的电学和力学性能而被视为高性能纳米增强体,可以为聚合物复合材料带来多方面的性能提升。目前石墨烯/聚合物纳米复合材料的制备及性能研究已成为科研界的研究热点。

Yu 等人制备了石墨烯/环氧树脂纳米复合材料,以石墨烯为填料可以有效提高石墨烯/环氧树脂纳米复合材料的热传导性能,当添加量达到 25%时,热传导率为 6.44 W/(m·K),提升达 3000%。Sangermano 等人采用光化学方法制备了石墨烯/聚乙烯醇丙烯酸酯的复合物,该复合物在电磁屏蔽和防静电方面有很好的应用前景。石墨烯的添加还可以增强复合物的电化学性能。Yang 等人采用原位聚合法制备了石墨烯/聚苯胺纳米复合物。电化学性能测试表明该纳米复合物的电化学性能得到很大提高,在 1 $mV \cdot s^{-1}$ 的扫描速率下,比容量达到 1046 $F \cdot g^{-1}$,在超级电容器领域具有潜在的应用价值。

4. 石墨烯/碳材料纳米复合材料

石墨烯不仅能与无机物纳米颗粒以及聚合物形成复合物,还可以与其他碳材料,如富勒烯及其衍生物、碳纳米管等形成碳基纳米复合物,并呈现一些优越的性能。Honma 等人分别制备了石墨烯与碳纳米管、富勒烯的复合物,这种复合材料表现出优异的锂电池充放电性能,具有较高的储存电容量,且循环性也获得明显提高。Kanner 等人合成了碳纳米管和石墨烯的复合材料,发现其在聚合物太阳能电池中具有较高的光电转换效率。

8.1.4 介孔碳复合材料

有序介孔碳为非硅系材料,具有规则排列的孔道结构、较大的比表面积、有序的孔径分布面,化学稳定性比较好,所以被广泛应用于催化、储氢、分离、提纯和吸附大分子等领域。尤其在高效吸附分离领域,有序介孔材料可提供物质吸附和传输过程中所需要的介孔结构,进而通过对其表面化学反应活性基团的改性得到复合材料,以满足对特定有机大分子、生物大分子和重金属离子等目标物的高性能吸附要求,进一步拓展介孔碳材料的应用范围。此外，有序介孔碳也可以作为催化剂载体，其较大的比表面积可以负载更多的催化剂，提高反应活性．通过一定方法得到的介孔碳复合材料，可有效控制催化剂与碳载体之间的相互作用，进而调控催化剂对目标物的催化活性。

目前，介孔碳复合材料主要有金属纳米/介孔碳复合纳米材料、金属氧化物/介孔碳复合纳米材料、聚合物/介孔碳复合纳米材料等。将具有特定功能的纳米晶负载到介孔碳的基体中，设计出金属纳米/介孔碳复合材料。这种介孔碳基复合材料不仅可以将介孔材料的高比表面积、均一的孔道、窄的孔径分布等显著优点和功能纳米晶的催化活性、储氢性能等相结合，而且均匀分散于介孔碳基体中的纳米晶的团聚可得到有效的抑制。譬如，纳米金催化剂有很好的选择性、催化氧化活性。而介孔碳材料是一种良好的金催化剂载体。负载在介孔炭上的金催化剂在一些经典有机反应中显示出了很高的催化活性和很好的选择性。

金属氧化物/介孔碳复合纳米材料的研究源于发展高性能的超级电容器电极材料，由于介孔碳材料的大比表面积、均匀孔径分布和稳定的物理化学性能等优点，在超级电容器电极材料研究的初期表现出了一定的应用价值。但相对商业化的电极材料而言，其较低的比容量和能量密度限制了此类材料的进一步应用。金属氧化物电极材料具有比电容大、能量密度高和快速充/放电的特点，受到了研究者的极大关注。但随后的研究也发现其潜在的缺点诸如比表面积小、成本较高(如研究较多的氧化钌)，极大地限制了材料的开发和应用进程。为此，越来越多的研究者开始关注研发新型高性能超级电容器电极材料。金属氧化物与介孔碳在此领域已经显示出了一定的性能优势，研究者提出了将二者通过一定的方式进行复合，制备低成本、高性能的电极材料。目前，此类复合材料主要有氧化钌/介孔碳复合材料、氧化锰/介孔碳复合材料、氧化镍/介孔碳复合材料、氧化锡/介孔碳复合材料、氧化钴/介孔碳复合材料和氧化铋/介孔碳复合材料等。

可见，有序介孔碳因其具有高的比表面积、均一的孔径分布以及可控的介孔结构等特点，以及较大的孔容量和良好的导电性能被广泛用于电化学电容器和电池的电极材料，在能量储存、电催化及电化学检测等领域表现出了巨大的发展潜力。导电聚合物与金属氧化物一样，由于其特殊的电子传输性能也被广泛应用于电极材料和电催化领域，将二者结合制备聚合物/介孔碳复合纳米材料，对拓展介孔碳和聚合物在能源、环境以及催化等领域的直接应用具有非常现实的意义。

8.2　碳纳米复合材料的分类

8.2.1　碳纳米/聚合物复合材料

碳纳米管/聚合物复合材料作为纳米复合材料的一种，有着广泛的应用前景，近年来发展也十分迅速。纳米复合材料与常规的无机填料/聚合物体系不同，其分散相材料至少在一维方向上处于纳米尺度(1～100 nm)，并且有机相与无机相并不是简单的混合，而是两相在纳米尺寸范围内复合而成。对于碳纳米管/聚合物复合材料，作为分散相的碳纳米管以分子水平分散在柔性聚合物基体中，而作为连续相的有机聚合物可以是热塑性聚合物、热固性聚合物。因此碳纳米管/聚合物复合材料不仅兼具分散相碳纳米管的纳米尺度效应、表面效应、量子尺寸效应和独特的物理化学性能等，而且还可以将碳纳米管的高强度、导电性和热稳定性与聚合物的韧性、易加工性及介电性能糅合在一起，产生许多特异的性能。同时又可用来制备多种功能复合材料，如制备电学、电磁屏蔽材料，吸波隐身材料，纤维材料，以及化学活性、生物活性的复合材料等。因此，碳纳米管/聚合物复合材料越来越受到人们的关注，被认为是 21 世纪最有前途的材料之一。

8.2.2　碳纳米/其他纳米粒子复合材料

将碳纳米作为载体，负载上贵金属(Au、Ag、Pd、Pt)、过渡金属(Fe、Co、Ni)、金属氧化物、非金属氧化物等纳米粒子，可以增加纳米粒子的表面积和活性，从而使得纳米粒子尤其是贵金属纳米粒子在各种应用领域得以充分利用，减少损耗，且复合材料表现出优异的催化及其他化学性能，具有一些全新的功能。常见的碳纳米复合材料有石墨烯、碳纳米管、介孔碳等分别和金属、金属氧化物、非金属氧化物的复合。

1. 碳基纳米材料和金属的复合

金是化学性质比较稳定的元素之一，但是金纳米却有着非常特殊的物理化学性质，比如很好的稳定性和光学效应等，已被广泛应用于生物传感器、光电化学和电化学催化、光电子器件等领域。当然除了 Au 的复合外，也有人尝试将其他金属与碳纳米材料进行复合。如 Wang 等人通过超声合成了铜和碳纳米管的复合材料，该材料可以有效地催化乙酸甲酯的加氢反应。

2. 碳基纳米材料和金属氧化物的复合

碳纳米管/MnO_2复合材料具有较好的电化学性能。图 8-1 所示为碳纳米管/MnO_2与碳纳米管材料的循环伏安特性曲线与充放电曲线。图 8-1(a)为 200 mV/s下获得的 CV 曲线，该曲线呈现出较好的矩形形状，这是双电层电容的典型特征。碳纳米管/MnO_2曲线在 0.5 V 和 0.3 V 处成对出现的氧化还原峰较明显一些，也就是说除了双电层电容外，还明显具有赝电容的特征。相比之下，碳纳米管/MnO_2的 CV 曲线在 0.4～0.5 V 和 0.2～0.3 的范围内具有非常明显的氧化还原峰，表明在此电化学过程中存在较强烈的氧化还原反应，这正是赝电容起主导作用的显著标志。碳纳米管表面存在着较多的化学官能团，故在电极材料表面会发生以下的氧化还原反应。

$$\rangle C-OH \rightleftharpoons \rangle C=O+H^++e^-$$

$$-COOH \rightleftharpoons -COO+H^++e^-$$

$$\rangle C=O+e^- \rightleftharpoons \rangle C-O^-$$

而对于 MnO_2在中性电解液环境中发生的氧化还原反应如下：

$$MnOOH+MnO_2 \rightleftharpoons MnO_2H_{1-\delta}+MnO_2H_\delta$$

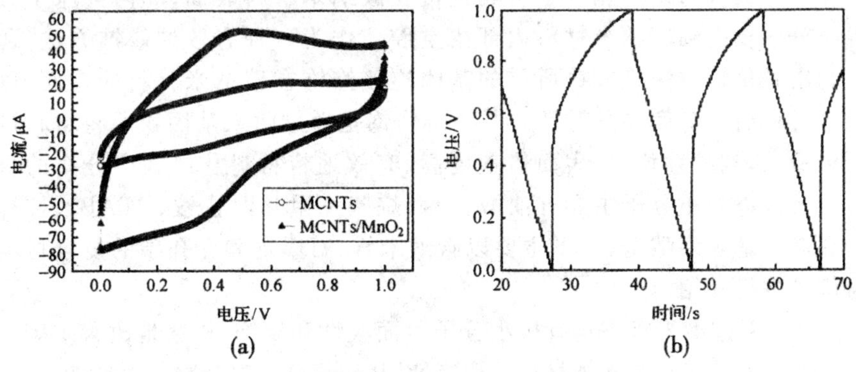

图 8-1　碳纳米管/MnO_2复合物与碳纳米管的 CV 曲线
(a)充放电曲线；(b)CV 曲线的电压扫速为 200 mV/s

图 8-1(a)是扫速为 200 mV/s 时碳纳米管/MnO_2复合物与碳纳米管的 CV 曲线。很明显，碳纳米管/MnO_2复合物的 CV 曲线所包括的区域的面积较大，而碳纳米管的相对较小。由于根据 CV 曲线所包含的积分面积(电流×电压)可以估算电极材料的功率密度，由此可以得出，碳纳米管/MnO_2复合物和碳纳米管的功率密度分别为 41.73 kW/kg 和 14.34 kW/kg。由此可见，碳纳米管/MnO_2复合物的功率密度是碳纳米管的 3 倍。图 8-1(b)

所示是三种碳纳米材料以恒定电流 20 μA 在 0～1.0 V 充电-放电的测试结果。所有的曲线都呈现倒三角形而没有欧姆下垂线现象，这说明材料都有较为稳定的电容特性或者较强的可逆氧化还原反应。通常，通过对电容器件在特定的电压窗口(如 1 V)进行恒定的电流放电测试能够准确地得到其比电容值，其比电容(C_g)的计算公式为

$$C_g = (i\mathrm{d}t/\mathrm{d}E)/M = i/[(\mathrm{d}E/\mathrm{d}t)M]$$

式中，i 是施加的恒定电流值；M 是电极材料的质量。通过该公式，可以计算得到碳纳米管和复合材料的比电容 C_g 分别为 32.4 F/g 和 100 F/g。由此可见，复合材料的比电容值是碳纳米管的 3 倍以上。

Huang 等人使用掺杂碱金属碳酸盐的石墨烯/碳纳米管复合薄膜修饰的电极，有效地调节了电极的功函数，使电极与活性层形成欧姆接触，因而增大了电荷的注入程度并改善了光电设备的性能，所以极大地推进了柔性、无 ITO 的光电设备的发展。

3. 碳基纳米材料/有机小分子复合材料

有机小分子对碳纳米材料的修饰一般可以分为三类：①通过共价键将有机基团接枝到碳纳米材料表面；②通过非价键将分子吸附到碳纳米材料表面或者通过功能分子将其包覆在碳纳米材料表面；③内嵌原子法将小分子填充到碳纳米材料内部或空腔。作为一种有效的修饰方法，通常利用共价接枝法将一些所需的基团连接修饰在碳纳米材料的表面，以改善材料的溶解度和分散性。非共价修饰是通过两亲基团物质将材料进行包覆，达到尺寸均一、表面覆盖度高、有效地将材料从团簇中分离的目的。已报道的小分子主要有油酸、十六烷基三甲基溴化铵(CTAB)、柠檬酸和对氨基苯磺酸等，以下主要以碳纳米管、石墨烯和介孔碳的复合材料为例来进行介绍。

通过对碳纳米管进行有机小分子表面改性和修饰，极大地改善了碳纳米管的分散性能和与基体材料的相容性，从而提高了复合材料的性能。

对石墨烯表面进行修饰可以改变石墨烯的表面极性，采用共价方式得到的复合材料的修饰稳定性相对较高。共价法修饰石墨烯常常在液相中进行，因此石墨烯在溶剂中能否良好分散对于研究其表面修饰意义重大。Stankovich 等人采用异氰酸酯对氧化石墨烯进行了表面改性，通过异氰酸酯与氧化石墨烯片层上的羧基间反应将异氰酸酯修饰到氧化石墨烯片上，这种经过异氰酸酯改性后的氧化石墨烯在有机溶剂中具有很好的分散性，有助于材料的进一步应用。与其他碳材料相比，有序介孔碳的表面浸润性有一定局限。为了改善有序介孔碳的表面浸润性，孙等人将有序介孔

碳与对氨基苯磺酸通过无溶剂磺化法复合，接着通过硼氢化钠还原法在有序介孔碳复合材料表面负载 Pd 纳米颗粒，探讨了所得复合材料对甲酸的电催化性能。结果发现，对氨基苯磺酸官能团被成功地修饰到有序介孔碳表面后，增加了有序介孔碳表面的浸润性，并且提高了 Pd 纳米颗粒的分散性，其平均粒径为 3.0～10.0 nm，也有效地提高了有序介孔碳复合材料的稳定性。

4. 多维碳纳米复合材料

尽管石墨烯类材料具有优越的性能和广泛的应用，但在使用中仍然面临一些问题。例如，石墨烯在使用的过程中容易发生团聚，这就会降低石墨烯的性能，使其作用大打折扣。将石墨烯和碳纳米管进行复合，制备出多维复合材料，石墨烯可以促进碳纳米管的电子传输，碳纳米管又可以防止石墨烯堆积及增加材料的比表面积，同时又弥补了石墨烯的缺陷所引起的导电性能的下降。多维复合材料不仅能够解决石墨烯的团聚问题，而且保持了石墨烯的优越性能，因此，多维碳纳米复合材料被广泛应用于光电器件、超级电容器以及燃料电池等领域。Tung 等人使用 Hummer 法制备出氧化石墨，将其与碳纳米管混合，再将其分散在无水 N_2H_4 中，最后经过 150℃退火处理制备出透明的碳纳米管/石墨烯复合材料，透光率达到 86%，在光电器件中用作透明电极。Du 等人将高度有序的热解石墨用强酸处理，增加了石墨层之间的距离，然后再使用 CVD 法在石墨烯层中沉积碳纳米管列阵。研究发现，该复合材料具有较大的比电容，在超级电容器以及燃料电池等领域应用前景广阔。Li 等人在石墨烯纸表面通过 CVD 法制备出垂直生长的碳纳米管阵列，得到三维碳纳米复合材料，该材料具有优良的热稳定性、导电性、柔韧性以及化学稳定性，在染料敏化电池和锂离子电池等领域具有潜在的应用价值。Kim 等人先在铜基底上通过 CVD 法制备出石墨烯，然后再使用 CVD 法在石墨烯表面生长出碳纳米管，制备出三维复合材料。通过控制碳源对石墨烯表面的碳纳米管生长机制进行研究，实验证明，在没有碳源的情况下，石墨烯表面同样会生长出碳纳米管，此时石墨烯将为碳纳米管的生长提供碳源。Liu 等人先将二茂铁(Fc)接在壳聚糖上(CS)，并且与葡萄糖氧化酶(GOD)和单壁碳纳米管(SWNT)通过一步法电沉积，修饰到三维(3D)石墨烯表面，制备出石墨烯基生物传感器，该传感器对葡萄糖检测反应快速，有较大的浓度线性范围(5.0 $\mu mol \cdot L^{-1}$～19.8 $mmol \cdot L^{-1}$)，较低的检测限(1.2 $\mu mol \cdot L^{-1}$)。

8.3 碳纳米复合材料的制备

8.3.1 溶液共混法

溶液共混法是指将本征碳纳米材料和其他组分均匀分散到一定的溶剂中,再将溶剂挥发后制备碳纳米复合材料的方法。溶液共混法简单易行,是制备碳纳米复合材料的常用方法。该方法对热固型聚合物和热塑性高聚物等都有很好的普适性,因此被广泛应用于碳纳米复合材料的制备。

Ajayan 等人将碳纳米管分散到乙醇溶液中,将环氧树脂单体和固化剂混合后分散在含碳纳米管的乙醇溶液中,最后将溶剂挥发并固化环氧树脂得到碳纳米管复合材料。Ryan 等人将多壁碳纳米管加入聚乙烯醇水溶液中进行超声分散,分别制得碳纳米管含量分别为 1%和 5%的碳纳米管/聚乙烯醇复合材料。Safadi 等人将碳纳米管加入甲苯中进行超声分散,最后与含 30%聚苯乙烯的甲苯溶液混合,制备了碳纳米管/聚苯乙烯复合材料,并发现复合材料具有较好的电学性能、力学性能。Huang 等人先将聚嗪螺环双膦酸盐(PPSPB)修饰到石墨烯表面,再分散到四氢呋喃中制成悬浊液,然后向该悬浊液中加入乙酸乙烯共聚物(EVA),通过化学还原后得到 EVA/PPSPB/GR 阻燃复合材料。Cao 等人先将石墨烯分散在 DMF 中,接着加入聚乳酸(PLA),然后在 85℃下搅拌 2 h 后进行超声处理,再利用甲醇使混合物凝结成块,真空干燥后得到 PLA/GR 复合纳米材料。

溶液共混法虽已广泛应用于一些碳纳米复合材料的制备中,但该方法仍存在一定的缺陷。例如,该方法得到的复合材料在一些溶剂中往往不易分散,最终会影响复合材料在不同应用领域中的性能。

8.3.2 熔融共混法

熔融共混法是将碳纳米材料加入熔融状的聚合物中,待碳纳米材料分散均匀后通过挤出、压延或注塑成型等方式制备复合材料的一种方法。该方法为基于聚酰胺、高密度聚乙烯和聚丙烯等难溶高聚物复合材料的制备提供了一种良好的思路。Zhang 等人将多壁碳纳米管加入熔融状的聚酰胺中,使用双螺杆挤出成型与压延成型结合法制备出了 0.5 mm 厚的多壁碳纳米管/聚酰胺复合薄膜材料。大量研究表明,熔融共混法是一种切实可行的制备碳纳米/聚合物类复合材料的方法，得到的各种复合材料中，碳纳米管在复合材料中的分布相对均匀。此外，研究者通过对比也发现，熔融共混法得到的碳纳米复合材料还具有单一材料所不具备的一些优良性能。如Meincke 等人将碳纳米管和聚酰胺进行复合后，发现得到的复合材料中碳纳米管分布较为均匀，并且材料的杨氏模量提高了 27%，当碳纳米管的添加量(质量分数)达到 4%～6%时，该复合材料具有较好的导电性。基于此，Wang 等人先将聚丁烯琥珀酸酯(PBS)、磷酸三聚氰胺(MP)和石墨烯粉进行真空干燥，再将它们进行熔融共混，最后通过热压成型制备出 MP/PBS/GR 具有较好阻燃性能的特种复合材料。Kim 等人将剥离的石墨烯(EG)和聚乳酸(PLA)熔融共混，通过旋转双螺杆挤出法制得 PLA/EG 纳米复合材料，研究发现，与天然石墨(NG)相比 EG 对 PLA 的力学性能的提升有更好的效果。

大量研究表明，熔融共混法工艺简单，可避免溶剂以及表面活性剂的残留，适于碳纳米复合材料的规模化生产。但熔融共混时的高温也会造成聚合物产生一定程度的降解，导致复合材料各种应用性能的进一步降低，也会影响聚合物的黏度和复合材料的分散性。

8.3.3　原位聚合法

原位聚合法是制备碳纳米复合材料的一种有效途径。在聚合物基体中加入碳纳米管、介孔碳和石墨烯等碳纳米材料均可以得到综合性能优异的碳纳米/聚合物复合材料，此类材料在光、电、磁、生物等领域具有潜在的应用前景。原位聚合法是先使碳纳米管在聚合物单体中均匀分散，然后在一定条件下再引发单体发生聚合的方法。例如，在少量引发剂存在下进行的聚合反应，或者直接在热、光或辐照作用下进行的聚合反应，形成纳米复合材料。原位聚合法可在水相中进行，也可在油相中进行。单体可进行自由基聚合，也可进行缩聚反应。该方法适用于大多数聚合物基有机无机纳米复合材料的制备。

最直接的方法是利用氧化石墨烯上的活性基团参与有机小分子的聚合反应，通过原位聚合获得共价键连接的复合材料。例如，石墨烯/尼龙 6 复合材料的制备(图 8-2)。

Ajayan 等人首先制备了碳纳米管/环氧树脂纳米复合材料，在对复合材料切片过程中发现，碳纳米管从聚合物中被拔出并在聚合物表面沿切片方向发生一定的取向。同样，原位聚合法也可得到具有一定取向的碳纳米复合材料。Tang 等人利用原位聚合的方法，使苯乙炔和碳纳米管产生催化

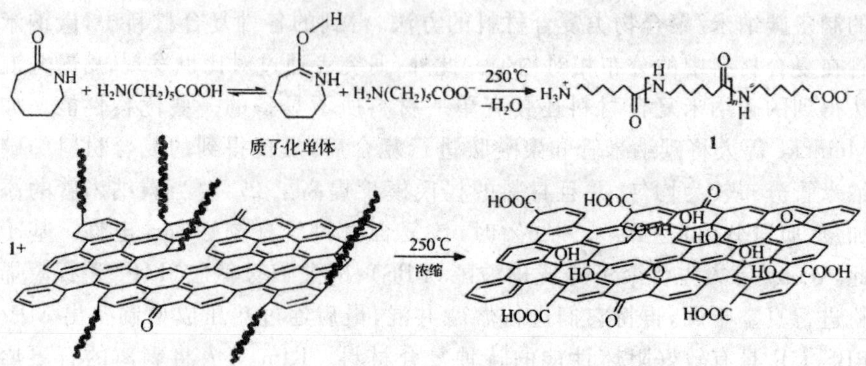

图 8-2　原位聚合制备石墨烯/尼龙 6 复合材料

聚合反应,得到了厚度为 2～3 nm 的螺旋状聚苯乙炔包裹的碳纳米管复合材料。Tong 等人先对碳纳米管进行表面催化处理,然后利用原位聚合法将乙烯包覆在 CNTs 表面。结果表明,表面包覆了聚乙烯的碳纳米管复合材料的力学性能明显优于复合前的碳纳米管,说明一定取向的碳纳米复合材料对材料的性能存在显著的影响。Fan 等人通过在碳纳米管上进行的原位聚合反应,制备了碳纳米管/聚吡咯(PPy)复合材料,并对其电、磁、热学性能进行了研究,发现复合材料具有较高的导电性可作为电容器电极材料。另外,Huang 等人合成了线状碳纳米管阵列/聚合物(如聚吡咯、聚苯胺等)功能复合材料,研究发现这种复合材料在光电纳米器件以及传感器等方面具有广阔的应用前景。

Carlos 等人采用原位聚合法制备了 CNTs/PMMA 复合材料,使用了表面官能化处理的 MWCNTs 时,只需要 1wt%的添加量,储能模量增加了 66%,损耗因子 T_g 提高了大约 44℃;而当使用未改性的 MWCNTs 时,储能模量增加了 50%,损耗因子 T_g 只提高了大约 6℃,说明原位聚合法一定程度上改善了 CNTs 的分散和基体的结合。

原位聚合法也可用于制备石墨烯/聚合物纳米复合材料。其制备过程通常如下:首先将石墨烯或它的衍生物在液态单体中溶胀,然后加入合适的引发剂将其分散,再通过热或辐射作用引发聚合。原位聚合后,剥离状的石墨烯往往能够在聚合物基体中较为均匀地分散。研究表明,环氧树脂/石墨烯复合材料的直流导电性在渗流阈值范围内符合临界现象。这归因于石墨烯片层高的长宽比和在环氧树脂基体中的均一分散性。在整个频率范围内,电磁干扰效果随着石墨烯添加量的增加而增加,这与复合材料中石墨烯片层网络互联传导的结构相关。因此,聚合物/石墨烯复合材料能作为有效的轻质量电磁辐射屏蔽材料在商业上得到一定的应用。另外,还可以通过多种原位聚合方法制备石墨烯/聚合物复合材料。例如，利用自由基聚合制备聚苯乙烯功能化的石墨烯(图 8-3)。

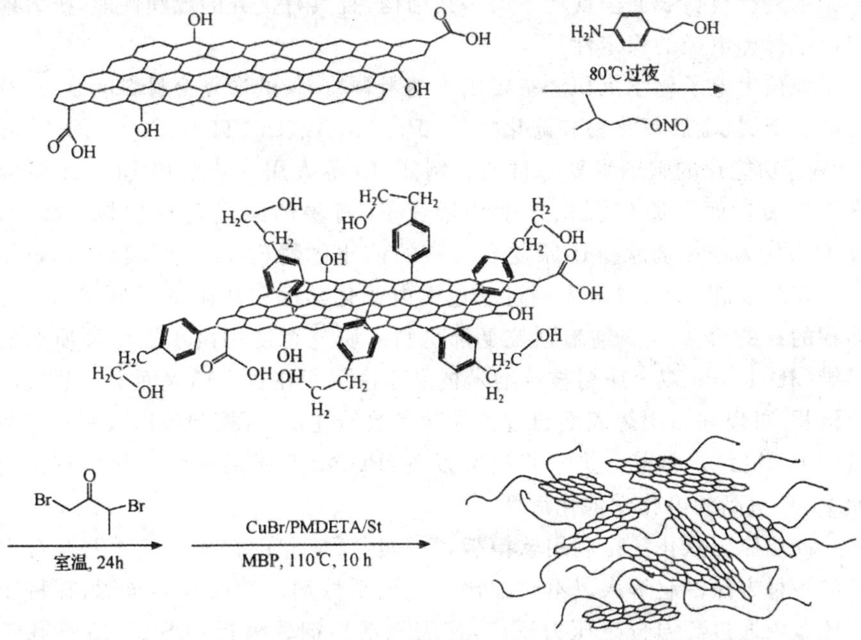

图 8-3　原位聚合制备聚苯乙烯功能化石墨烯

随着研究的深入，人们也发现在原位聚合法随着聚合过程的进行，体系的黏度也会逐渐增大，会在一定程度上影响复合材料的一些应用性能，这也是该方法制备石墨烯/聚合物复合材料的固有缺点。

8.3.4　原位生长法

原位合成法是一种典型的自下而上的方法，在碳纳米基复合材料的制备中也得到了广泛的应用。这种方法省去了烦琐的增强体预处理工序，简化了制备工艺，可以简单、直接地制备各种碳纳米粉体复合材料。一般分为原位化学还原法、原位无电子化学沉积法和高温原位炭化法等。

原位化学还原法通常利用还原试剂对复合材料进行还原，是制备石墨烯基复合材料常用的方法。例如，Yang 等人以乙二醇为还原剂，在冰水浴下还原氧化石墨烯/碳纳米管分散液中，经超声后用 PTFE 膜过滤、烘干得到分级结构的石墨烯(graphenes，GNS)/碳纳米管复合纳米材。Woo 等人使用 Hummer 法制得氧化石墨烯，将石墨烯与酸化处理的多壁碳纳米管进行复合后，再用肼溶液和氨水对其进行还原，得到的石墨烯/碳纳米管复合材料在电化学传感应用中对目标物表现出了显著的电催化效应。最近，Hu等人采用聚醚酰亚胺(PEI)作为还原剂制备了石墨烯/碳纳米管复合材料，得到的复合材料表面呈现均一的多孔结构，且具有优异的成膜性能，极大地提高了修饰电极的稳定性。

原位无电子化学沉积法主要用于纳米颗粒/碳纳米复合材料的制备，常见的有金属、金属氧化物和硫化物(如 Pt、Au、Ag、Cu、TiO_2、Fe_2O_3、SnO_2和CdS)等功能化的碳纳米复合材料。例如，Li 等人用一步法将 Pt 纳米颗粒在石墨烯表面上原位沉积并生长形成 Pt-石墨烯纳米复合材料。其中，$NaHB_4$作为还原剂原位还原复合材料的前驱体物质 H_2PtCl_6和氧化石墨烯。在此基础上，Guo 等人通过原位无电子化学沉积法制备了具有高活性面积的石墨烯-双金属纳米颗粒复合材料。研究者使用两步法将高质量的三维(3D)Pt-Pd 双金属树枝状纳米枝晶原位沉积在石墨烯表面上。通过原位沉积，可以在石墨烯表面通过条件和参数的优化，可控制备出具有一定数量的 Pt-Pd 纳米枝晶。进一步研究发现，Pt-Pd/石墨烯复合材料具有比商业 Pt/C 更高的电化学催化活性。

高温原位碳化法是利用软模板，在高压反应釜中合成介孔碳基复合材料的一种方法。赵等人以不同配比的表面活性剂为软模板和碳源，在特制高压釜内通过高温自生压力反应，使表面活性剂软模板在 SBA-15 的孔道内原位碳化，得到具有较高的比表面积和较窄孔径分布的介孔碳/二氧化硅复合碳材料。

8.3.5 其他法

1. CVD 石墨烯/碳纳米管复合薄膜的制备

例如，CVD 石墨烯/碳纳米管复合薄膜的制备。首先，采用常规的CVD 技术在铜箔表面沉积单层石墨烯薄膜；其次，将制备好的自支撑碳纳米管薄膜覆盖于石墨烯表面，通过在石墨烯和碳纳米管之间加入乙醇，并蒸发乙醇的过程，可以显著增加石墨烯与碳纳米管薄膜的附着力；再次，在腐蚀液中去除铜箔，得到自支撑的石墨烯-碳纳米管复合薄膜；最后，将该薄膜转移至柔性透明基板表面，形成柔性透明导电薄膜。该复合薄膜的可见光透光率达 85%，方阻为 220 Ω/cm。

2. 热处理法

热处理法制备石墨烯/TiO_2复合材料的基本思路和原理是，在热处理还原氧化石墨烯的过程中，同时加入 P25(TiO_2)纳米颗粒，使得石墨烯在还原过程中与 P25 颗粒进行复合。该方法的主要特点是，由于热处理过程中氧化石墨烯表面官能团的裂解，部分碳(C)原子进入 TiO_2 表面晶格，形成局部 C 掺杂，从而还可以显著提高该复合材料的可见光催化效率。

图 8-4 给出石墨烯/TiO_2 复合材料的 X 射线衍射图谱(XRD)和傅里叶变换红外光谱(FTIR)表征图。可以明显看出，TiO_2 纳米颗粒均匀分布在石墨烯表面。红外光谱显示位于 1045 cm^{-1} 的 C—O 振动峰，1250 cm^{-1} 左右的 C—O—C 振动峰，1365 cm^{-1} 的 C—OH 振动峰以及位于 1720 cm^{-1} 左右的 C—O(羧基)振动峰基本消失，这说明在热处理还原过程中氧化石墨烯表面的含氧官能团发生断裂生成了石墨烯。这就为石墨烯与 TiO_2 的复合提供了可能，也有助于复合体系之间形成化学接触甚至是化学键合。

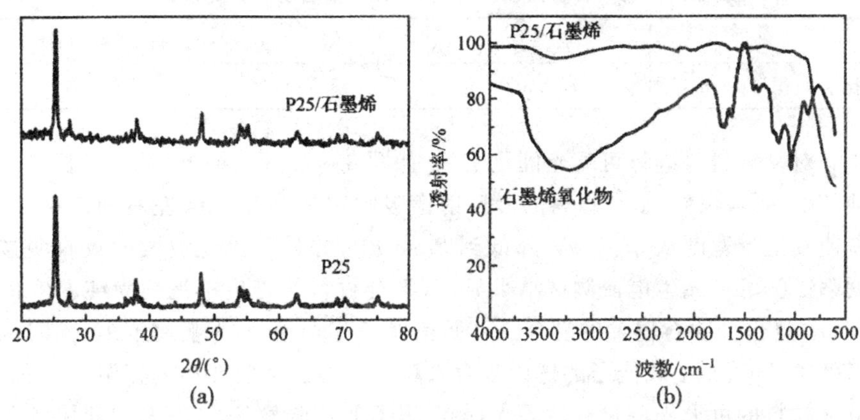

图 8-4　热处理制备石墨烯/TiO_2 复合材料的形貌结构表征图

从石墨烯/TiO_2 复合材料的 XPS 测试谱图中可以看出，样品中包含有 Ti、O、C 三种元素，如图 8-5(a)所示。为了研究复合状态下 C 和 TiO_2 的结合情况，选择 C 1s 附近进行测试，如图 8-5(b)所示，结果显示在 285 eV、286.6 eV 和 288.1 eV 处有三个特征峰，分别代表 C—C、C—OH 和 Ti—O—C 键。这就说明，在热处理复合过程中，石墨烯中少量的 C 原子会进入 TiO_2 晶格，形成 C 掺杂。

表 8-1 列出了 TiO_2、石墨烯以及石墨烯/ TiO_2 复合材料的比表面积测试结果。可以看出，通过热处理还原氧化石墨烯制备出的石墨烯比表面积高达 757.380 g/m^2。这是由于石墨烯大的比表面积，石墨烯/ TiO_2 复合体系的比表面积从 55.725 g/m^2 增加到 78.678 g/m^2。比表面积测试结果充分体现了石墨烯作为良好载体在光催化过程中的作用。

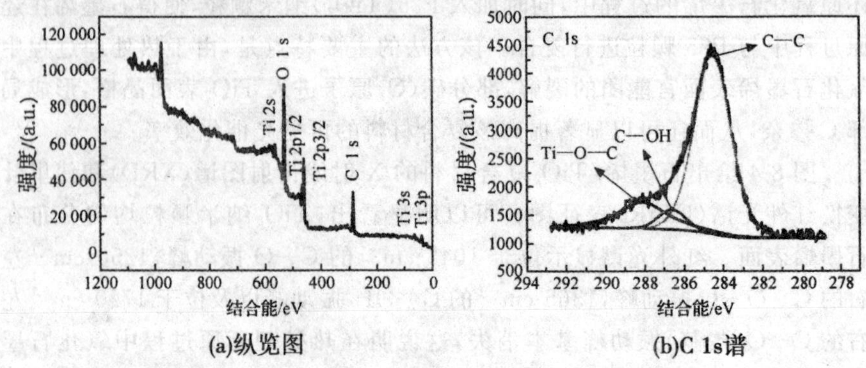

图 8-5　石墨烯/TiO_2复合材料的 XPS 测试谱图

表 8-1　TiO_2、石墨烯以及石墨烯/TiO_2 复合材料的比表面积

	石墨烯	TiO_2	石墨烯/ TiO_2
比表面积/($g \cdot m^{-2}$)	757.380	55.725	78.678

对复合材料进行可见光催化实验，如图 8-6 所示。结果显示：①相对于纯 TiO_2 纳米颗粒，复合材料的漫反射谱吸收边界有 20 nm 左右的红移，这就使其禁带宽度从 3.10 eV 降低到 2.95 eV，并且可见光波段的吸收明显增强。②可见光生电流测试结果显示，复合材料的光生电流约为纯 P25 的 15 倍，这也证明石墨烯的复合一方面拓展了 TiO_2 可见光响应范围，同时也降低了 TiO_2 光生载流子的体内复合效率。③通过降解亚甲基蓝溶液发现，复合材料的可见光催化活性大大提高，其 5 h 可降解 70%左右的亚甲基蓝溶液，而 TiO_2 纳米颗粒仅能降解 20%左右。

石墨烯/ TiO_2层状复合材料能够很好地克服纳米材料难以分离回收，以及薄膜材料难以复合改性的问题。其优势在于不同性能的材料可以很好地协同在一起，最大效率地发挥各自优势；另外，膜层与基体间结合紧密，从而增强了石墨烯/ TiO_2复合材料的光催化性能和循环寿命，在功能化和器件化的应用方面有很好的前景。

图 8-7 给出了石墨烯/ TiO_2层状复合材料和纯 TiO_2薄膜的 XRD 图谱及傅里叶变换红外光谱。对比 XRD 可见，层状复合材料在 26.3°左右出现了新的衍射峰[石墨烯(002)峰]，这说明紫外光照使氧化石墨烯还原成了石墨烯。傅里叶变换红外光谱也给出了类似结论，即位于 1045 cm^{-1} 的 C—O 振动峰，1250 cm^{-1}左右的 C—O—C 振动峰，1365 cm^{-1} 的 C—OH 振动峰以及位于 1720 cm^{-1}左右的 C—O(羧基)振动峰基本消失。

光催化实验显示(图 8-8)，与纯 TiO_2 纳米薄膜相比，石墨烯/TiO_2 层状

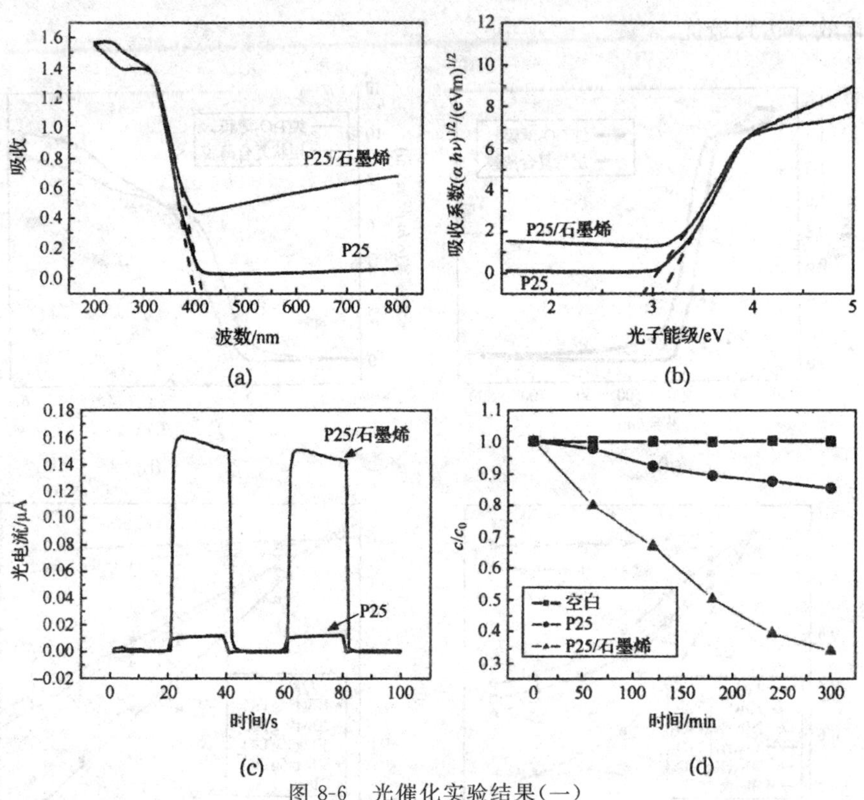

图 8-6 光催化实验结果(一)

(a)漫反射谱;(b)能带计算图;(c)光生电流曲线;(d)降解亚甲基蓝曲线

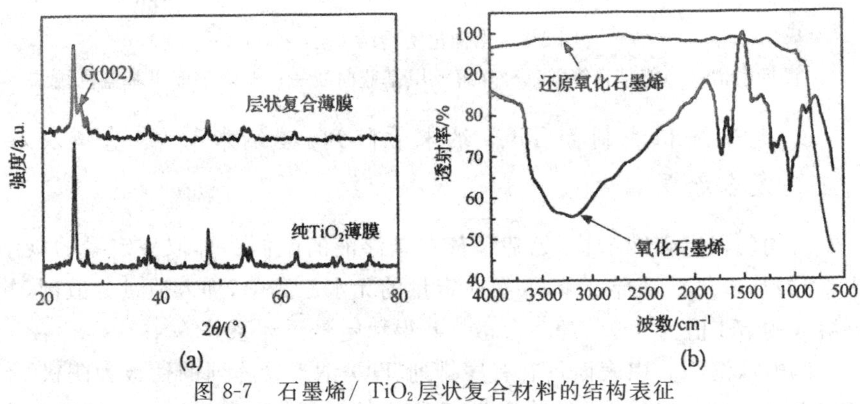

图 8-7 石墨烯/ TiO_2层状复合材料的结构表征

(a)XRD;(b)FTIR 图谱

复合材料漫反射谱的吸收边界有 30 nm 左右的红移,也就是说其禁带宽度从 3.10 eV 降低到了 2.9 eV,这使得层状复合薄膜具有可见光催化性能。另外,实验还发现当氧化石墨烯的含量为 10wt%时,层状复合薄膜的光催化效率达到最优。

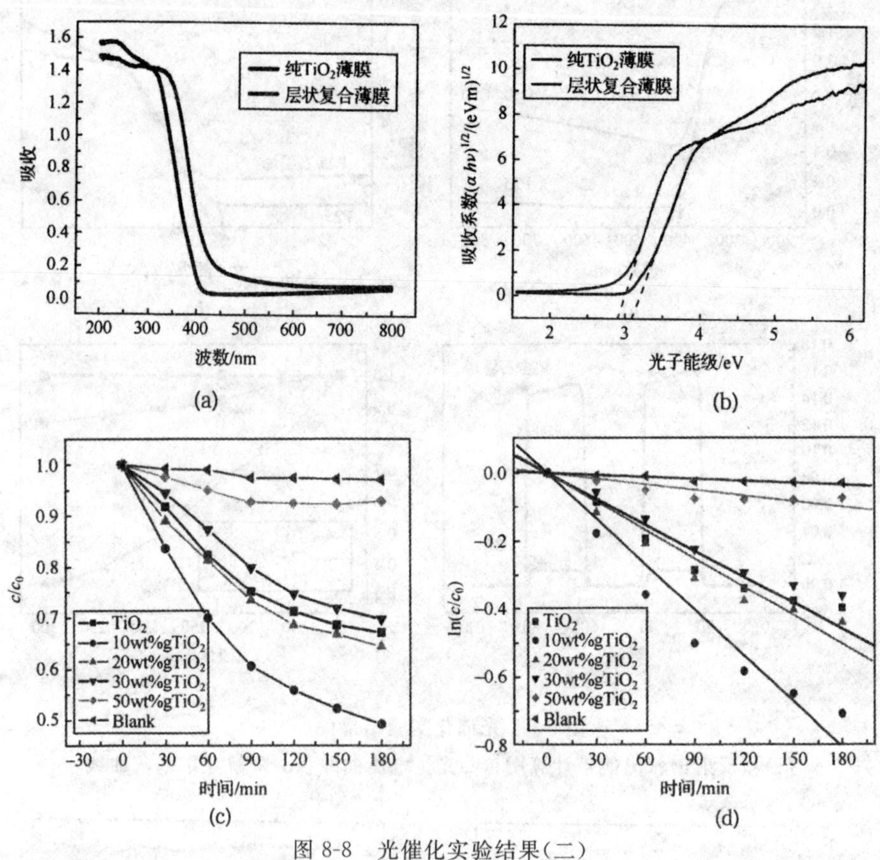

图 8-8 光催化实验结果(二)

(a)漫反射谱;(b)能带计算图;(c)降解亚甲基蓝曲线一;(d)降解亚甲基蓝色线二

3. 电泳沉积法制备 TiO_2 纳米管阵列/碳纳米管/羟基磷灰石复合涂层

①均匀稳定碳纳米管/羟基磷灰石悬浮液的配制。称取一定量的碳纳米管/羟基磷灰石复合粉体,放在一定量的无水乙醇中,加入适量分散剂,并调溶液的 pH 值为 4～5,超声分散 3 h 得稳定悬浮体系。

②电泳沉积。以表面具有有序排列 TiO_2 纳米管阵列的钛板为阴极,不锈钢电极为对电极,以均匀稳定悬浮的碳纳米管/羟基磷灰石悬浮液为介质,进行电泳沉积。电压为 30 V,沉积时间为 30～90 s。

③煅烧。将沉积有复合涂层的钛基体晾干,在氩气保护下、于 600～800℃煅烧 2 h,可得 TiO_2 纳米管阵列/碳纳米管/羟基磷灰石复合涂层。

8.4　碳纳米复合材料的应用

8.4.1　传感分析

碳纳米复合材料具有比表面大、界面效应强、导电率高等特点，在纳米电子器件和电化学传感器等领域具有广泛的应用前景。

碳纳米材料强的导电性促进了其负载的生物酶活性中心与电极之间的电子传递，加快了传感器界面的电子传递速率，从而使得生物传感器的灵敏度和检测限大幅地提高。例如，用氧化镍/石墨烯(NiO/RGO)复合材料对双氧水(H_2O_2)进行检测。复合材料中的石墨烯起到了加速电子传递的作用，提高了传感器对 H_2O_2 的检测能力。研究表明，该复合材料对 H_2O_2 有较高的灵敏度，较宽的线性范围，最低检测限可以达到 0.7664 $\mu mol \cdot L^{-1}$。在室温下将新型氧化锌/碳纳米管(ZnO/CNTs)与离子液体(IL)修饰碳糊电极(CPE)，从而制备了氧化锌/碳纳米管/离子液体/碳糊电极(ZnO/CNTs/IL/CPE)。由于碳纳米管的引入增强了复合材料的导电性，故该修饰电极对实际样品中的去甲肾上腺素的检测拥有较好的选择性和灵敏度。将有序介孔碳-金纳米(OMC-Au)复合材料用于葡萄糖生物传感器。在对葡萄糖检测过程中，发现该复合材料具有较大的电子迁移常数和较好的稳定性以及重现性。

例如，用 NiO/CNTs/DEDE/CPE 修饰电极，在烟酰胺腺嘌呤二核苷酸(NADH)、叶酸(FA)共存的条件下对半胱胺(CA)进行电化学选择性分离和检测，结果发现，由于复合材料对目标物拥有显著的电催化作用，使得 CA 在复合电极表面具有较低的阳极过电位，显示了修饰材料的优异催化性能。利用 Nafion 将介孔碳修饰到碳离子液体电极(CILE)上，制备了 Nafion-OMC/CILE 修饰电极，结果表明该修饰电极对双链 DNA(dsDNA)有较强的响应，dsDNA 在修饰电极上有较大的氧化峰电流，并且其过电位有所降低，体现出了 OMC 对目标物较强的催化性。

例如，石墨烯作为碳纳米材料中的“明星材料”，是由单层 sp^2 杂化的碳原子形成的六方晶格结构。由于其独特的结构特性，石墨烯及其复合材料可与含有芳香环的物质之间产生 π-π 相互作用，促进了石墨烯及其复合材料传感器对含芳香环物质的选择性检测。将还原石墨烯(RGO)和石墨粉混合制成碳糊修饰电极(MCPE)，然后通过滴涂法在电极表面修饰十二烷基硫酸钠(SDS),制成 SDS/RGO/MCPE 修饰电极,由于石墨烯与多巴胺均含有芳香环,之间存在 π-π 相互作用,在含有抗坏血酸、尿酸的混合体系中,可对多巴胺进行选择性检测,该修饰电极具有优异的灵敏度、选择性和重复性。

8.4.2 储能材料

功能化碳纳米材料因其优异的结构特点,在储能方面应用很广泛,以下将从碳纳米材料在超级电容器、储氢、太阳能电池、锂离子电池和燃料电池等多方面的应用进行简单的介绍。超级电容器的储能密度、稳定性均取决于电极材料的性能。目前,商业化的活性炭电极材料超级电容器的比能量在 0.2～20 $W \cdot h \cdot kg^{-1}$,远低于镍氢电池的 60～80 $W \cdot h \cdot kg^{-1}$和锂离子电池的 100～120 $W \cdot h \cdot kg^{-1}$,主要是因为材料比表面积和利用率较低。因此,功能化及复合碳纳米材料出现以来,由于其堆积材料潜在的大比表面积而被广泛应用于超级电容器领域。基于功能化碳纳米材料的双电层电容器已经有大量研究,如 Lu 等人通过真空抽滤法制备的石墨烯/多壁碳纳米管复合薄膜(多壁碳纳米管为 16%)的比电容可达到 265 $F \cdot g^{-1}$,在 2000 次充放电循环后,比电容仅有 3%左右的损耗。Fan 等人利用 CVD 法制备了夹层结构的三维石墨烯/碳纳米管复合材料,该材料具有较大的比表面积,而且能提供更多的电子运输通道因而导电性尤其出色,用该复合材料修饰的电极比电容可高达 385 $F \cdot g^{-1}$。另一种超级电容器为赝电容,主要是利用活性材料进行氧化还原反应来进行储能,常见活性材料主要有过渡金属氧化物或过渡金属氢氧化物,例如,氧化钴、氢氧化钴和氢氧化镍等。这种法拉第电容的比电容值比基于碳材料的更高,但它的循环能力大大降低,经常在充放电几十次甚至几次后,比电容降低。但是如果使用碳材料与具有赝电容性材料的复合材料作为超级电容器的电极修饰物,不仅可提高电容器的循环稳定性,而且还可增加电极的单位电容。Du 等人在三维石墨烯/碳纳米管柱状结构表面生长 $Ni(OH)_2$,并使用这种复合材料作为超级电容器的电极,该电极单位电容大,能量密度大且循环稳定性好。在 22.1 $A \cdot g^{-1}$时,比电容仍可达到 1065 $F \cdot g^{-1}$左右,同时还具有优异的循环性。相比于常规的碳材料,介孔碳材料具有更大的比表面积和孔体积,并具有非常好的循环稳定性。

石墨烯的高电子迁移率、大比表面积、低可见光吸收率以及易加工特性使其在新型有机聚合物太阳能电池、染料敏化太阳能电池、量子点太阳能电池的研发过程中起着核心作用。石墨烯的合适逸出功使其在聚合物太阳能电池中具有电子受体的效果,其独特的二维纳米结构、高比表面积及高电子迁移率使得高效的电子收集、电子-空穴分离及输运成为可能。例如,将可溶性石墨烯作为电子受体应用于体异质结聚合物有机太阳能电池,尽管其最高效率仅为1.4%,但石墨烯作为电子受体所表现出的电荷有效分离、输运及器件的易加工、低成本特性,促使基于石墨烯受体的聚合物有机太阳能电池具有广泛的前景。将石墨烯/纳米 TiO_2 复合材料应用于染料敏化太阳能电池的纳米晶电极,石墨烯片作为纳米晶支撑体的同时,可实现快速电子输运、低电子-空穴复合率及高可见光散射,从而有效增加光电转换效率。

用石墨烯/全氟磺酸复合材料检测铅离子和镉离子,表现出增强的灵敏性。近年来,导电聚合物和石墨烯的复合物被广泛用于高性能超级电容器。石墨烯/聚苯胺复合薄膜在电流密度为0.3 A/g条件下的比容量达到210 F/g。石墨烯/金属氧化物复合物是获得高性能锂离子电池的热点电极材料。石墨烯/ SnO_2 电极的可逆容量达840 mA·h/g,且具有优异的循环性能。石墨烯/ Co_3O_4 和石墨烯/ Fe_3O_4 复合材料也表现出很高的可逆容量。

8.4.3 生物医药

例如,有机功能化的碳纳米管在生物溶液中具有较高的溶解性,能够通过肾排泄途径迅速从血液中清除,不会在人身体中逗留,这就降低了不利影响。下面举例说明碳纳米复合材料在生物医药方面的主要应用。

1. 药物载体

碳纳米管作为一维纳米碳材料,被认为是一种极有吸引力、应用前景广泛的新型药物载体。碳纳米管作为在药物运输载体上的应用,是碳纳米管在医学上最为重要的应用之一。这种具有特殊的寻靶作用生物体系对于癌症和各种感染性疾病的治疗非常重要。目前,通过共价化或非共价化修饰的碳纳米管已被用于癌症的治疗。

2. 药物示踪剂

利用碳纳米管的特征拉曼散射,可监测其在载运药物分子进入生物体内后的运输、分布状况以及其发挥作用的具体器官和部位。如使用Raman光谱跟踪碳纳米管和碳纳米管标记的癌细胞在淋巴、血液和生物组织循环代谢情况。

3. 催化领域

碳纳米材料拥有独特的纳米构型,相比传统的催化剂载体,碳纳米材料还可通过自身的功能化而获得特殊的性能，并且具有结构可控性和边界效应等特点，因而在催化剂载体领域有着广泛的应用。

碳纳米管具有很强的耐热耐腐蚀特性和优良的储氢性能，是理想的加氢催化剂载体。通过对其功能化处理，负载更多的金属催化中心，可提高催化剂的选择性和催化活性。功能化碳纳米管表面的亲水基团成为金属成核点，表面可吸附并产生均匀的金属催化颗粒。陈煜等人使用硝酸处理后的多壁碳纳米管制备出铂/多壁碳纳米管催化剂。作为该催化剂载体的功能化多壁碳纳米管，是由于其表面较多的亲水官能团，铂粒子分布均匀，催化效果较好。碳纳米管作为烯烃聚合催化剂载体，在协同催化中心催化反应的同时还充当了聚烯烃的填充材料，进而制得性能优良的纳米复合材料。Funck 等人将多壁碳纳米管功能化后，再通过铝氧共价键将助催化剂甲基铝氧烷键合在多壁碳纳米管表面的羟基、羧基等活性位点，最终得到具有高催化活性的钛茂金属催化剂。

石墨烯具有较大的比表面积和较高的电子传输性能，负载光催化材料后可制成水处理催化剂。Nguyen-Phan 等人通过胶体共混法制备出二氧化钛/氧化石墨烯复合材料，用来光降解亚甲基蓝。该材料在紫外线和可见光下对亚甲基蓝均有较强的吸附能力和光催化能力。由于复合材料较大的比表面积，染料分子和复合材料之间的 π-π 作用和亚甲基蓝同氧化石墨烯表面含氧基团的作用等因素，该复合材料对亚甲基蓝起到较好的光催化降解效果。作为传统吸附剂及催化剂载体的活性炭，存在吸附平衡时间过长、容易产生催化氧化目标污染物的残余物、材料微孔易堵塞等问题。介孔碳的可调孔径、大的比表面积和孔容，使得其在吸附材料和催化剂载体等领域有着广泛应用。胡龙兴等人使用模板法制出介孔碳(CMK-3)，并在孔道内负载氧化铜粒子，制备出大比表面积的 Cu/CMK-3。研究表明，该材料对水中的苯酚有较大的吸附量和较高的催化氧化效率，吸附苯酚后高温催化氧化时材料结构稳定，可循环使用。

4. 吸附材料

碳纳米材料具有的独特吸附性能使其与大多数污染物分子之间存在一定的相互作用，功能化碳纳米材料不但增加了材料在水溶液中的分散性，还使得材料与目标污染物之间产生特异性的吸附，已被广泛应用于各种有机污染物、重金属离子等的吸附分离研究。

Yang 等人使用单壁碳纳米管、多壁碳纳米管等六种碳材料对萘、芘和菲进行了吸附研究，研究表明，目标物分子的大小会影响了吸附材料对其吸附的能力，目标物分子越大越不易被碳纳米材料所吸附；碳纳米材料的表面积和孔结构也会影响材料的吸附性能，相比单纯碳材料，功能化的碳纳米管对有机物的吸附能力较强。Liang 等人将多壁碳纳米管应用于固相萃取，对预浓缩水溶液中的镍、锰、镉进行了研究。结果表明，多壁碳纳米管用作萃取剂时，容易解析，萃取效果优于活性炭。Chandra 等人诱发合成了聚吡咯/石墨烯复合物(PPy-RGO)，并用该复合物对污水中的汞离子进行了吸附。实验表明，该复合材料对 Hg^{2+} 的选择性吸附较强，而共存物 Cu^{2+}、pb^{2+}、Cd^{2+}、Zn^{2+} 等离子对吸附无干扰。吴等人利用表面活性剂十六烷基三甲基溴化铵(CTAB)中的正电荷季铵离子和石墨烯带负电荷的官能团间的相互作用，通过非共价键将 CTAB 修饰到石墨烯表面，CTAB 可防止石墨烯团聚，使用该功能化石墨烯对亚甲基蓝进行吸附研究。黄等人利用挥发诱导自组装方法制备了有序介孔碳-镍纳米复合材料，实验表明，材料中镍纳米粒子的平均粒径约为 20 nm；当纳米镍的负载量为 2%(质量分数)时，复合材料有较大的比表面积(1610 $m^2 \cdot g^{-1}$)和孔容(1.29 $cm^3 \cdot g^{-1}$)，复合材料对水溶液中的甲基橙的吸附效果较好。Guo 等人制备了中空的介孔碳球，并且应用到对胆红素的吸附，在模拟人体液的环境中，该材料对胆红素的平衡吸附量达到了 304 $mg \cdot g^{-1}$，对胆红素的吸附速率和吸附容量均远大于目前商业化的活性炭材料。

碳纳米管具有较强的吸附能力，可用于废水中有机污染物的吸附分离，在负载了磁性材料后有利于回收再利用。Shao 等人制备出多壁碳纳米管/聚苯胺复合材料，用来去除废水中的苯胺、苯酚及重金属离子的吸附分离。复合材料中的聚苯胺(PNAI)与污染物之间有较强的共轭效应，提高了复合材料对污染物的吸附能力，最后利用复合材料的磁性性质，对复合材料进行分离回收。

5. 其他应用

碳纳米材料具有特殊的结构及优异的性能，除上述几类应用之外，在微波吸收、光电转换器件、透明导体、场效应晶体管等领域也极具应用潜力。如碳纳米管/聚苯胺材料具备独特的电磁学性能，能够吸收电磁波，可用来对电磁波进行屏蔽干扰。Ting 等人制出碳纳米/聚苯胺材料，并将其与环氧树脂进行复合，制备了具有微波吸收功能的复合材料，该材料对 2～40 GHz 波段的微波具有较强的吸收能力。功能化碳纳米管具有较多的缺陷位点，该缺陷位点能够捕获激发能量，进而产生较强的光，将功能化碳纳米管分散到聚合物中可以提高发光强度。Baskaran 等人将碳纳米管作为电子接受体，合成了卟啉功能化碳纳米管，制备了电子受体配合物。对该配合物的荧光性能进行检测后发现卟啉功能化碳纳米管在光电转换器件中具有优良的应用性能。质子燃料电池中不锈钢双极板在工作过程中经过长时间腐蚀,表面生成钝化膜,会增大接触电阻,降低燃料电池的能量转化效率。在不锈钢双极板表面旋涂有掺杂 N、P、B 元素的介孔碳薄膜,可明显改善不锈钢的耐腐蚀性和接触电阻。Liu 等人在不锈钢表面旋涂了氮掺杂介孔碳基薄膜。研究发现,碳材料表面掺杂的氮对碳有催化和石墨化作用,使得材料拥有优异的防腐性能和导电性能。

石墨烯独特的二维晶体结构,具有优异的力学、电学和磁学性能。对石墨烯进行功能化修饰,会增添更多的特性,拓展其应用领域。Li 等人通过使用聚合物[(间苯乙炔)-*co*-(2,5-二辛氧基对苯乙炔)](PmPV)对石墨烯纳米带进行非共价键修饰,然后将功能化石墨烯纳米带组装成场效应晶体管。研究表明,随着石墨烯纳米带宽度的降低,其开关比(I_{on}/I_{off})依次增大。当源漏偏 V_{ds}为 1 V 时,5 nm 左右宽的石墨烯纳米带的开关比均大于 10 s,从而说明该石墨烯纳米带为半导体,具有较大的带隙,可应用于场效应晶体管领域。透明导体是显示器、触摸屏、太阳能电池等电子器件的重要部件,目前常用的透明导体氧化铟锡(ITO)面临价格较高、质地较脆、资源稀缺等问题。石墨烯具有的优异的透光率、电荷迁移率、化学稳定性以及机械强度等特点使其成为制备透明导体的理想材料。De 等人在表面活性剂胆酸钠中剥离得到稳定的石墨烯分散液,真空抽滤后得到柔性、透明的石墨烯导电薄膜。该石墨烯的含氧官能团较少,当薄膜的厚度为 6 nm 时,透光率达到 90%;当薄膜厚度为 20 nm 时,直流电导率达到 1.5×10^4 S·m^{-1},经过 2000 次的弯折后电导率未出现衰减,结果表明石墨烯材料是制备透明导体的理想材料。

尽管完美石墨烯表现出的零带隙半金属特性限制了其在高开关比场效应晶体管中的直接应用,但其所具有的高电子迁移率仍然使得石墨烯在高速逻辑器件研发上具有相当大的吸引力。研究表明,由于石墨烯的调制作用,石墨烯/聚合物、石墨烯/陶瓷复合材料同样可以表现出优异的半导体特性,这为推进石墨烯在场效应晶体管中的应用提供了新的研究路线。

石墨烯的高比表面积与合适的逸出功使得石墨烯在与某些特定绝缘聚合物的复合体系中可作为载流子陷阱。通过对载流子的俘获-释放过程,调节复合体系中的载流子密度,从而实现对复合材料导电特性的高效调控,进而体现出阻变存储特性。石墨烯/聚合物阻变材料是利用外加电场产生场致电荷转移和陷阱填充空间电荷限制电流作用,实现高低电阻态之间的转换。其中石墨烯是实现电阻转变的关键。在石墨烯/聚合物薄膜内部,石墨烯可以起到连接聚合物大分子的作用,其具有非常大的比表面积,可以为石墨烯-聚合物提供更大的接触面积,形成良好的接触;在石墨烯/聚合物复合材料内部，石墨烯作为载流子陷阱，可以实现电激励时的载流子俘获与释放。因此基于石墨烯/聚合物复合体系的阻变存储特性与存储器件获得广泛的研究，并取得可喜的进展。例如，通过在氧化石墨烯表面嫁接聚甲亚胺(TPAPM)分子，形成均一稳定的氧化石墨烯/聚甲亚胺复合材料，基于该材料的阻变存储器件表现出非易失性、可擦写的存储特性。

石墨烯具有高电子迁移率、高柔韧性、高化学稳定性和可见光范围内的高透光性，因此是制备柔性透明导电膜的理想材料。由于大量缺陷及晶畴边界的存在，基于化学气相沉积法制备的石墨烯电极难以同时获得高可见光透光率和高导电性；由于还原氧化石墨烯自身的导电性不足，基于该材料的透明电极同样无法表现出令人满意的光电性能。因此，石墨烯与一维导电纳米材料复合的柔性透明电极将更具有实用价值。

参考文献

[1] 汪国睿．石墨烯界面力学行为的表征与调控研究[D]. 合肥：中国科学技术大学，2017.

[2] 王宝民，葛树奎，韩瑜，等．碳纳米管增强高性能水泥基复合材料制备与性能[M]. 沈阳：辽宁科学技术出版社，2017.

[3] 王伟．贵金属及碳纳米材料的传感应用[M]. 北京：化学工业出版社，2017.

[4] 孙立，杨颖，江艳．晶态纳米碳基材料的制备与电容储能应用[M]. 北京：国防工业出版社，2017.

[5] 郑玉婴，林锦贤．热塑性聚合物/多壁碳纳米管复合材料[M]. 北京：科学出版社，2017.

[6] 宋含．新型纳米材料构建的分子印迹电化学传感器的研究与应用[D]. 石河子市：石河子大学，2017.

[7] 曹文芳．二硫化钼纳米复合材料在电化学传感器的应用研究[D]. 南京：南京邮电大学，2017.

[8] 赵廷凯．新型碳纳米材料[M]. 西安：西北工业大学出版社，2017.

[9] 黄剑锋，李瑞梓，许占位，等．三维碳纳米材料的制备及其电化学性能[J]. 陕西科技大学学报（自然科学版），2017，2(35)：45-49.

[10] 杨序纲，吴琪琳．纳米碳及其表征[M]. 北京：化学工业出版社，2016.

[11] 王治宇．一维碳纳米材料及其复合结构[M]. 大连：大连理工出版社，2016.

[12] 赵乃勤．原位合成碳纳米管增强金属基复合材料[M]. 北京：科学出版社，2014.

[13] 丁文兵．表面修饰炭黑、碳纳米管和石墨烯的制备及性能研究[D]. 杭州：浙江大学，2016.

[14] 赵振廷．纳米材料电化学传感器制备及其在肼检测中的应用研究[D]. 太原：太原理工大学，2016.

[15] 樊英鸽．功能化的多壁碳纳米管的荧光特性研究[J].科技展望,2016(32):99-101.

[16] 吴浩．多壁碳纳米管功能化及与聚氯乙烯共混超滤膜的制备及性能研究[D].广州:华南理工大学,2016.

[17] 关磊,范文婷,王莹．新型零维碳纳米材料的研究进展[J].化学与黏合,2015,2(37):138-140。

[18] 沈海军,刘根林．新型碳纳米材料——碳富勒烯[M].北京:国防工业出版社,2008.

[19] 张艳鸽．过渡金属氧化物纳米材料的液相合成及表征[D].合肥:中国科学技术大学,2007.

[20] 张世杰,张炜,等．纳米材料在树脂基烧蚀材料中的应用[J].材料导报,2007,21:30-32.

[21] 李贺军,张守阳．新型碳材料[J].新型工业化,2016,1(6):15-37.

[22] 杨影影．多层纳米石墨烯结构的磁化特性及热力学性质研究[D].沈阳:沈阳工业大学,2016.

[23] 雷立．氧化钇超细粉体制备及动力学研究[D].桂林:广西工学院,2011.

[24] 袁小艳．新型多孔碳纳米材料的制备及其电化学应用[D].长沙:湖南师范大学,2016.

[25] 龙威,黄荣华．石墨烯的化学奥秘及研究进展[J].洛阳理工学院学报,2012,22(1):1-5.

[26] 杨彦强．氧化锌层级结构及其光催化性质[D].上海:上海交通大学,2013.

[27] 潘春旭,张预鹏．火焰中的碳纳米材料——从零维到一维和二维[M].北京:科学出版社,2013.

[28] 李福山．碳纳米光电材料与器件[M].北京:科学出版社,2016.

[29] 饶红红,薛中华,卢小泉．碳纳米材料在电分析化学中的应用[M].北京:化学工业出版社,2016.

[30] 贾光,李文新,金朝霞．碳纳米管生物效应与安全应用[M].北京:科学出版社,2010.

[31] 沈海军,刘根林．新型碳纳米材料——碳富勒烯[M].北京:国防工业出版社,2008.

[32] 陈永胜,黄毅．石墨烯新型二维碳纳米材料[M].北京:科学出版社,2013.

[33] 谢剑星,李福山,张永志,等. C_{60}/PMMA 复合电双稳器件的制备及电

学性能研究[J]. 光电子技术,2012,32(2):109-112.

[34] 张峰杰,杨兵初,周聪华,等. PMMA:C_{60}存储器件制备及其电双稳特性[J]. 半导体技术,2013,38(6):433-437.

[35] 阮晓琳. Gd@C(82)-PVK 及 C(60)-PVK 的合成,表征及存储性能研究[D]. 北京:北京化工大学,2012.

[36] 刘举庆,陈淑芬,陈琳,等. 有机/聚合物电存储器及其作用机制[J]. 科学通报(中文版),2009,54(22):3420-3432.

[37] 孙康宁,李爱民. 碳纳米管复合材料[M]. 北京:机械工业出版社,2009.

[38] Jae-Yeon Kim,Jung-Woo Hwang,Hye-Young Kim,et al. Fabrication of AZ31/CNT Surface Nano-Composite by Double-Pass Friction Stir Processing[J]. Archives of Metallurgy and Materials,2017,62(2).

[39] Valdis Kalkis,Ingars Reinholds,Janis Zicans,et al. Radiation-chemically modified PP/CNT composites[J]. e-Polymers,2014,14(4):259—265.

[40] Tan A T L,Kim J,Huang J K,et al. Seeing 2D sheets on arbitrary substrates by fluorescence quenching microscopy[J]. Small,2013,9(19):3253-3258.

[41] H Asgharzadeh,H S Kim. Microstructure and Mechanical Properties of Al-3 Vol% CNT Nanocomposites Processed by High-Pressure Torsion[J]. Archives of Metallurgy and Materials,2017,62(2).

[42] Yoo C H,Ko S H,Kim T W. Carrier transport mechanisms of organic bistable devices fabricated utilizing hybrid C_{60}/poly(methylmethacrylate)Nanocomposites[J]. Japanese Journal of Applied Physics,2012,51(6):501-504.

[43] D H Shim,S S Jung,H S Kim,et al. Effect of Carbon Nanotubes on The Properties of Spark Plasma Sintered ZrO_2/CNT Composites[J]. Archives of Metallurgy and Materials,2015,60(2):1315-1318.

[44] Kishore S C,Pandurangan A. Fabrication of solution processed carbon nanotube embedded polyvinyl alcohol composite film for nonvolatile memory device[J]. Journal of Nanoscience and NanotechnologY,2014,14(3):2381-2387.

[45] Kishore S C. Facile synthesis of carbon nanotubes and their use in the fabbrication of resistive switching memory devices[J]. RSC Advances,2014,4(20):9905-9911.

[46] Tacyoung Kim, Indumathi Sridharan, Bofan Zhu, et al. Effect of CNT on collagen fiber structure, stiffness assembly kinetics and stem cell differentiation[J]. Materials Science & Engineering C, 2015, 49: 281-289.

[47] Ualno M A, Sustaita A O, Tetana Z N, et al. Nitrogen-doped, boron-doped and undoped multiwalled carbon nanotube/polylner composites in WORM memory devices[J]. NanotechnologY, 2013, 24(12): 125203-125209.

[48] Soumyaranjan Mishra, K T Kumaran, R Sivakumaran, et al. Synthesis of PVDF/CNT and their functionalized composites for studying their electrical properties to analyze their applicability in actuation & sensing[J]. Colloids and Surfaces A: Physicochemical and Engineering Aspects, 2016, 509: 684-696.

[49] Liang Liu, Rui Bao, Jianhong Yi,. Fabrication of CNT/Cu composites with enhanced strength and ductility by SP combined with optimized SPS method[J]. Journal of Alloys and Compounds, 2018, 747: 91-99.

[50] Abbasi Hossein Reza, Karimian S M Hossein. Effect of electric charging on the velocity of water flow in CNT. [J]. Journal of molecular modeling, 2016, 22(9): 198.

[51] Isabella Anna Vacchi, Cécilia Ménard-Moyon, Alberto Bianco. Chemical Functionalization of Graphene Family Members[J]. Physical Sciences Reviews, 2017, 2(1).

[52] M Czerniak-Reczulska, A Niedzielska, A Jędrzejczak. Graphene as a Material for Solar Cells Applications[J]. Advances in Materials Science, 2015, 15(4): 67-81.

[53] Hongtao Liu, Yunqi Liu. Controlled Chemical Synthesis in CVD Graphene[J]. Physical Sciences Reviews, 2017, 2(4).

[54] K VijayaSekhar, Swati Ghosh Acharyya, Sanghamitra Debroy, V Pavan Kumar Miriyala, Amit Acharyya. Self-healing phenomena of graphene: potential and applications[J]. Open Physics, 2016, 14(1).

[55] Siegfried Eigler, Andreas Hirsch. Controlled Functionalization of Graphene by Oxo-addends[J]. Physical Sciences Reviews, 2017, 2(3).

[56] Wei Dai, YueVChao Wu, Fang-Li Liu. Unidirectional Excitation of Graphene Plasmon in Attenuated Total Reflection (ATR) Configu-

ration[J]. Zeitschrift für Naturforschung A,2016,71(4):373-379.

[57]Yinfeng Li, Kunjing Li, Ge Song, Jie Liu, Kai Zhang, Baoxian Ye. Electrochemical behavior of codeine and its sensitive determination ongraphene-basedmodified electrode[J]. Sensors and Actuators B, 2013(182):401-407.

[58]Yinfeng Li, Jie Liu, Ge Song, Kunjing Li, Kai Zhang and Baoxian Ye. Sensitive voltammetric sensor for bergenin based on poly(L-lysine)/graphene modified glassy carbon electrode [J]. Anal. Methods, 2013, 5:3895-3902.

[59]Yinfeng Li, Lina Zou, Ying Li, Kunjing Li, Baoxian Ye. A new voltammetric sensor for morphine detection based on electrochemically reduced MWNTs-doped graphene oxide composite film [J]. Sensors and Actuators B,2014(201):511-519.

[60]Yinfeng Li, Lina Zou, Ge Song, Kunjing Li, Baoxian Ye. Electrochemical behavior of sophoridine at a new amperometric sensor based on L-Theanine modified electrode and its sensitive determination [J]. Journal of Electroanalytical Chemistry,2013(709):1-9.

[61] Yinfeng Li, Zhuo Ye, Peili Luo, Ying Li and Baoxian Ye. A sensitive voltammetric sensor for salbutamol based on MWNTs composite nano-Au film modified electrode [J]. Anal. Methods, 2014, 6: 1928-1935.

[62] Zhuo Ye, Yinfeng Li, Jianguo Wen,Kunjing Li, Baoxian Ye. Study of the voltammetric behavior of jatrorrhizine and its sensitivedetermination at electrochemical pretreatment glassy carbon electrode[J]. Talanta,2014(126):38-45.

[63] Yinfeng Li, YingLi, Kunjing Li, Baoxian Ye. Simple and sensitive voltammetric determinationof esculetin using electrochemically reduced graphene oxide modified Electrode[J]. Journal of the chinese chemical society, J. Chin. Chem. Soc. 2015, 62:652-660.

[64] Yinfeng Li, Lu Wang, Haipeng Zhao, Lingzhi Du, Baoxian Ye. Electrochemical behavior of polydatin and its highly-sensitive determination based on graphene modified electrode[J]. Journal of Electroanalytical Chemistry,2016(773):39-46.

责任编辑：张　琳
封面设计：崔　蕾

碳纳米材料制备
及其应用研究

ISBN 978-7-5022-9198-3

定价：53.00元